SCHRIFTEN DES KOLONIAL-INSTITUTS
DER HANSISCHEN UNIVERSITÄT

Band 1

Kolonialwirtschaftliche Reihe Nr. 1

Veröffentlichungen der kolonialwirtschaftlichen Abteilung
des Sozialökonomischen Seminars

Heinz-Dietrich Ortlieb

Eingeborenenernährung
und
Ernährungspolitik im tropischen Afrika

HAMBURG
FRIEDERICHSEN, DE GRUYTER & CO.
1941

Eingeborenenernährung
und
Ernährungspolitik im tropischen Afrika

von

Dr. rer. pol. habil. Heinz-Dietrich Ortlieb
Dozent an der Hansischen Universität

HAMBURG
FRIEDERICHSEN, DE GRUYTER & CO.
1941

Druck von J. J. Augustin in Glückstadt und Hamburg

Geleitwort

für die neue Schriftenreihe des Kolonial-Instituts der Hansischen Universität

Das alte Hamburger Kolonial-Institut hat in den Jahren von 1908 bis 1919 auf den Gebieten der Forschung und der Lehre eine vielseitige und weitwirkende Tätigkeit entwickelt. Zeugnis dafür bildet auch heute noch die stattliche Reihe von Veröffentlichungen, die unter dem Titel: „Abhandlungen des Hamburgischen Kolonialinstituts" (Bd. I bis XXXXIII) erschienen sind. Mit der Erweiterung des alten Kolonial-Instituts zur Volluniversität im Jahre 1919 wurde diese Reihe unter dem Namen „Hansische Universität — Abhandlungen aus dem Gebiet der Auslandskunde" fortgesetzt; es sind bisher 51 Bände erschienen.

Der deutsche Wiederaufstieg und die bevorstehende Neuordnung des europäischen und afrikanischen Raumes hat auch der kolonialwissenschaftlichen Arbeit in Hamburg neue Antriebe gebracht. So wurde es möglich, das alte Hamburger Kolonial-Institut in neuer Form im Rahmen der Universität wieder erstehen zu lassen. Es wurden sämtliche Seminare, Institute oder deren Abteilungen, welche sich kolonialen Forschungen und kolonialem Unterricht widmen, mit ihren Professoren, Dozenten und Assistenten in dem erneuerten „Kolonial-Institut" zu gemeinschaftlicher Arbeit zusammengeschlossen.

Entsprechend dieser neuen Verbindung der kolonialen Wissenschaften aller Fakultäten in einer Institution wurde in den „Abhandlungen aus dem Gebiet der Auslandskunde", die die Hansische Universität nach wie vor herausbringt, zunächst eine besondere Unterreihe gebildet mit der Bezeichnung „Schriften des Kolonial-Instituts der Hansischen Universität". Bisher sind in dieser Unterreihe 3 Veröffentlichungen erschienen. Diese Unterreihe soll weiter geführt werden mit der abgeänderten Bezeichnung: „Forschungen des Kolonial-Instituts".

Bei der zunehmenden Bedeutung, welche der kolonialwissenschaftlichen Tätigkeit in der Vorbereitung einer neuen deutschen Kolonialpolitik zukommt, vollzieht sich eine solche Erweiterung und Besonderung der kolonialwissenschaftlichen Forschung, daß eine neue Form der Veröffentlichungen gefunden werden mußte.

Das Kolonial-Institut hat sich deshalb entschlossen, neben den genannten „Forschungen des Kolonial-Instituts" eine besondere Schriftenfolge unter dem Namen „Schriften des Kolonial-Instituts der Hansischen Universität" herauszubringen. Diese Schriftenfolge wird nach dem inneren Zusammenhang in mehrere Sonderreihen gruppiert werden; es ist beabsichtigt, mit folgenden Reihen zu beginnen:

Kolonialwirtschaftliche Reihe,
Landeskundliche Reihe,
Völkerkundliche Reihe,
Erziehungswissenschaftliche Reihe,
Kolonialrechtliche Reihe,
Kolonialgeschichtliche Reihe.

Je nach Bedarf werden andere Reihen angeschlossen werden.

Es ist der Wunsch aller Mitglieder und Mitarbeiter des Kolonial-Instituts, daß mit diesen neuen „Schriften des Kolonial-Instituts" nützliche Arbeit geleistet werde für die neue deutsche Kolonialpolitik, der wir entgegengehen. Der große europäische Auftrag, der vom Schicksal den Deutschen erteilt worden ist, fordert in den neuen Weltverhältnissen den vollen Einsatz auch der deutschen Wissenschaft. Die altbewährte Hamburger Kolonialwissenschaft, die auf hansischem Boden gewachsen ist, möchte auch mit dieser neuen Schriftenreihe das ihre beitragen zu dem großen gemeinsamen Werk.

Adolf Rein

Im Dezember 1940.

Direktor des Kolonial-Instituts
der Hansischen Universität

Vorwort zur Kolonialwirtschaftlichen Reihe

Die Kolonialwirtschaftslehre gehört zu denjenigen wissenschaftlichen Fachgebieten, die bisher nur in geringem Umfange gepflegt wurden. Die Lücke, die hier in der kolonialen Forschung geblieben ist, macht sich um so störender bemerkbar, je stärker das Bestreben wird, der europäischen Wirtschaft den unentbehrlichen tropischen Ergänzungsraum in vollem Ausmaße zu erschließen. In der in diesem Band begonnenen kolonialwirtschaftlichen Schriftenreihe wird mit einem bestimmten Plan an die Untersuchung der gerade für eine künftige deutsche Kolonialpolitik so wichtigen wirtschaftlichen Fragen herangegangen. Es sind vor allem die verschiedenen Wirtschaftsformen, besonders die Eingeborenenkulturen, die Bevölkerungs- und Arbeiterfragen sowie die mannigfachen Probleme der Wirtschaftslenkung im weitesten Sinne des Wortes, die in Einzelstudien einer Durchforschung unterzogen werden sollen.

Die durch den Krieg bedingten besonderen Verhältnisse, vor allem die Knappheit an geeigneten Bearbeitern der oft recht spröden Materie, wird es mit sich bringen, daß der Forschungsplan in der Reihenfolge der Einzelschriften nicht immer deutlich in Erscheinung tritt. Wir hoffen jedoch die Veröffentlichungen so einrichten zu können, daß sich schon in nicht zu langer Zeit für einige wichtige Gebiete ein Gesamtbild ergibt.

Kolonialwirtschaftliche Abteilung
des Sozialökonomischen Seminars der Hansischen Universität

Vorwort des Verfassers

Das Hauptziel der vorliegenden Arbeit liegt darin, am Beispiel der Ernährungsfrage die ungeheure Mannigfaltigkeit und Vielschichtigkeit der kolonialpolitischen und kolonialwirtschaftlichen Probleme und ihr enges Ineinanderverwobensein zu verdeutlichen, vor allem aber zu warnen vor der Fragestellung des alten kurzsichtigen Ausbeutungsstandpunktes: Was kann aus Afrika herausgeholt werden? Denn eins zeigt die neuere Entwicklung der afrikanischen Kolonien immer deutlicher: Daß Kolonien zunächst einmal ein Eigenleben besitzen und daß sich nur unter voller Achtung dieses Eigenlebens auf die Dauer ihre Produktivität erhalten oder gar steigern läßt. War früher das Ziel der Kolonialwirtschaft: Steigerung der Ausfuhrproduktion um jeden Preis, so hat man heute diese Entwicklung abgebremst, um die Erzeugung des Eingeborenen für den Eigenbedarf zu erhöhen und dadurch erst einmal die Leistungsfähigkeit des Eingeborenen, die wichtigste Produktivkraft der tropischen Kolonien, zu steigern. Und das nicht aus humanitären Gründen, sondern weil man sich aus eigenem Interesse dazu gezwungen sah.

Gerade aus der Ernährungspolitik der bisherigen Kolonialmächte geht unverkennbar hervor, daß die gesamte Kolonialwirtschaft in den letzten Jahren eine neue Ausrichtung erfahren hat, die zwar lange schon in der Luft lag, die aber erst durch die Aktualisierung der Ernährungsfrage faktisch geworden ist. Es geht aus ihr allerdings auch hervor, daß diese neue Ausrichtung immer stärker mit dem bisher herrschenden Kolonialsystem in Konflikt geraten muß.

Wenn es im folgenden gelingt, erkennen zu lassen, daß die Verfolgung dieser neuen kolonialwirtschaftlichen Entwicklungstendenz — allerdings mit mehr Einsatzbereitschaft und Konsequenz zu Ende geführt, als sie bisher von den besitzenden Kolonialmächten eingeleitet worden ist — der einzige Weg einer fruchtbaren und dauerhaften europäischen Kolonialpolitik sein kann, dann hat diese Schrift vielleicht einen kleinen Beitrag im Rahmen der Vorbereitungsarbeiten Deutschlands auf die Wiederaufnahme eigener kolonisatorischer Tätigkeit in Afrika geleistet.

Die Schwierigkeit der Arbeit lag in der Fülle und Verschiedenartigkeit der Einzelfragen, die bei weitem den Rahmen einer rein wirtschaftlichen Fragestellung überschritten. Da Probleme der Tropenmedizin, Völkerkunde, Völkerpsychologie, tropischen Landwirtschaftskunde berührt werden mußten, war eine erschöpfende Behandlung der Einzelfragen aus Raum- und Zuständigkeitsgründen nicht möglich. Es konnten nur die Grundlinien des Problemkomplexes und die hauptsächlichsten Zusammenhänge zur Darstellung gelangen.

Da zur Ernährungsfrage für die einzelnen afrikanischen Gebiete nur wenig brauchbares Material vorlag, konnte sich die Arbeit nicht auf ein Einzelgebiet beschränken, sondern mußte sich mit dem gesamten tropischen Afrika befassen. Auch daraus ergaben sich mancherlei Schwierigkeiten der Darstellung. Da im tropischen Afrika die Verhältnisse im einzelnen äußerst verschieden liegen können, sind Verallgemeinerungen hier besonders schwer zu treffen. Andererseits erlaubte natürlich der größere Reichtum an verfügbaren Beispielen eine vollständigere Darstellung der möglichen und tatsächlichen Problematik.

Die vorliegende Arbeit wurde im Sommer 1939 abgeschlossen. Literatur, die mir erst später zugänglich wurde, konnte daher nur ausnahmsweise noch berücksichtigt werden. So konnte vor allem der umfassende Bericht des Economic Advisory Council Nutrition Committee, der im Juni 1939 veröffentlicht wurde, nicht mehr mit wissenschaftlicher Vollständigkeit verarbeitet werden. Ich habe aber bei der Durchsicht dieses Berichtes den Eindruck gewonnen, daß er in den entscheidenden Punkten meine Ausführungen bestätigt, in manchen Einzelfragen Ergänzungen bringt, zum Kernproblem jedoch nichts Neues hinzufügt. So mag die nur beschränkte Berücksichtigung des englischen Ernährungsberichtes nicht allzu schwer ins Gewicht fallen. Die Einarbeitung dieses Berichtes und die letzte Überarbeitung des Buches mußte im Felde vorgenommen werden. Es ist nicht ausgeschlossen, daß dabei das eine oder andere übersehen wurde.

Das Material zu dieser Arbeit lieferten eine sehr umfangreiche Literatur und zahlreiche Unterhaltungen mit kolonialen Wissenschaftlern und Praktikern. Da ich selbst Afrika nur aus sehr flüchtiger persönlicher Anschauung kenne, mußte ich bemüht sein, die fehlende eigene Anschauung durch enge Fühlungnahme mit langjährigen Afrikanern zu ersetzen. Da der Raum es mir nicht erlaubt, all denen zu danken, die mir bei der Fertigstellung dieser Arbeit mit Rat und Tat behilflich waren, möchte ich an dieser Stelle ihnen gemeinsam meinen Dank dafür aussprechen. Wenn ich besonders Herrn Professor Meinhof für seine Hilfe danke, so geschieht es deshalb, weil gerade seine langjährige Afrikaerfahrung mir sowohl bei der Niederschrift wie bei der Überarbeitung der Darstellung eine wichtige Stütze war. Ebenso sei Herrn Professor von Mühlenfels, auf dessen Anregung hin die Arbeit entstand, mein besonderer Dank.

Im Felde, Mai 1940. Heinz-Dietrich Ortlieb.

Inhaltsverzeichnis

Einleitung.

Die Aktualität der Ernährungsfrage und ihr doppelter Aspekt.

Seit einigen Jahren gehört die Frage der Eingeborenenernährung in Afrika zu jenen Problemen, die im Brennpunkt sowohl der kolonialpolitischen wie der kolonialwissenschaftlichen Diskussion stehen. Der englische Kolonialminister hat ebenso wie sein französischer Kollege vor einigen Jahren die Kolonialverwaltungen angewiesen[1]), dieser Frage besondere Aufmerksamkeit zu schenken und in allen Verwaltungsmaßnahmen stets auch deren Rückwirkungen auf die Ernährungsverhältnisse der Eingeborenen zu berücksichtigen. Ebenso haben die übrigen Kolonialmächte mannigfaltige Verordnungen erlassen, die die Ernährungslage der Eingeborenen betreffen. Wenn sich heute also alle Kolonialverwaltungen der europäischen Nationen — mit natürlich jeweils unterschiedlicher Methode und Intensität — nicht nur um eine Verbesserung der Ernährung des schwarzen Minen- und Plantagenarbeiters, sondern ebenfalls um die Nahrungsversorgung der selbständig in der Stammesgemeinschaft lebenden Eingeborenen bemühen, so läßt das darauf schließen, daß dort Mängel bestehen und etwas zu verbessern ist.

Das Bestehen von Mangellagen und verbesserungsbedürftigen sozialen Zuständen allein ist in der Kolonialpolitik allerdings niemals Grund genug für umfangreiche Sanierungsarbeiten gewesen. Das lehrt die Kolonialgeschichte der letzten Jahrhunderte in besonders eindeutiger Weise. Sollen daher einleitend die wirkenden Kräfte zur Darstellung gebracht werden, die die Frage der Eingeborenenernährung in den Mittelpunkt des kolonialpolitischen und kolonialwissenschaftlichen Blickfeldes gerückt haben, so darf man sich nicht mit einem Hinweis auf die mangelhafte Ernährungslage des afrikanischen Eingeborenen begnügen, sondern muß ebenfalls auf die allgemeinen kolonialpolitischen Zusammenhänge und auf den Stand und das Grundproblem der kolonialwirtschaftlichen Entwicklung verweisen.

Die Gründe, die zu einer mehr oder weniger systematisch versuchten Ernährungspolitik in Afrika geführt haben, sind vielfältiger Natur. Einmal liegt eine solche Ernährungspolitik wohl im Zuge der Zeit. Nicht nur in dem Sinne, daß die noch sehr junge, eigentlich erst im Entstehen begriffene Ernährungswissenschaft durch ihre Arbeiten der modernen Gesundheitslehre ein völlig neues Blickfeld eröffent hat, das wie alles Neuartige besonders geeignet ist, die Aufmerksamkeit der Öffentlichkeit auf sich zu ziehen, sondern noch in einer anderen Hinsicht.

Die Nahrungsversorgung ist die Grundlage jeder Wirtschaft. Zudem nimmt sie bei primitiven Volksstämmen in der Wirtschaft den weitaus

[1]) Siehe „Nutrition-Policy in the Colonial Empire", despatch from the Secretary of State for the Colonies, dated 17th April 1936, London H. M. S. O. 1936, Col. No. 121 sowie die beiden Rundschreiben des französischen Kolonialministers vom 24. Juni 1936 und vom 10. Februar 1937.

größten Raum ein. So ist in Afrika ursprünglich die wirtschaftliche Tätigkeit des Eingeborenen noch fast völlig von der Nahrungsfürsorge in Anspruch genommen und das Gelingen dieser Fürsorge die bei weitem wichtigste Voraussetzung seiner physischen Existenz. Der Eingeborene aber und seine gesunde Existenz sind heute zum Grundproblem jeder modernen Kolonialpolitik und Kolonialwirtschaft in tropischen Gebieten geworden, wo auch die Wirtschaft des Europäers auf der Arbeitskraft des Eingeborenen beruht und die wirtschaftliche Entwicklung nicht zuletzt ihre Grenzen in der möglichen Arbeitsleistung der Eingeborenen findet.

Diese Erkenntnis ist in der Kolonialgeschichte nicht so ganz neu. Von Las Casas angefangen, der veranlaßte, daß in Mittel- und Südamerika der indianische Sklave durch den arbeitsfähigeren und zum Sklavendasein geeigneteren afrikanischen Eingeborenen allmählich ersetzt wurde, haben immer wieder einsichtige Kolonisatoren auf den Zusammenhang zwischen der eingeborenen Arbeitskraft und dem wirtschaftlichen Interesse des Europäers und auf die Gefahr eines Raubbaus an dieser Arbeitskraft hingewiesen. Solange die Folgen einer einseitigen Raubwirtschaft, wie sie für die Anfänge der europäischen Kolonisation charakteristisch ist, für den Europäer selbst noch nicht fühlbar wurden, war man von Seiten der Kolonialverwaltungen wenig geneigt, solchen Ermahnungen durch praktische Maßnahmen zu entsprechen.

Ein Wandel in der Methode der europäischen Kolonialwirtschaft[1]) konnte sich erst durchsetzen, als die Kolonialgebiete im Verlaufe der Industrialisierung Europas aus einer nur erwünschten Reichtumsquelle zu einer unersetzlichen Rohstoffquelle wurden, ohne die die wirtschaftliche Existenz Europas nicht mehr denkbar war. Erst mit der Entwicklung der Massenproduktion tropischer Rohstoffe stieß die Kolonialwirtschaft auf die Grenzen der eingeborenen Arbeitskraft. Nun mußte jede Raubwirtschaft mit den vorhandenen eingeborenen Arbeitskräften die Produktion einer nahen Zukunft bedenklich gefährden. Damit wurden die Kolonialverwaltungen auf den Plan gerufen, die an einer dauerhaften Entwicklung ihrer Kolonien aus nationalen und kolonialwirtschaftlichen Gründen interessiert waren und daher der auf eine hohe, wenn häufig auch nur kurzfristige Rentabilität ausgerichteten Tätigkeit des Privatkapitals Zügel anlegten.

Diese Entwicklung setzte in Afrika etwa um die letzte Jahrhundertwende ein. Affären wie die „Kongogreuel", die von England aus politischen Gründen sensationell ausgebeutet wurden, gaben den äußeren Anstoß, indem sie die öffentliche Meinung Europas mobil machten und die humanitären Kräfte in Bewegung setzten. Damit rückte der Eingeborene immer stärker in den Mittelpunkt der kolonialpolitischen Diskussion Europas, die in hohem Maße unter englischem Einfluß stand. Es entwickelte sich in der Folgezeit unter englischer Führung eine kolonialpolitische Ideologie, die mit den bekannten Schlagworten vom „dual mandate" und von

---

[1]) Die hier angedeuteten Zusammenhänge sind vom Verfasser ausführlicher in dem Aufsatz „Koloniale Wirtschaftsmethoden in Vergangenheit und Gegenwart" behandelt (229). — Die in Klammern angeführten Ziffern beziehen sich auf die laufenden Nummern des Schrifttums-Verzeichnisses S. 199ff.

„the white man's burden" arbeitete und das Wohlergehen des Eingeborenen als kolonialpolitisches Ziel dem Interesse des Europäers neben- oder sogar überzuordnen suchte. Mit einer derartigen Zielsetzung ging man aber weit über den Rahmen des Möglichen hinaus.

Humanitäre Gesichtspunkte verwirklichen, heißt: sie mit der Wirklichkeit und den dort herrschenden menschlichen Triebkräften der Selbsterhaltung und des Eigennutzes in Einklang bringen. Das Interesse des Eingeborenen wurde in der Praxis daher auch nur soweit beachtet, als es mit dem Interesse des Europäers oder zum mindesten der europäischen Kolonialmacht zusammenfiel. Die beachtliche Entwicklung der Ausfuhrproduktionen Afrikas in den letzten Jahrzehnten, besonders die Erschließung der großen Bergbaudistrikte in Zentral- und Südafrika hat deshalb in viel höherem Maße das Augenmerk der Kolonialverwaltungen auf die Eingeborenenfrage gelenkt, als auch die bestgemeinte ideologische Forderung es je vermocht hätte.

Wenn der Eingeborene und sein Wohlergehen heute immer mehr in den Mittelpunkt der Kolonialpolitik rückt, wenn man sich neuerdings auch in der Praxis um die Gesundheit seiner physischen und sozialen Existenz zu bemühen beginnt, dann in allererster Linie, weil seine Arbeitskraft knapp wird und man für eine gesunde Wirtschaft einen zufriedenen, sozial gebundenen, leistungsfähigen Eingeborenen braucht. Wenn trotzdem noch erstaunlich wenig für den Eingeborenen getan wird, so deshalb, weil die Sanierung der gesundheitlichen und sozialen Verhältnisse des Eingeborenen eine sehr vielschichtige, schwierige und nur langfristig lösbare Aufgabe ist, die Opfer und Kraftaufwendungen verlangt, zu denen die augenblicklichen besitzenden Kolonialmächte allein nicht in der Lage sind, da die Opfer zweifellos in keinem Verhältnis zu dem Nutzen stehen würden, der sich in naher Zukunft greifbar daraus ergeben könnte.

Afrika wird früher oder später sehr wahrscheinlich das koloniale Ergänzungsgebiet Europas werden. Von seiner Produktivkraft wird dann auch die Produktivkraft Europas abhängen. Zunächst aber wird die wirkliche Erschließung des dunklen Kontinents und die Sanierung seiner eingeborenen Bevölkerung Investierungen erfordern, zu denen saturierte Kolonialmächte, die noch aus dem Vollen wirtschaften können, niemals bereit sein werden. Daraus ergibt sich nicht nur die Notwendigkeit, im Interesse Europas die Rückgabe der deutschen Kolonien zu verlangen, sondern überhaupt eine Neuverteilung des Kolonialbesitzes nach Maßgabe des Willens und der Fähigkeit der Völker zur kolonisatorischen Arbeit anzustreben.

Die zunehmende Rücksichtnahme auf das Wohlergehen der Eingeborenenbevölkerung liegt also im Zuge der allgemeinen kolonialwirtschaftlichen Entwicklung. Eine weitere wesentliche Steigerung der Ausfuhrproduktion macht eine solche Rücksichtnahme unumgänglich notwendig. Wenn man sich in diesem Zusammenhang seit einigen Jahren auch in der Praxis um die Ernährungsverhältnisse des Eingeborenen zu kümmern beginnt, so sind dafür allerdings gerade die krisenmäßigen Rückschläge in der Ausfuhrentwicklung entscheidend gewesen.

In Gebieten mit starker Ausfuhrerzeugung hatte sich durch die Beanspruchung der Eingeborenenarbeit in Europäerbetrieben (Bergwerken, Plantagen) oder in den eigenen Ausfuhrkulturen der Eingeborenen (z. B. Kakao- und Baumwollkulturen) die Notwendigkeit ergeben, Nahrungsmittel, die früher von den Eingeborenen selbst angebaut wurden, einzuführen. So wurde die Ernährung großer Bevölkerungsteile abhängig von der Kaufkraft der Eingeborenen oder ihrer europäischen Arbeitgeber. Die Konjunkturrückschläge nach 1929 und 1937 brachten ein starkes Absinken der Kaufkraft mit sich. Die entlassenen eingeborenen Arbeiter und die selbständigen eingeborenen Ausfuhrproduzenten, die für ihre Ausfuhrerzeugnisse nur noch sehr geringe Preise erzielten, sahen sich daraufhin gezwungen, ihre Nahrungsmittel selbst wieder anzubauen. Das führte zu Umstellungsschwierigkeiten und gelegentlich vorübergehend zu Hungersnöten und Beunruhigungen des politischen und wirtschaftlichen Lebens. Man ist daher von Seiten der Kolonialverwaltungen nach dem 1929 einsetzenden Rückschlag dazu übergegangen, allmählich eine Selbstversorgung der Kolonien mit Nahrungsmitteln anzustreben. Der Eingeborene wurde angehalten, neben seinen Ausfuhrkulturen den Anbau von Nahrungspflanzen nicht zu vernachlässigen. In Bergbaugebieten und in der Nähe von Großplantagen entwickelte sich sogar allmählich eine Nahrungsmittelproduktion der Eingeborenen für den Markt, so daß neben der Ausfuhrproduktion die Nahrungsmittelerzeugung für den Eigenverbrauch der Kolonie zur Geldeinkommensquelle der Eingeborenen zu werden begann.

Diese Tendenz zur kolonialen Selbstversorgung mit Nahrungsmitteln wurde wesentlich durch die Tatsache begünstigt, daß die Kolonialmächte selbst auf eine Steigerung der Ausfuhr ihrer Kolonien nicht angewiesen waren, ja meist sogar gar nicht in der Lage waren, die gesamte Ausfuhrerzeugung ihrer Kolonialgebiete selbst aufzunehmen. Eine Belebung der Kolonialwirtschaft war unter solchen Verhältnissen in Zeiten einer Weltwirtschaftskrise nur durch eine Förderung der Binnenwirtschaft möglich. Hier wiederum war die Nahrungsmittelerzeugung das geeignetste Betätigungsfeld, einmal weil man durch eine Verbesserung der Ernährungsverhältnisse der Eingeborenen einen wichtigen Schritt in Richtung einer produktiven Bevölkerungspolitik tat und weil zum andern die Absatzmöglichkeiten des Mutterlandes dadurch in keiner Weise beschränkt wurden.

Da die Masse der eingeführten Nahrungsmittel aus anderen, häufig fremden Kolonial- und Überseegebieten stammt, trifft die erhöhte Selbstversorgung der Kolonien selten die Ausfuhr des Mutterlandes. Im Gegenteil konnte sich in manchen Fällen die frei werdende Kaufkraft der Kolonien, die bisher durch die Nahrungsmitteleinfuhr gebunden war, nunmehr Industrieerzeugnissen des Mutterlandes zuwenden. Auch hier drängt sich wieder der Gedanke auf, daß der humanitäre Gesichtspunkt und das langfristige wirtschaftliche Ziel einer produktiven Bevölkerungspolitik nur deshalb die koloniale Ernährungspolitik der letzten Jahre durchsetzen konnten, weil dem kein unmittelbareres Interesse der europäischen Kolonialmächte entgegenstand.

Für die Aktualisierung der Ernährungsfrage ist ferner entscheidend gewesen, daß in den letzten Jahrzehnten die Zusammenhänge zwischen dem Gesundheitszustand der Eingeborenen und ihren Ernährungsverhältnissen in zunehmendem Maße erkannt worden sind. Das lag einmal daran, daß mit der ständig wachsenden eingeborenen Lohnarbeit eine stetig zunehmende Anzahl von Eingeborenen unter europäische Aufsicht kam, wodurch das Beobachtungs- und Erfahrungsmaterial über die Lebens- und Ernährungsweise des Eingeborenen und ihre gesundheitlichen Auswirkungen zunahmen. Zum andern ergab es sich aus der Entwicklung der tropenmedizinischen Wissenschaft.

Gegen Ende des vorigen Jahrhunderts und um die Jahrhundertwende war die Tropenmedizin restlos von der Erforschung der Tropenkrankheiten und ihrer Erreger in Anspruch genommen. Die großen bakteriologischen Entdeckungen Robert Kochs wurden das Beispiel, nach der sich damals fast die gesamte Tropenmedizin, fasziniert von der Persönlichkeit und den Erfolgen dieses großen Arztes, ausrichtete. Erst 1904 wurde durch den damaligen Marineoberstabsarzt und Medizinalreferenten von Kamerun (späteren Professor) Hans Ziemann nachdrücklichst auf die Bedeutung der Lebens- und Ernährungsbedingungen des Eingeborenen für seinen Gesundheitszustand und auf den drohenden Bevölkerungsschwund der primitiven Rassen, speziell in Afrika, hingewiesen[1]). Ziemann suchte mit diesem Hinweis der einseitig auf die Bekämpfung der Krankheitserreger ausgerichteten damaligen Tropenmedizin eine umfassendere Blickrichtung zu geben. Etwas später ist dann auch von dem Belgier Wildeman die Bedeutung der Ernährungsfrage betont herausgestellt worden[2]).

Der Einblick in die Zusammenhänge zwischen Ernährungs- und Gesundheitsverhältnissen vertiefte sich besonders durch die Entwicklung einer selbständigen Ernährungswissenschaft in Europa, deren entscheidende Entdeckungen erst in das letzte Jahrzehnt fallen. Gleichzeitig bekam die Tropenmedizin durch ihre Erfolge in der Bekämpfung der Tropenkrankheiten für die Aufgaben einer umfassenden Tropenhygiene die Hände frei. Die genaue Kenntnis der Tropenkrankheiten machte es erst möglich, die Auswirkungen der Infektionen klar von den Folgen mangelnder Ernährung und Hygiene zu unterscheiden. Man erkannte deutlich, daß die gleiche Krankheit bei verschieden ernährten Eingeborenen ganz verschieden verlief, und sah sich dadurch gezwungen, den Ernährungs- und allgemeinen Umweltverhältnissen die gleiche Aufmerksamkeit wie den Infektionsmöglichkeiten zuzuwenden.

Wenn heute die richtige Ernährung des afrikanischen Eingeborenen also mit zu den großen Sanierungsaufgaben gehört, die Europa in Afrika zu leisten hat, so ist das jedoch nicht der einzige Grund, weshalb die medizinische Wissenschaft sich dieser Frage annimmt und in noch viel stärkerem Maße als bisher annehmen sollte. Es gibt kaum ein Land, in dem die Ernährungsweisen einzelner Volksstämme und Menschengruppen so

---

[1]) H. Ziemann, „Wie erobert man Afrika für die weiße und farbige Rasse?" (262) und früher schon: „Zur Bevölkerungs- und Viehfrage in Kamerun, Resultate einer Expedition in die Hochländer des Manenguba-Gebirges", Mitteilungen von Forschungsreisenden aus deutschen Schutzgebieten, 1904.

[2]) Nach H. Labouret (168) S. 165.

unterschiedlich sind wie in Afrika. Kein Gebiet bietet daher auch der jungen Ernährungswissenschaft ein so günstiges Beobachtungs- und Experimentierfeld wie Afrika. Mit Recht meint Worthington[1]): "Africa, at the moment, may be compared with a nutritional laboratory in which innumerable experiments on controlled diet have been progressing for a hundred years or so. Much may be learned by simply collecting the results of these experiments, but this knowledge will be far more difficult to attain in a few years time when local food customes have broken down with the disintegration of tribal organization." Die europäische Wissenschaft hat also auch ein eigenes Interesse daran, sich ohne Zeitverlust dieser Forschungsaufgabe zuzuwenden.

*   *   *

In dieser Arbeit soll nun versucht werden, den Gesamtkomplex der so aktuellen Ernährungsfrage aufzurollen. Es soll gezeigt werden, worin die Ernährungsmängel des afrikanischen Eingeborenen bestehen, worauf sie zurückzuführen sind und auf welche Weise sie beseitigt werden können. Dabei sind diese Untersuchungen auf zwei verschiedene Gruppen von Eingeborenen abzustellen: auf die selbständig im Stammesverband lebenden Eingeborenen einerseits und auf die unter europäischer Aufsicht lebenden eingeborenen Lohnarbeiter andererseits. Bei beiden Gruppen ergeben sich gesonderte Ernährungsprobleme, obschon die Grenzen fließend sind und zwischen den Ernährungsverhältnissen der beiden Gruppen Wechselwirkungen bestehen.

Da die im Stammesverband lebenden Eingeborenen die umfassendere Gruppe darstellen, aus der sich auch die eingeborene Lohnarbeiterschaft rekrutiert, wird im ersten Teil der Arbeit von den Ernährungsverhältnissen dieser Gruppe ausgegangen, unter betonter Beachtung der ursprünglichen, d. h. voreuropäischen Zustände. Im zweiten Teil kommen dann die Wandlungen der Verhältnisse durch die Europäisierung, also auch die Ernährungsprobleme der eingeborenen Lohnarbeiter, zur Darstellung. Der dritte Teil geht schließlich auf die Möglichkeiten und Notwendigkeiten einer Ernährungspolitik und die gemachten Versuche und Erfahrungen der europäischen Kolonialmächte ein, soweit diese Dinge noch nicht in den vorhergehenden Kapiteln Berücksichtigung fanden.

Die gesamten Überlegungen laufen letztlich auf zwei Fragen hinaus:

1. Wie ist eine Verbesserung der Ernährungsweise der Eingeborenen zu erreichen? und
2. Unter welchen Bedingungen läßt sich zu diesem Zweck eine in Menge und Art ausreichende Selbstversorgung der Kolonien mit Nahrungsmitteln durchführen?

Beide Fragen betreffen den gleichen Problemkreis von zwei verschiedenen Standpunkten aus gesehen. Die erste Frage wendet sich dem Eingeborenen direkt zu, seinem Gesundheitszustand, seinen Wirtschaftsverhältnissen

---

[1]) (352) S. 581.

und Lebensgewohnheiten. Durch die zweite Frage wird der Blick auf die kolonialwirtschaftliche Seite des gleichen Tatbestandes gerichtet; sie enthält also gewissermaßen eine gesamt-, um nicht zu sagen volkswirtschaftliche Note. Beide Aspekte werden in der Darstellung Beachtung finden. Wenngleich die Beantwortung der ersten Frage den weitaus größten Raum einnehmen wird, so wird doch auch die zweite Blickwendung von Zeit zu Zeit immer wieder geübt werden müssen.

Die Darstellung der Ernährungsverhältnisse macht die Aufwerfung vieler medizinischer, agrartechnischer, boden- und völkerkundlicher Fragen notwendig. Da aber die Arbeit von einem Wirtschaftswissenschaftler geschrieben worden ist, so ist es wohl verständlich, daß der Grundaspekt stets ein wirtschaftlicher ist. Die kolonialwirtschaftliche Bedeutung der Ernährungsfrage ist der Ausgangs- und Endpunkt der Darstellungen. Das scheint auch für das Gesamtproblem umso förderlicher zu sein, als sich der Vorteil des Eingeborenen in der Ernährungsfrage von keinem Standpunkt aus in der Praxis wirkungsvoller vertreten läßt, als vom kolonialwirtschaftlichen, weil gerade von dort aus der Vorteil des Eingeborenen und das langfristige Interesse des Europäers eine weitgehende Übereinstimmung zeigt.

Erster Teil:

Die Ernährungsverhältnisse des vornehmlich für den Eigenbedarf erzeugenden Eingeborenen (des Buschnegers).

1. Kapitel.

Die Nahrung der Eingeborenen im tropischen Afrika.

Was ißt der Eingeborene im tropischen Afrika? Wovon ernährt er sich? Sich davon ein Bild zu machen, dürfte wohl die erste Voraussetzung für jede weitere Überlegung und Darstellung dieser Arbeit sein. Allerdings wird dieses Bild nicht in allen Einzelheiten entworfen werden können, dazu sind die Verhältnisse im tropischen Afrika zu vielgestaltig, und die vorhandenen Quellen über die Ernährungsweise einzelner afrikanischer Stämme zu mager.

Eine umfassende und auch nur einigermaßen erschöpfende Beschreibung der Ernährungsweise der afrikanischen Eingeborenenstämme gibt es zur Zeit nicht. Das liegt wohl hauptsächlich an der Schwierigkeit oder Unmöglichkeit einer ausreichenden Materialbeschaffung. Auch eine so fleißige und mühevolle Arbeit wie die Dissertation von Leontine Piette: „Speise und Trank der Eingeborenen im tropischen Afrika" muß sich mit einer allgemeinen Typisierung der Verhältnisse begnügen. Die Arbeit stützt sich hauptsächlich auf die Auswertung umfangreicher Reisebeschreibungen und völkerkundlicher Abhandlungen. Die größte Mühe ist augenscheinlich auf die Fertigstellung von 7 Karten über die „Verbreitung wichtiger Nutzpflanzen der Eingeborenen im tropischen Afrika", die der Arbeit beigegeben sind, verwandt. Aber auch diese Karten geben doch nur ein sehr allgemeines und wohl nicht einmal immer richtiges Bild. Das, was Wildemann über sie im Hinblick auf Belgisch-Kongo sagt, gilt sicherlich in ähnlicher Weise auch für die übrigen afrikanischen Gebiete: „Nous tenons à faire remarquer que les cartes de dispersion des principales plantes utiles pour les indigènes de l'Afrique tropicale .... ne donnent pas une idée exacte de cette dispersion en ce qui concerne le Congo belge. Ces cartes, d'ailleurs, se modifient très fortement sous l'action de l'homme, en particulier pour le manioc, l'elaeis, le sésame, les graminacées à graines comestibles, les haricots[1])."

Ebenso stellt der Abschnitt über Afrika in dem umfangreicheren Werk von K. Hintze: „Geographie und Geschichte der Ernährung"[2]) nicht viel mehr als eine Aneinanderreihung von Fragmenten über die Ernährungsweise einiger Stämme im tropischen Afrika dar. Zudem sind die verwendeten Quellen z. T. so alt, daß die Schilderungen für die heutigen Verhältnisse kaum mehr zutreffend sein dürften. —

Wie sollte dem auch anders sein! Der Ernährung des Eingeborenen in Afrika ist bis vor kurzer Zeit kaum besondere Aufmerksamkeit geschenkt worden. Ist das Material über afrikanische Fragen im allgemeinen schon dürftig, wieviel mehr für eine Spezialfrage, die bis vor kurzem außerhalb jeglichen Interesses stand.

Zweifellos zeichnet sich die Nahrung der afrikanischen Eingeborenen durch eine besondere Eintönigkeit aus, und das sollte eigentlich die Darstellung vereinfachen. Indessen zeigt die Ernährungsweise gerade in ihrer Eintönigkeit eine Unzahl von Variationsmöglichkeiten, die in ihrer Auswirkung wieder ganz verschieden sein können.

[1]) (343) S. 26, Fußnote.
[2]) (139) S. 210/243.

Die Sache würde sich noch komplizieren, wenn man die ursprüngliche Ernährungsweise des Eingeborenen und ihre geschichtlichen Wandlungen im einzelnen darstellen wollte. Denn es würde sich sofort zeigen, daß Veränderungen in der Ernährung nicht erst neuerdings eingetreten sind, sondern in nicht geringem Umfang von der Entdeckung der neuen Welt her datieren, ja sogar vor dieser Zeit schon durch Einflüsse aus Asien hervorgerufen sind.

So soll Amerika nicht weniger als 30% seiner einheimischen Kulturgewächse an Afrika abgegeben haben, während dieser Erdteil seinerseits „etwa 10 Arten direkt und etwa 15 Arten durch Vermittlung anderer Länder[1])" an die neue Welt geliefert haben dürfte. Hintze gibt folgende, aus Amerika stammende, heute in Afrika vorkommende Nutzpflanzen an[1]): Mais (Zea Mais), Maniok (Manihot utilissima), Batate (Ipomea Batatas), Kartoffel (Solanum tuberosum), Topinambur (Helianthus tuberosus), Sonnenblume (Helianthus annuus), Dioscorea cayennensis, Arrow root (Maranta arundinacea), Limabohne (Phaseolus lunatus), Speisebohne (Ph. vulgaris), Feuerbohne (Ph. multiflorus), Kürbisse (Cucurbita Pepo, C. moschata, C. maxima), Tomate (Lycopersicum esculentum), Erdnuß (Arachis hypogaea), Kokos (Cocos nucifera) (?), Ananas (Ananassa sativa), Feigenkaktus (Opuntia Ficus indica), Erdbeere (Fragaria virginiana und chiloensis), Pfeffer (Caspicum annuum), Vanille (Vanilla planifolia). Außerdem: die Tabakpflanzen (Nicotiana tabacum und rustica), der Kakaobaum (Theobroma Cacao), die Baumwollgewächse (Gossypium barbadense, hirsutum, peruvianum), die Sisalagave (Agave sisalana americana) und die Kautschukgewächse (Castillos elastica, Hevea brasiliensis und Manihot glaziovii).

Viele dieser fremden Kulturgewächse haben sich in Afrika sehr früh und in manchen Gebieten erstaunlich schnell verbreitet. Schon 1535 traf Leo Africanus am Niger, 200 km von der Küste entfernt, auf Maiskulturen. Um 1588 berichtet Edward Lopez, ein Afrikareisender, von einem Getreide, das die Eingeborenen Mais nannten und mit dem sie ihre Schweine fütterten. Bartell, der lange Zeit (1589—1607) in afrikanischer Gefangenschaft lebte, erzählt über Longo (Sambesigebiet?), daß die Eingeborenen dort Hirse und Mais anbauten, Getreidearten, die allerdings von ihm nicht allzusehr geschätzt worden wären[2]). Das hat sich später aber sicherlich bald geändert.

Diese schnelle Einbürgerung der neuen Nahrungspflanzen in Afrika ist darauf zurückgeführt worden, daß diese Pflanzen sich für den Hackbau besonders eignen, eine Wirtschafts- und Kultivationsmethode, in der sich der Neger dem Indianer als weit überlegen erwiesen hat. Wenn wir daher heute feststellen können, daß einige dieser eingeführten Kulturen, wie Mais, Maniok, Bataten, Bohnen, Erdnuß und Kolokasie[3]), zu den bedeutendsten Nahrungsquellen des afrikanischen Eingeborenen geworden sind, so wirft das auf die Einstellung des Negers, auf seine Aufnahmebereitschaft neuen Pflanzen und Kulturen gegenüber, ein bedeutsames Licht. Das ist eine Frage, die in der gesamten Problematik der heutigen Ernährungspolitik eine entscheidende Rolle spielt, deshalb sei sie schon hier zu Beginn herausgestellt.

Wenn man nämlich bedenkt, daß die meisten ins Gewicht fallenden Nahrungspflanzen des afrikanischen Kontinents aus anderen Erdteilen stammen[4]), und

[1]) Siehe K. Hintze (139) S. 211/12.

[2]) Siehe K. Hintze (139) S. 212.

[3]) Die Kolokasie stammt aus Ostindien und ist von den Portugiesen in Westafrika eingeführt worden.

[4]) Wenn man auch den Reis als eingeführte Nutzpflanze ansehen will, was umstritten ist, so bleiben von den Hauptnahrungspflanzen des afrikanischen Eingeborenen als einheimische Gewächse nur noch die Hirse, die Ölpalme, die Yamswurzel und die Plante übrig. Die letztere soll möglicherweise von der Banturasse selbst nach Afrika mitgebracht worden sein.

wenn man ferner beachtet, mit welch erstaunlicher Schnelligkeit sich einige dieser Pflanzen über ziemlich große Gebiete Afrikas verbreitet haben, so ist man geneigt, den Neger für einen sehr aufnahmebereiten, alles andere als konservativen Menschen zu halten. Andererseits gibt es aber noch heute zahlreiche Eingeborenenstämme, die beispielsweise von wenig mehr als etwas Hirse und einigen einheimischen Blattgemüsen leben, und die sich auch heute noch in einer uns häufig unverständlichen Hartnäckigkeit gegen jede Verbesserung ihrer Ernährungsverhältnisse sträuben, so daß man wiederum zu einer entgegengesetzten Meinung kommen möchte.

Es wäre deshalb im Hinblick auf später zu behandelnde Probleme der Nahrungsmittelversorgung und der Ernährungspolitik sicherlich sehr interessant, hier auf die Wandlungen in der Ernährungsweise der afrikanischen Eingeborenen im Laufe der letzten Jahrhunderte und auf die Motive, die zu der Verbreitung oder Nichtverbreitung der einzelnen Nahrungspflanzen über den schwarzen Kontinent geführt haben, zurückzugehen, — wenn das möglich wäre. Indessen liegt für solche Betrachtungen und Überlegungen nicht genügend Material vor. Selbst wenn man sämtliche vorhandenen älteren Reisebeschreibungen daraufhin genauestens durchsehen würde, vermöchte das Ergebnis einer solchen Arbeit wohl nur ein äußerst spärliches Licht auf diese Fragen zu werfen und kaum etwas Neues zu der Erkenntnis beizutragen, die man auch aus heutigen Beobachtungen und Erfahrungen gewinnen kann. Auf eine Darstellung der Wandlungen und Veränderungen der Eingeborenenernährung muß daher verzichtet werden.

Hier im ersten Teil unserer Arbeit gilt unsere Aufmerksamkeit dem noch selbständig im eigenen Stammesverband wirtschaftenden Eingeborenen, der in erster Linie nur für den eigenen Bedarf oder einen sehr beschränkten lokalen Markt produziert. Der Akzent liegt damit ganz von selbst auf der Darstellung der Ernährung der Eingeborenen, so wie sie heute dort ist, wo der Neger, im Stammesverband lebend, noch nicht gar zu stark unter dem Einfluß der europäischen Zivilisation gestanden hat, — unter der stillschweigenden Voraussetzung natürlich, daß auch dort seine Ernährungsweise schon mancher geschichtlichen Wandlung unterworfen gewesen sein kann. Die Veränderungen, die in neuester Zeit durch den zivilisatorischen Einfluß Europas geschehen sind, werden im zweiten und dritten Teil, entsprechend der Fragestellung dieser Abschnitte, eine stärkere Beachtung finden.

Um den Überblick nicht zu komplizieren, soll sich die Darstellung der Eingeborenenernährung auf eine Angabe der wichtigsten Nahrungsmittel und ihre häufigsten Kombinationen beschränken.

1. Die Zusammensetzung der Nahrung.

a) Die Hauptnahrung: der Mehlkloß.

Den Hauptbestandteil der Eingeborenen-Nahrung bildet — abgesehen von einigen Hirtenstämmen, die fast ausschließlich von tierischer Nahrung leben — der Mehlkloß oder Mehlbrei, der mengenmäßig bis zu 90% der Gesamtnahrung ausmachen kann. Daneben spielt dann der Nährwert der Zukost quantitativ nur eine geringe Rolle, obschon gerade den zusätzlichen Nahrungsmitteln als Ergänzung und Ausgleich eine entscheidende Bedeutung zukommt.

Das Mehl zu dem Hauptgericht wird je nach dem Gebiet aus verschiedenen Knollenfrüchten oder Cerealien gewonnen. Der dicke Kloß, der in den Gebieten des tropischen Urwaldes meist aus dem Mehl der Plante, des Manioks oder einer anderen Knollenfrucht hergestellt wird, heißt bei den Liberianern „tomboy", bei den Vey im liberischen Hinterland „dombay", an der ganzen Westküste ist er unter dem Namen „Fufu" bekannt, in Ostafrika nennt man ihn „Ugali". Hier ist allerdings seine Grundlage meist irgendeine Körnerfrucht. Denn in den Savannen- und Steppengebieten herrschen Cerealien vor, in Südafrika Mais, in Ost- und Zentralafrika Hirse, in Westafrika und ebenfalls in einigen Teilen Zentral- und Ostafrikas Reis, der allerdings auch in Urwaldgebieten, an Flußläufen wegen seiner besonderen Anbauform (Wasserreis) häufig ist. Daneben können aber auch in der offenen Landschaft Knollenfrüchte oder Mehlbananen vorherrschen, wie in Uganda die Plante, im nördlichen Teil des Hochlands von Angola der Maniok. Ganz gleich, ob nun Maniok, Plante, Mais oder Sorghumhirse, wohl die vier am weitesten verbreiteten Nahrungspflanzen in Afrika[1]), die Hauptnahrung liefern, immer ist das Hauptgericht ein dicker Brei oder Kloß, der an die Funktion der Zähne keine besondere Anforderung stellt und in großen Bissen hinuntergeschlungen werden kann.

b) Die Zukost.

Die Zukost bilden Knollenfrüchte[2]) und einheimische oder aus anderen Erdteilen stammende Gemüsearten. Sie wird entweder in gerösteter Form genossen oder der Suppe, in der der Mehlkloß gekocht wird, beigegeben. Die Zusammensetzung der Zukost ist für die einzelnen Gebiete sehr verschieden. Jessen[3]) gibt für einige hauptsächlich Mais essende Stämme Angolas Maniok, Bohnen, Süßkartoffeln, Kürbisse, Rizinus, Kohl und Tomaten an. Ähnliche Angaben über Angola macht Braun[4]). McCulloch[5]) berichtet, daß die Haussa Süßkartoffelblätter auf die Gemüsemärkte der Goldküste brächten. Hall[6]) erzählt, daß in Nordnigerien und in den Dörfern von Gambia der Affenbrotbaum regelmäßig gekappt und die jungen Schößlinge gesammelt und als Spinat gekocht würden. Aber wenn Hall anschließend ganz allgemein für den afrikanischen Eingeborenen feststellt, daß etwas den europäischen und asiatischen Kohlarten Entsprechendes in den afrikanischen Gemüsegärten völlig fehle, so gilt das doch nur für einige größere Gebiete, vor allem wohl Ost- und Westafrikas. Denn in Angola wie im belgischen Kongo sind Kohlarten durchaus bekannt und beliebt. So berichtet Jessen[7]) für Angola: „Den Kohl haben die Eingeborenen von

[1]) Siehe Karte über Verbreitung der wichtigsten Nutzpflanzen bei L. Piette (238).

[2]) Hauptsächlich dort, wo irgendwelche Getreidearten die Hauptnahrung darstellen, aber auch, wo z. B. Maniok die Nahrungsgrundlage bildet, werden geröstete Maniokwurzeln obendrein noch als Zukost gegessen. S. Angaben von R. H. Braun über Eingeborenenernährung in Angola, Anhang VII.

[3]) O. Jessen: „Reisen und Forschungen in Angola" (150) S. 175.

[4]) S. Anhang. VII.

[5]) (193) S. 111.

[6]) A. D. Hall (127). S. 79.

[7]) (150) S. 175.

den Portugiesen übernommen, bei denen er fast täglich auf den Tisch kommt."

c) Die fetthaltigen Pflanzen.

Die Fettbestandteile der Nahrung liefern hauptsächlich Ölpalme, Erdnuß, Sesam, Rizinus und Schibaum. Die Bedeutung dieser Pflanzen ist in den einzelnen Gebieten sehr verschieden. In manchen Gebieten ist die Fettversorgung ganz allgemein sehr mangelhaft. Die Ölpalme beschränkt sich auf West- und Zentralafrika. Die Erdnuß, die zweite wichtige Ölfrucht Afrikas, kommt auch in Ostafrika vor und gewinnt in den meisten Gebieten immer mehr an Bedeutung.

d) Fleisch und Fisch.

Fleisch und Fisch bilden keinen großen Bestandteil der Eingeborenennahrung. Auch das kann in einzelnen Gebieten sehr verschieden sein. Im großen und ganzen aber gilt das, was Jessen[1]) über einige Stämme Angolas sagt, wohl mit einigen Variationen für die meisten ackerbautreibenden Stämme Afrikas: „Fleisch ist sehr beliebt, wird aber selten gegessen, denn die Jagd ist nicht ergiebig, und von den Rindern wird ohne Not keines geopfert. Mäuse, Ratten und große Heuschrecken werden gefangen und geröstet. Nach dem Brand wird das Feld in Schützenlinie nach solchen Tieren abgesucht."

Die Versorgung mit Fischen ist bei vielen Stämmen, sofern sie an der Küste oder in der Nähe fischreicher Gewässer wohnen, reichlicher. Jedoch ist der Fischreichtum Afrikas, der übrigens nicht besonders groß ist, längst nicht genügend ausgenutzt, jedenfalls reicht die Fischversorgung meist nicht über die allernächste Umgebung der fischreichen Gebiete hinaus. Das liegt an der schlechten Konservierungsmöglichkeit der gefangenen Mengen im tropischen Klima, bei manchen Stämmen allerdings auch an einer religiös bedingten Voreingenommenheit dem Fischkonsum gegenüber.

e) Die Milch.

Milch ist in weiten Gebieten Afrikas als Nahrungsmittel völlig unbekannt. Teilweise scheint man die Herkunft der Milch überhaupt nicht zu kennen, teilweise wird sie wie der Urin für eine ekelhafte Körperausscheidung gehalten, teilweise stehen ihrer Verwendung wohl religiöse Hemmungen entgegen. Lediglich bei den ausgesprochenen Hirtenvölkern wird die Kuhmilch zum „täglichen Brot" des Eingeborenen. Aber auch hier kann sie zur Hauptnahrung nur werden, wo größere Rinderherden vorhanden sind. Da die afrikanische Kuh als Höchstleistung pro Tag nicht mehr als 2 Liter gibt, muß der Viehbesitz schon sehr groß sein, um eine eingeborene Familie ernähren zu können.

f) Die Gewürze: Pfeffer und Salz.

Eine wichtige Rolle in der Eingeborenenernährung spielen Zutaten zu dem Hauptgericht, wie Pfeffer, Salz und andere scharfe Gewürze und Kräuter, die vom Eingeborenen sehr geschätzt werden. Erst die Gewürze

[1]) (150) S. 149.

bringen die Abwechslung in das ewige Einerlei des afrikanischen Küchenzettels, und die Tüchtigkeit der afrikanischen Köchin hängt zum guten Teil davon ab, ob sie es versteht, von diesen Zutaten richtig, d. h. vor allen Dingen reichlich, Gebrauch zu machen. Wie in Europa sind die wichtigsten Gewürze Pfeffer und Salz.

Der Pfeffer ist über ganz Afrika verbreitet. Wild, verwildert oder angepflanzt, findet er sich überall meist dicht bei den Hütten der Eingeborenen. Guinea-Pfeffer wurde schon 1364 von Kaufleuten aus Dieppe und Rouen von der Pfefferküste (Liberia) geholt. Später, etwa im 16. oder 17. Jahrhundert, ist von den Portugiesen der spanische oder Cayenne-Pfeffer in Afrika eingeführt worden. Die Körner der reifen Fruchttrauben werden im frischen oder getrockneten Zustand verwertet, indem sie zwischen Steinen zerrieben und als Pulver den Speisen beigemischt werden. Auf diese Weise werden oft ungeheure Mengen vertilgt.

Allerdings sind auch hier Unterschiede bei den einzelnen Stämmen zu verzeichnen. So berichtet Hintze auf Grund seines Quellenstudiums über die Bongo, die südlichen Nachbarn der Dinka (am oberen Lauf des weißen Nils): „Pfeffer wurde nicht benutzt. Sein scharfer Geschmack galt vielmehr, ebenso wie bei ihren südlichen Nachbarn, als untrügliches Zeichen seiner Giftigkeit. Der Gestank fermentierter Stoffe mußte dafür eintreten, um den Geschmack der einförmigen Breinahrung zu beleben und etwas Abwechslung zu bieten[1].“

Das Salz ist in Afrika ein begehrter Handelsartikel, umsomehr als es in den meisten Gebieten äußerst selten ist, so daß Stämme, die weit entfernt von Salzvorkommen wohnen, oft große Strecken zurücklegen müssen, um für sich und ihr Vieh die erforderlichen Mengen herbeizuschaffen. In früheren Zeiten, als von Europa noch kein Salz importiert wurde, spielte der Salzhandel zwischen den einzelnen Gebieten noch eine viel größere Rolle als heute[2].

Aus dem Salzmangel lassen sich wahrscheinlich auch teilweise die Neigungen mancher Stämme, Erde zu essen, erklären[3]. Viele Stämme suchen den Salzmangel durch Auslaugen von salzhaltigen Erden und Pflanzenaschen abzuhelfen, eine mühevolle Arbeit, die viel Zeit in Anspruch nimmt.

g) Die Getränke.

Von den Getränken der Eingeborenen sind vor allem das Eingeborenenbier: Pombe, der Palmwein und der Bananenwein zu erwähnen. Das Bier wird meist aus einer kleinen Hirseart gewonnen (Eleusine), die in manchen Fällen nur zu diesem Zwecke angebaut wird[4]. Häufig wird aber auch das Hauptgetreide zum Bierbrauen verwendet, so daß es vorkommen kann,

[1]) (139) S. 229.

[2]) Siehe die umfangreiche und ausgezeichnete Darstellung von Arno Springer: „Die Salzversorgung der Eingeborenen Afrikas vor der neuzeitlichen europäischen Kolonisation“ Dresden 1918.

[3]) Siehe über die Gründe, die zur Geophagie bei den Eingeborenen geführt haben, bei R. Lasch: „Über Geophagie“ (169).

[4]) Um eine ähnliche Hirseart handelt es sich wohl auch bei O. Jessen, wenn er über die Eingeborenen in Libolo (Angola) berichtet: „Die Hirse („Malufu“), eine kleinwüchsige Art, wird nicht gegessen, sondern dient zur Bierbereitung.“ (150) S. 302.

daß die Gründe für einen frühzeitig eintretenden Nahrungsmangel in zu ausgedehnten Gelagen und Stammesfestlichkeiten zu suchen sind. Allerdings ist das Eingeborenenbier äußerst nahrhaft. In der Zeit nach der Ernte, wenn das Bierbrauen beginnt, leben manche Stämme häufig von nichts anderem als von Bier.

2. Die Anzahl der Mahlzeiten.

Die Zahl der Mahlzeiten, die der Eingeborene im Laufe des Tages zu sich nimmt, sind bei den einzelnen Stämmen sehr verschieden. Manche Stämme essen dreimal am Tag, manche auch nur einmal. Das ist nicht immer nur eine Frage der Gewohnheit, sondern hängt häufig von den besonderen Lebens- und Ernährungsverhältnissen ab. In Zeiten des Mangels muß sich der Eingeborene häufig — auch wenn er sonst gewohnt ist, drei Mahlzeiten am Tage einzunehmen — mit einem knappen Mahl begnügen. Die Hauptmahlzeit wird meistens am Nachmittag oder Abend eingenommen.

Die Ovambo in Deutsch-Südwest essen dreimal am Tage[1]). Morgens begnügen sie sich mit einem gärenden leicht alkoholischen Morgentrank, der aus einer Art Kürbisfrucht, mit Kleie und Mehl aufgekocht, bereitet wird. Mittags und abends gibt es den üblichen Hirsebrei als Zukost, wenn vorhanden, Fleisch, sonst Butterfett oder Gemüse. Bei den nördlichen Stämmen Nigeriens essen die Eingeborenen zweimal am Tage, morgens und abends. Die Bessergestellten essen hier allerdings zwischendurch noch einmal um 2 Uhr. Ebenso nehmen sich die Feldarbeiter meist noch eine Zwischenmahlzeit mit aufs Feld. Fleisch wird nur abends gegessen[2]).

Von den südlichen Bantustämmen berichtet Richards[3]), daß die Neger statt unserer gewohnten Mahlzeiten täglich nur eine umfangreichere Mahlzeit, die aus gekochten Cerealien und Fleisch- oder Gemüsesauce bestehe, und, wenn sie könnten, noch eine zweite zu sich nehmen. In den mageren Monaten im Jahre müßten sie sich sogar meistens mit Waldfrüchten, Pilzen und Raupen begnügen.

Bei wohl allen afrikanischen Stämmen konzentriert sich der weitaus größte Teil der Nahrungsaufnahme auf die Hauptmahlzeit am Spätnachmittag oder Abend, so daß in der generalisierenden Behauptung mancher Afrikaner, der Eingeborene esse nur einmal am Tage, zum mindesten ein richtiger Kern enthalten ist.

3. Die Grundtypen der Ernährung.

Um Wiederholungen und Überschneidungen in späteren Ausführungen tunlichst zu vermeiden, soll dieser sehr ungefähre Überblick über die Nahrungsmittel des afrikanischen Eingeborenen genügen. Bei der Behandlung der einzelnen Ernährungsprobleme wird später noch des öfteren

---

[1]) Siehe F. W. Proell: „Klima und Zivilisation in ihrer Auswirkung auf Körper und Zähne." Berlin 1934, (245) S. 44.

[2]) Siehe C. M. Meek: „The Northern Tribes of Nigeria", London 1925.

[3]) A. I. Richards: „Hunger and Work in a Savage Tribe. A function study of Nutrition about the Southern Bantu", London 1932. (251).

Gelegenheit sein, auf die Besonderheiten der einen oder anderen Nahrungsbestandteile und der Gewohnheiten der Eingeborenen einzugehen. Um noch einen Überblick über die hauptsächlichsten Ernährungsunterschiede bei den einzelnen Stämmen zu geben, sei hier noch kurz auf die Grundtypen der Ernährungszusammensetzung und ihre wirtschaftlichen Hintergründe eingegangen.

In der Literatur hat man bisher, wenn man die Zusammenhänge zwischen den Gegebenheiten der Umwelt und den Wirtschafts- und Ernährungsverhältnissen des afrikanischen Eingeborenen darstellen wollte, gewöhnlich drei Bevölkerungstypen unterschieden: den Urwaldbewohner, den Savannenbewohner und den Steppenbewohner.

Leontine Piette[1]) behandelt nach dieser Dreiteilung die Ernährung des Eingeborenen im tropischen Afrika, wobei sie Steppenbewohner so ziemlich mit Hirtenvolk gleichsetzt. Wenn C. Seyffert[2]) den Bewohner des Urwaldes von dem des offenen Landes (Savanne und Steppe) unterscheidet, so hat das auch seinen Grund, da in der Savanne wie in der Steppe Ackerbauer und Viehzüchter vorkommen und beide Landschaften sich vom Urwald durch vielfältigere Möglichkeiten in der Nahrungsmittelversorgung unterscheiden.

a) Die Ernährung des Urwaldbewohners.

Bei allen drei Bevölkerungstypen läßt sich Einseitigkeit in der Ernährungsweise feststellen. Bei der Urwaldbevölkerung ist die Einseitigkeit hauptsächlich durch die Umweltverhältnisse bestimmt. Hier sind Knollenfrüchte und Planten Hauptnahrungsmittel. Alle anderen Nahrungsstoffe spielen nur eine sehr nebensächliche Rolle. Das hat seine Ursache in den wirtschaftlichen Voraussetzungen, die der Urwald den Eingeborenen bietet. Denn wollen sich größere Stammesgemeinschaften im Urwalde überhaupt am Leben erhalten, so müssen sie eine ganz bestimmte einseitige Nahrungsfürsorge betreiben, d. h. eine Nahrungsversorgung, die den Verhältnissen und Möglichkeiten im tropischen Urwald angepaßt ist.

Die Ergebnisse der Jagd sind im Urwaldgebiet spärlich. Großwild ist selten. Außerdem läßt sich Fleisch in dem feuchtheißen Klima schlecht aufbewahren. Viehzucht ist nicht möglich wegen Mangel an Weidefläche. Höchstens kann etwas Kleinvieh (Ziegen, Schafe, Schweine, Hunde, Hühner) gehalten werden. Ebenso stellen sich dem Fischfang umweltbedingte Hindernisse in den Weg. „Krokodile und Flußpferde sind ständig drohende Gefahren beim Fischfang, und Stromschnellen, Wasserfälle, schlechte Verkehrsmittel, die abgeschlossene Lage der Siedelungen erschweren den Transport. In dem heißen Klima ist dazu eine schnelle Zubereitung dringend geraten[3])."

Wildwachsende pflanzliche Kost findet sich ebenfalls im tropischen Urwald spärlich, und auch die Anlage von Kulturen stößt auf Schwierigkeiten. Da das üppige Wachstum der tropischen Vegetation schnell die angebauten Pflanzen überwuchern würde, können nur kleine Flächen gerodet, bepflanzt und saubergehalten werden. Daher ist der Eingeborene

[1]) (238).

[2]) „Einige Beobachtungen und Bemerkungen über die Ernährung der Naturvölker" Zschr. f. Ethnologie, 1931, S. 53ff. (279).

[3]) L. Piette (238) S. 43.

gezwungen, Pflanzen anzubauen, die auf wenig Bodenfläche möglichst reichen Ertrag liefern, also Wurzel- und Knollenfrüchte, wie Taro (Knolle 5—6 kg), Yams (20—30 kg), Bataten und Maniok (Wurzel bis 10 kg) oder die Banane (Büschel bis zu 60 kg). Seyffert[1]) glaubt daher, nicht nur die Nahrungsmittelversorgung, sondern auch die Ernährungsweise und die Voreingenommenheit manchen anderen Nahrungsmitteln gegenüber aus diesen Umweltverhältnissen erklären zu müssen. Er sagt: „Völkerkundlich und ernährungswissenschaftlich gleich wichtig ist, daß diese seßhafte Urwaldbevölkerung nicht mehr die freie Auswahl unter zahlreichen wildwachsenden Nahrungspflanzen hat, wie die Primitiven[2]), sondern daß für sie eine ganz wesentliche Einschränkung in den ihnen zur Verfügung stehenden Nahrungspflanzen eintritt. Es bildet sich bei ihnen eine ganz bestimmte feststehende Kost heraus und damit auch ein ganz bestimmter Geschmack. ‚Bananen und Maniok gehören zur Nahrung, also kann man ohne sie nicht leben'[2])[3]), und man hungert lieber, wenn diese einmal nicht geraten sollten, auch wenn es rundherum genug anderes gibt." Seyffert fährt dann fort: „Wenn der wichtige Schritt von der aneignenden Wirtschaft[2]) zur Produktionswirtschaft, kulturell natürlich, als ein Fortschritt zu werten ist, so muß doch bezweifelt werden, ob er das auch physiologisch für den Menschen bedeutet. Beginnt doch der Mensch schon auf dieser Stufe, sich von der Natur zu entfernen und seine Ernährung in ein bestimmtes Schema zu pressen, das ihm mit der Zeit verhängnisvoll wird[4])." Immerhin darf aber nicht übersehen werden, daß erst mit der Einführung des Manioks, des Makabos und der Batate durch die Europäer die Urwaldgebiete für die Banturasse im heutigen Umfange besiedlungsfähig geworden sind, worauf Rohrbach[5]) mit Recht hinweist.

b) Die Ernährung des Savannen- und Steppenbewohners.

In der offenen Landschaft, in Steppe und Savanne, liegen die Ernährungsverhältnisse wesentlich günstiger als im Urwald. Hier gibt der regelmäßige Wechsel von Regen und Trockenzeit der Wirtschaftsform das Gepräge. Es stehen dem Eingeborenen größere Flächen für seine Nahrungsmittelkulturen zur Verfügung. Das Land ist leichter als im Urwald zu bebauen. Daher braucht man sich nicht auf die ergiebigsten Knollengewächse zu beschränken, sondern kann auch zu dem mehr Raum beanspruchenden Getreideanbau übergehen. Ja, man ist sogar bis zu einem gewissen Grade auf den Getreidebau angewiesen, da man eine Vorratswirtschaft treiben muß und sich Cerealien besser als Knollenfrüchte

[1]) (279) S. 56/57.

[2]) Gemeint ist die unterste Wirtschaftsstufe der Jagd- und Sammelwirtschaft, die natürlich größere Räume für die Nahrungsversorgung des Menschen beansprucht. Wir gehen auf diese Wirtschaftsform nicht ein, da die in ihr lebenden Zwergstämme Afrikas (Pygmäen, Akka, Buschmänner) einer aussterbenden Rasse angehören und zahlenmäßig unbedeutend sind. Außerdem erweist sich die Zivilisierung dieser scheuen Jägervölker als besonders schwierig, so daß sie auch deshalb wenig Möglichkeiten für eine europäische Ernährungspolitik bieten.

[3]) Albert Schweitzer: „Mitteilungen aus Lambarene", 1929, (273) S. 154.

[4]) Seyffert (279) S. 57.

[5]) Paul u. Justus Rohrbach: „Afrika heute und morgen", Berlin 1939 S. 63.

konservieren lassen. Denn, wenn sich beim Urwaldbewohner die Nahrungsversorgung auch sehr einseitig gestaltet, so kann er doch das Jahr über mit einem gleichmäßigeren Anfall von Nahrungsprodukten rechnen[1]). Dem Savannen- und Steppenbewohner stehen demgegenüber zwar viele Nahrungsquellen zur Verfügung, er muß dafür aber mit Monaten des Mangels rechnen, in denen die Natur so gut wie nichts seinem Nahrungsbedürfnis zu bieten hat. So berichtet C. W. Coulter über Nordrhodesien[2]): "In certain sections of North-Rhodesia, due to thriftlessness and periodic food shortage, the natives are entirely without cereal food and have to success on the wild products of the bush and field until the following harvest. This period varies from one to three months."

Der Unterschied zwischen den Wirtschaftsformen der Savannen- und Steppengebiete liegt darin, daß in der Savanne der Ackerbau überwiegt, während in der Steppe die Viehwirtschaft vorherrschend ist. Dementsprechend leben die Steppenvölker fast ausschließlich von tierischer Nahrung, die Savannenvölker von pflanzlicher Kost. In der Savanne wird die Viehhaltung durch das Vorkommen der Tsetsefliege weitgehend eingeschränkt oder unmöglich gemacht. In der Steppe wiederum stößt der Ackerbau wegen der längeren Trockenzeit und des allgemeineren Wassermangels auf Schwierigkeiten. Allerdings wären manche Steppengebiete auch dem Ackerbau zugänglich, wenn es die nomadisierenden Hirtenvölker nicht meist vorziehen würden, bei ihrer extensiveren Viehwirtschaft zu bleiben. In manchen Hochlandsgebieten, wie in Ruanda-Urundi, überlagern sich auch beide Wirtschaftsformen, insofern viehzuchttreibende, kriegerische Herrenvölker meist hamitischen Einschlags neben den von ihnen unterworfenen Negervölkern, die Ackerbau treiben, sitzen.

Trotz der vielseitigeren Möglichkeiten der Nahrungsmittelversorgung in Savanne und Steppe ist die Ernährung des Eingeborenen hier fast ebenso eintönig wie im Urwald. Sofern eine größere Abwechslung festzustellen ist, beruht sie nicht auf einer zweckmäßigen Ausnutzung der vielfältigeren Möglichkeiten, also auf einer vorhandenen Fülle von Nahrungsmitteln, sondern auf einem ausgesprochenen Mangel, der den Eingeborenen dazu zwingt, in der Trockenzeit sonst nicht beachtete, meist sehr dürftige Hilfsquellen auszunutzen.

Bei den Savannenvölkern ist die Hauptnahrung gewöhnlich eine Körnerfrucht, meist Hirse oder Mais, neben der nur als Ergänzung einige Knollenfrüchte, Bohnenarten, Kürbisse u. ä. angebaut werden. Die Nahrungsversorgung ist also abhängig von der Getreideernte, mißlingt diese, so ist der Stamm hilflos der Hungersnot, wenn nicht gar dem Hungertod ausgesetzt. Und selbst wenn die Getreideernte gut ist, werden aus ungenügender Vorsorge gegen Ende der Trockenzeit und zu Beginn der Regenzeit die Nahrungsmittel knapp. Mangelzeiten werden damit zu saisonbedingten Erscheinungen[3]), Hungersnöte kehren, je nach den Witterungsverhältnissen, alle paar Jahre wieder.

---

[1]) Siehe Beispiele verschiedener Stammesernährung, Anhang I.

[2]) Siehe J. M. Davis: „Modern Industry and the African", London 1933, 60 S. 41.

[3]) Über jahreszeitliche Schwankungen in der Ernährung eines savannen- und steppenbewohnenden Ackerbaustammes siehe Anhang Ib.

Die Hirtenvölker der Steppe leben weniger von dem Fleisch, als von der Milch und dem Blut ihrer Tiere. Da das afrikanische Rind z. T. klein und vom wirtschaftlichen Standpunkt aus gesehen wenig ergiebig ist, sind für die Ernährung große Rinderherden erforderlich, was wiederum das Vorhandensein großer Weideflächen zur Voraussetzung hat. Nur als Ergänzung und meist auch nur für die Frauen, Kinder und Greise, werden pflanzliche Nahrungsmittel von den Hirtenstämmen angebaut oder von Nachbarvölkern eingehandelt. Auch hier ist also Einseitigkeit in der Nahrungsversorgung festzustellen, die leicht zu Hungersnöten führen kann. Während der großen Rinderpest gegen Ende des vorigen Jahrhunderts sind ganze Hirtenstämme in den Steppengebieten Afrikas verhungert, weil ihre einzige Nahrungsquelle, ihre Viehherden, zugrundegingen.

2. Kapitel.

Die Mängel der Ernährungsweise und ihre Auswirkungen.

Schon aus den bisherigen Ausführungen war zu entnehmen, daß die Ernährung des afrikanischen Eingeborenen nicht so problemlos ist, wie vielleicht ein flüchtiger Beobachter und Beurteiler der Verhältnisse, der etwa von vornherein geneigt wäre, „natürliche“ und „richtige“ Ernährung gleichzusetzen, meinen möchte. Es ist durchaus nicht so, daß dem Bewohner des tropischen Afrikas die Nahrungsmittel sozusagen in den Mund hineinwachsen, so daß er ohne wesentlichen geistigen und körperlichen Arbeitsaufwand sich mit all dem versorgen kann, was er für eine gesunde Existenz nötig hat. Jahreszeitlich wiederkehrende Mangellagen, Hungersnöte in schlechten Erntejahren, Einseitigkeit und Eintönigkeit in der Nahrung und Nahrungsversorgung sind keine Ausnahmeerscheinungen, sondern bei vielen Stämmen die Regel und haben Auswirkungen auf die physische Existenz des afrikanischen Eingeborenen, die in merkwürdigem Widerspruch zu dem Bilde des kraftstrotzenden, gesunden Negers stehen, das sich der Europäer gemeinhin von dem afrikanischen Eingeborenen macht.

Was Richet[1]) über Indien sagt, daß dort eine Hungersnot regelmäßig eine Choleraepidemie im Gefolge habe, gilt in abgewandelter Form auch für Afrika. Die hohen Sterblichkeitsziffern der afrikanischen Bevölkerung lassen sich nicht ausschließlich aus den tropischen und sonstigen Krankheiten der Eingeborenen erklären, sie sind zweifellos mitbedingt durch die mangelhaften Ernährungsverhältnisse. Der durch unzureichende Nahrung physisch geschwächte Neger zeigt sich in vielen Fällen gegen Tropenkrankheiten weniger widerstandsfähig als der Europäer, obwohl er an die klimatischen Verhältnisse besser als der Weiße angepaßt ist.

---

[1]) Siehe Hardy, G. u. Richet, Ch.: „L'alimentation indigène dans les Colonies francaises“, Paris 1933, (130) S. 27.

1. Der Kaloriengehalt und die Zusammensetzung der Eingeborenennahrung, vom ernährungsphysiologischen Standpunkt aus gesehen.

Die Mängel in der Ernährung der Eingeborenen sind vielfältiger Natur. Einmal ist häufig der Nährwert der Nahrungsmittel nicht ausreichend, entweder in der Form, daß Nahrungsmittel in ausreichender Menge überhaupt fehlen, d. h. die erforderliche Kalorienzahl nicht erreicht wird, oder dadurch, daß die Nahrung zwar manchmal reichlich aber zu einseitig ist, so daß sie wohl genügend Kohlehydrate, aber zu wenig Fette und Eiweißbestandteile enthält. Zum andern fehlt es meist an den erforderlichen Schutzstoffen in der Nahrung, an Mineralsalzen und Vitaminen.

Die Feststellung des Kaloriengehaltes ist bei der Nahrung der selbständig lebenden Eingeborenen mit besonderen Schwierigkeiten verknüpft, da sich das, was der Eingeborene im Laufe des Tages ißt, schwer erfassen läßt. In Zeiten des Mangels steckt der Eingeborene so ziemlich alles Eßbare in den Mund, was ihm in greifbare Nähe kommt. Wesentlich leichter gestaltet sich eine solche Untersuchung bei Eingeborenen, die in europäischen Diensten stehen und von ihrem Dienstherrn Nahrungsmittelrationen zugeteilt erhalten, von denen sie mehr oder weniger ausschließlich leben. Daher können die Wirkungen bestimmter Ernährungsweisen auf den physischen Zustand des Eingeborenen beim Plantagen- und Minenarbeiter, beim eingeborenen Träger und Soldaten, in eingeborenen Gefängnissen und Krankenhäusern leichter als beim selbständig lebenden Eingeborenen erforscht werden. Allerdings sagen ja solche Beobachtungen nichts über die Ernährungslage der großen Massen der afrikanischen Eingeborenen aus, so daß man ergänzend auch zur Untersuchung des Nahrungskonsums der selbständigen Eingeborenen übergegangen ist und in Zukunft vor allem diese äußerst schwierigen Forschungen noch wird erweitern müssen.

Soweit bisher genaue Untersuchungen über die Ernährung des Eingeborenen in seiner Stammesgemeinschaft vorliegen, hat man feststellen müssen, daß der Kaloriengehalt der Tagesration im Jahresdurchschnitt nicht ausreicht, in günstigen Fällen nur für eine wenig anstrengende Lebensweise. Über die Kalorienzahl, die für eine ausreichende Ernährung pro Tag erforderlich ist, macht Richet folgende Angaben[1]):

Erforderliche Kalorienzahl für die Menschen (pro Tag)	in Ruhe	bei mittelschwerer Arbeit	bei harter Arbeit
in Polarzone	4000	4500	5000
in gemäßigter Zone	2600	3000	3500
in warmer Zone	2100	2500	3100

Dabei sieht Richet[2]) folgende Zusammensetzung der Nahrung bei mittelschwerer Arbeit in der gemäßigten Zone als zweckmäßig an:

[1]) Hardy u. Richet (130) S. 24.
[2]) (130) S. 23.

Bestandteil	Menge in g	Nährwert in Kalorien[1])
Eiweiß	100	400
Kohlehydrate	500	2000
Fette	70	630

Für warme Länder verringert sich nicht nur die erforderliche Kalorienzahl auf 2500, sondern es verändert sich ebenfalls die als wünschenswert angesehene Zusammensetzung der Nahrung, entsprechend den unterschiedlichen Anforderungen, die ein tropisches oder subtropisches Klima an den Stoffwechsel des menschlichen Körpers stellt. Der Gehalt an Eiweiß bleibt der gleiche, da es zur Regeneration der Zellen vom menschlichen Körper in gleicher Weise in den Tropen wie in anderen Zonen gebraucht wird. Mit der geringeren Wärmeabgabe des Körpers vermindert sich in den heißen Zonen die erforderliche Menge an Kohlehydraten und Fetten. Da die Fette bei der physiologischen Wärmeentwicklung eine besondere Rolle spielen, senkt sich ihr Anteil in den Tropen besonders stark. Allerdings darf die Fettzufuhr auch in diesen Gebieten nicht zu stark herabgesetzt werden, da eine übermäßige Ernährung mit Kohlehydraten den Verdauungsapparat zu einseitig in Anspruch nimmt. Der Genuß fetthaltiger Nahrung ist als Ausgleich daher unbedingt erforderlich.

Richet[2]) gibt über die wünschenswerte Zusammensetzung der Nahrung in warmen Ländern folgende Ziffern an:

Bestandteil	Menge in g	Nährwert in Kalorien
Eiweiß	100	400
Kohlehydrate	425	1700
Fette	45	400

Dabei ergibt sich ein Verhältnis der einzelnen Bestandteile zueinander nach ihrem Kalorien-Nährwert Eiweiß:Kohlehydrate:Fette wie 1:4:1[3]).

Allerdings hebt Richet besonders hervor, daß es sich hierbei um Durchschnittswerte für einen mittelschwer arbeitenden Eingeborenen handelt. Für hart Arbeitende (wie auf dem Marsch befindliche Soldaten, Träger, Eisenbahnarbeiter) muß man etwa 400—600 Kalorien mehr annehmen. Dieser zusätzliche Betrag wäre dann hauptsächlich in Form von Kohlehydraten zu geben, da dieser Bestandteil sich bei relativ geringer Wärmeentwicklung physiologisch am leichtesten in Muskelarbeit umsetzen läßt.

Nimmt man diese Ziffern als Norm einer ausreichenden Ernährung[4]) und vergleicht man sie mit Analysen der tatsächlichen Ernährung selbständig lebender Eingeborenen, so muß man feststellen, daß die Ernährung schon hinsichtlich ihres Kaloriengehalts meist nicht ausreicht.

---

[1]) Die Umrechnungsgrößen sind genau: 1 g Eiweiß = 4,1 Kalorien; 1 g Kohlehydrate = 4,1 Kalorien; 1 g Fett = 9,3 Kalorien.

[2]) (130) S. 23.

[3]) Ein ähnliches Verhältnis gibt auch Trolli an: „L'Alimentation chez les travailleurs indigènes...." Africa, 9, 2, 201/02. Siehe auch Anhang IV.

[4]) Andere Autoren kommen zu noch höheren Ziffern, so Trolli, der als erforderliche Kalorienzahl, allerdings für Schwerarbeiter, 3500 angibt. (323) S. 201/02.

In einer Untersuchung über die Ernährungsverhältnisse des Bembastammes in Nordost-Rhodesien haben Richards und Widdowson[1]) die Zusammensetzung und den Kaloriengehalt der täglichen Nahrung von 5 bzw. 6 verschiedenen Familien in drei Dörfern analysiert und sind für das Dorf Kasaka, das sie zur günstigsten Jahreszeit untersucht haben, zu folgenden Ziffern gekommen:

Zusammensetzung der Nahrung u. Kaloriengehalt pro Person und Tag	Dorf Kasaka (Bemba) in g	in Kalorien
Eiweiß	64	256
Kohlehydrate	381	1524
Fette	17	153
Kaloriengehalt		1933

Die Untersuchungen der übrigen zwei Dörfer, die zu ungünstigeren Jahreszeiten vorgenommen wurden, haben dementsprechend noch ungünstigere Ergebnisse aufzuweisen.

Die Untersuchungen von Orr und Gilks[2]) für die Kikuyu und Masai fallen nicht nur in kalorimetrischer Hinsicht, sondern auch, was die Zusammensetzung der Nahrung betrifft, günstiger aus:

Bestandteil	bei Kikuyu (Männer) in g	in Kalor.	Masai (Männer) in g	in Kalor.	Masai (Frauen) in g	in Kalor.
Eiweiß	99	396	300	1200	165	660
Kohlehydrate	390	1560	160	640	245	980
Fette	22	198	100	900	90	810
Kaloriengehalt		2154		2740		2450

Bei den Masai, bei denen der Mindestsatz einer ausreichenden Ernährung überschritten wird, handelt es sich allerdings um ein ausgesprochenes Hirtenvolk, das hauptsächlich von tierischer Nahrung lebt. Hier liegt daher der Bestandteil an Eiweiß und Fetten wesentlich höher als bei den Ackerbaustämmen, bei denen die Pflanzennahrung weitaus überwiegt. Die Ziffern für die Masai können daher höchstens als typisch für die ausgesprochenen Hirtenvölker, die unter den afrikanischen Stämmen bei weitem in der Minderzahl sind, angesehen werden. Die Ernährungsverhältnisse der Masai sind als überdurchschnittlich gut anzusehen, und auch die der Kikuyu und Bemba sind für afrikanische Verhältnisse nicht ungewöhnlich schlecht. Die Zusammensetzung der Nahrung bei den Bemba kann wohl am ehesten als typisch für die Ernährungsweise vieler afrikanischer Stämme angesehen werden. Auffallend ist das Überwiegen der Kohlehydrate, das bei Urwaldvölkern — bei den Bemba handelt es sich um ein ackerbautreibendes Steppen-Savannenvolk — möglicherweise noch stärker in Erscheinung tritt, da hier die Knollenfrüchte mit ihrem

[1]) „A dietary study in North Eastern Rhodesia", Africa, 9, 2, (252) S. 184. Siehe auch Anhang Ib.

[2]) „The Physique and Health of two African Tribes", London 1931, (228) S. 29. Siehe auch Anhang Ic.

überwiegenden Stärkegehalt das Hauptnahrungsmittel bilden. Eiweiß und Fette zeigen ein beachtliches Defizit. Das liegt an dem Fehlen von tierischen Nahrungsmitteln.

2. Die Hauptmängel der Eingeborenennahrung.

a) Der Eiweißmangel.

Der Mangel an Eiweiß macht sich besonders bemerkbar, da sich die Fette im Wärme- und Energiehaushalt des Körpers bis zu einem gewissen Grade durch Kohlehydrate ersetzen lassen, während der Körper auf Eiweißzufuhr, die durch die Zufuhr anderer Stoffe nicht ersetzt werden kann, in einem bestimmten Umfange angewiesen ist. Daher bemüht sich der Eingeborene auf jede erdenkliche Weise, seinem Körper Eiweiß zuzuführen. Tierische Stoffe werden ausgenutzt, wo es nur möglich ist und wo kein Tabu dagegensteht. Aber sogar Tabuvorschriften werden hier sicherlich häufig genug heimlich übertreten.

Über die Bongo berichtet Hintze[1]: „Von animalischen Stoffen wurde mit Ausnahme von Hunde- und Menschenfleisch fast alles gegessen, gleichviel, in welchem Zustande es sich befand, von den Ratten und Mäusen des Feldes bis zur Schlange, vom Aasgeier bis zur Hyäne, von fetten Riesenskorpionen bis zu den Raupen und geflügelten Termiten mit ihren öligen mehlwurmartigen Leibern. Die Amphiostomawürmer, welche in dieser Gegend die Magenwände der Rinder geradezu auszukleiden pflegten, streiften sie immer frisch von ihren Sitzen ab und führten sie handvoll mit Behagen in den Mund. Bei dem geringen Viehbestand mußte eben die begehrte animalische Nahrung irgendwoher beschafft werden.“ Ein ähnliches Bild gibt Ziemann[2]) von der Urwaldbevölkerung, wenn er schreibt: „Unzweifelhaft kann jedenfalls der instinktive Bedarf an tierischem Eiweiß nicht entfernt gedeckt werden. Ja, es ist eine direkte Gier nach tierischem Eiweiß zu beobachten. So ist es auch zu erklären, daß, wenn einmal der Büchse eines Weißen ein Flußpferd oder ein Elefant zum Opfer fällt, wie durch Zauberei nach relativ kurzer Zeit in dem scheinbar völlig menschenleeren Urwalde, herbeigelockt durch den weithin tönenden Ruf der Palaver-Trommel, eine Menge Eingeborener herbeiströmt, die nun mit Haumessern und allen möglichen anderen Instrumenten dem toten Koloß zu Leibe geht, so daß nach wenigen Stunden außer Knochen und ungenießbarer Haut alles vertilgt und für die Tiere der Wildnis fast nichts mehr übrig geblieben ist.“

Auch der bis vor kurzem ziemlich weit verbreitete Kannibalismus ist sicherlich zum Teil auf diesen chronischen Mangel an Eiweiß zurückzuführen. Besonders bezeichnend ist in dieser Hinsicht ein Fall, von dem Boxberger berichtet[3]). Danach hatten Eingeborene einen weißen Unteroffizier der Schutztruppe, den sie aus anderen Gründen getötet hatten, um den Leichnam zu beseitigen, schließlich aufgegessen, da es doch schade um das schöne Fleisch gewesen wäre.

Die tierischen Stoffe unter den Nahrungsmitteln erhalten dadurch besondere Bedeutung, daß die eiweißhaltigen Cerealien und Knollenfrüchte nur unvollständiges Eiweiß enthalten. Es handelt sich dabei um Eiweißarten, denen eine oder mehrere Amino-Säuren fehlen, die der Körper zum

---

[1]) (139) S. 229.

[2]) Deutsche Kolonial-Zeitung 1937, (361) S. 374.

[3]) L. von Boxberger: „Afrikanischer Kannibalismus in der Gegenwart“, Der Erdball 1928, Bd. 2, Heft 4, 141—46, (20).

Leben unbedingt braucht, die er aber selbst nicht aufzubauen vermag. Diese Bestandteile des vollwertigen Eiweiß können daher dem Körper nur durch die Nahrung zugeführt werden. Etwa ein Drittel des Eiweißbedarfs muß daher aus vollwertigem Eiweiß gedeckt werden. Die obigen Tabellen reichen also eigentlich nicht aus, um einen bestehenden Eiweißmangel feststellen zu können. Dazu müßten zum mindesten noch die Eiweißbestandteile tierischer und pflanzlicher Herkunft unterschieden werden.

Allerdings gibt es auch pflanzliche Produkte, die vollwertiges Eiweiß enthalten. Es kommt vor in der Kartoffel, im grünen Gemüse und in der Sojabohne. „Nur unvollständiges Eiweiß ist enthalten in allen Getreidearten, in den Hülsenfrüchten mit Ausnahme der Sojabohne, in den Knollen und Wurzeln mit Ausnahme der Kartoffel, in den meisten Früchten und Nüssen. Brot enthält also unvollständiges Eiweiß ... Es genügt aber schon die Zulage von etwas Milch, um es in einen Spender vollständigen Eiweißes zu verwandeln[1]).“ Ebenso ergänzt der Eiweißgehalt von Bohnen und Erbsen das unvollständige Eiweiß von Mais und Hirse[2]).

Wichtig ist ferner eine gleichmäßige Zufuhr von Eiweiß. Es genügt also nicht eine ausreichende Eiweißzufuhr im Jahresdurchschnitt, die dadurch zustandekommt, daß in einigen Monaten überreichlich, in anderen wenig oder gar nicht Eiweiß konsumiert wird, denn „weil durch die Lebenstätigkeit jeden Tag etwas Eiweiß verbraucht wird, dadurch daß Zellen im Körper zugrundegehen, daß in den Verdauungssäften Eiweiß ausgeschieden wird, muß der Körper täglich ein gewisses Maß von vollständigem Eiweiß bekommen. Das verbrauchte und ausgeschiedene Eiweiß muß ersetzt werden. Geschieht das nicht, so wird über kurz oder lang das Leben gefährdet.

Eiweißmast gibt es nicht. Es ist unmöglich, sich ein „Eiweiß-Depot“ für schlechte Zeiten anzulegen, wie beispielsweise ein „Fett-Depot“. Eiweißansatz gibt es nur beim wachsenden Organismus, also beim Kind, beim jugendlichen Menschen, solange sein Wachstum dauert, und später nur dann, wenn durch vermehrte Übung (Sport) oder angestrengtere körperliche Arbeit der Muskelumfang sich vermehrt[3]).“

Noch ein weiterer Punkt ist zu beachten. Der menschliche Körper braucht um so mehr Eiweiß, je säurereicher die Nahrung ist. Säurereich sind aber die sogenannten nährstoffreichen oder konzentrierten Nahrungsmittel, wie Fleisch, Fisch, Getreide, dagegen sind nährstoffarme Nahrungsmittel, wie Knollenfrüchte, Zwiebeln, Früchte, Blattgemüse basenreich[4]). Daher kommt der Urwaldbewohner in Afrika, der über eine besonders geringe Eiweißzufuhr verfügt, mit weniger Eiweiß aus als der Steppen- und Savannenbewohner. Ob man darin nun eine Art „natürlichen“ Aus-

---

[1]) H. Bottenberg: „Was essen?“ Verl. Der Eiserne Hammer, Leipzig o. J. (17), S. 12.

[2]) Nigeria: “Food in relation to Health”, Lagos 1938 (216), S. 4.

[3]) (17) S. 12.

[4]) Säureüberschüssige Nahrungsmittel sind: Fleisch, Eier, Hülsenfrüchte (außer Sojabohnen, grünen Erbsen und Bohnen) Nüsse, Getreide (also auch die Produkte aus ihm), Fette. Basenüberschüssige Nahrungsmittel sind: fast alles Obst, fast alle Gemüsearten, Sojabohnen, Kartoffeln und Kastanien, die meisten Pilze, Blut und Milch (17). S. 24.

gleichs sehen soll, wie es Seyffert[1]) offenbar tun möchte, erscheint wenig sinnvoll. Da manche getreideessenden Stämme in Savanne und Steppe ebensosehr wie die Urwaldbevölkerung an Eiweißknappheit zu leiden haben, ohne daß eine solche „natürliche" Kompensation in Funktion träte, ist jeder Ausgleich doch wohl eher als reiner Zufall anzusehen.

Der Tatsache, daß auch ein Zuviel an Eiweiß schädliche Folgen haben kann, kommt im Rahmen der Ernährung des afrikanischen Eingeborenen keine besondere Bedeutung zu; denn eine solche Gefahr bestünde höchstens bei einigen Hirtenstämmen. Bei der physiologischen Verbrennung des Eiweißes bilden sich saure Abbauprodukte, die bei einem überreichlichen Eiweißkonsum zu einer „Verschlackung" des Körpers führen können. Zur Bindung dieser sauren Produkte werden in erhöhtem Maße die Mineralbestandteile des Körpers herangezogen. Da die Nahrung der Hirtenstämme im allgemeinen reichhaltiger an Mineralsalzen ist als die der übrigen Eingeborenen, so ist auch in diesem Fall ein gewisser Ausgleich geschaffen, dessen Bedeutung aber nicht überschätzt werden darf.

b) Der Mineralsalzmangel.

Welche physiologische Bedeutung den Mineralsalzen im einzelnen zukommt, ist eine noch nicht restlos geklärte Frage. „Die Mineralstoffforschung ist einstweilen noch das umstrittenste Gebiet der gesamten Ernährungslehre. Aber sie ist auch das Gebiet, auf dem gerade in den letzten Jahren die bedeutendsten Forschungen und die meisten praktischen Errungenschaften gemacht sind und von dem wir auch für die nächsten Jahrzehnte gerade in praktischer Beziehung die größten weiteren Erfolge zu erwarten haben[2])." Fest steht jedenfalls, daß der menschliche Körper die Mineralstoffe[3]) zum Aufbau lebender Substanz nicht entbehren kann. Sie werden dabei entweder selbst als Bausteine gebraucht, oder sie sorgen durch ihr bloßes Vorhandensein (katalysatorische Wirkung) für das richtige Funktionieren des Stoffwechsels. In der Nahrung der afrikanischen Eingeborenen sind diese Mineralstoffe häufig nicht in ausreichender Weise vorhanden. Hauptsächlich ist bisher ein Mangel an Kalzium und Phosphor festgestellt worden. Auch dieser Mangel wirkt sich negativ auf den Gesundheitszustand der Eingeborenen aus, ja es sprechen sogar gewichtige Gründe dafür, darin den entscheidenden Mangelfaktor der Eingeborenen-Ernährung zu sehen.

Auf die Zusammenhänge zwischen Mineralstoffversorgung und Gesundheitszustand des afrikanischen Eingeborenen ist besonders von dem belgischen Arzt Dumont[4]) aufmerksam gemacht worden. Dumont mißt der Mineralstoffrage entscheidende Bedeutung bei und glaubt, daß die Ursache für den schlechten Ernährungszustand vieler Eingeborenenstämme in Belgisch-Kongo weniger in dem ungenügenden Nährwert als in dem Mangel

---

[1]) Seyffert (279) S. 71.

[2]) Bottenberg (17) S. 16.

[3]) Die für den menschlichen Körper wichtigsten Mineralstoffe sind: Schwefel, Phosphor, Kalzium, Natrium, Kalium, Magnesium, Eisen bzw. einige ihrer Verbindungen.

[4]) R. Dumont, „Die Mineralzusammensetzung der Böden...." Arch. f. Schiffs- und Tropenhyg. 42, 9, 412—417 (72).

an Mineralsalzen zu suchen sei. Um seine These zu stützen, vergleicht er die Ernährungsverhältnisse der ägyptischen Fellahs mit denen der Eingeborenen in Belgisch-Kongo. Die Nahrung der Fellahs sei äußerst einfach. Sie enthalte nur sehr selten Fleisch, 45—160 g geronnene Büffelmilch und im Durchschnitt 800 g Vollbrot aus Mais und Weizen. „Und trotz dieser so einfachen Nahrung", sagt Dumont, „sind diese mageren, abgezehrten, knüppeldürren Gestalten von außergewöhnlicher Widerstandsfähigkeit bei der Ausführung der schwersten Arbeiten. Die Eingeborenen von Zentralafrika nehmen .... eine an Masse und Gewicht beträchtlich größere Nahrungsmenge auf als die Fellahs. Sie sind schwach, vorzeitig verbraucht, stellen mittelmäßige Arbeitskräfte dar und sind für alle Arten von Krankheiten leicht anfällig. Die Nahrung, die sie aufnehmen, kommt aus einem aus Phosphor und besonders aus Kalzium außerordentlich armen Boden. Die Kalziummenge kann kaum in Zahlen ausgedrückt werden. Dagegen leben die Fellahs in Ägypten auf einem an Mineralstoffen überreichen Boden (19% $CaCO_3$ im Nilschlamm). In diesem überreichen Mineralgehalt liegt das Geheimnis der Widerstandsfähigkeit der Fellahs und nicht in der Ernährungsweise allgemein betrachtet[1])."

Ist der Mineralstoffgehalt der Nahrung abhängig von dem Mineralgehalt der Böden, auf denen sie entstanden sind, so wird er bei den einzelnen Nahrungsmitteln je nach dem Gebiete, aus dem diese stammen, variieren. Er wird also in jedem Gebiet besonders festgestellt werden müssen, damit die wirkliche Mineralstoffversorgung der einzelnen Eingeborenenstämme erkannt werden kann.

Dumont bringt eine Reihe von Beispielen, wie stark der Mineralstoffgehalt bei den gleichen Nahrungsmitteln je nach den Herkunftsländern verschieden ausfallen kann: „Nehmen wir als Beispiel die Kartoffel, so haben wir in Europa (Randoin et Simmonet) auf 100 g = 100 mg CaO, in Brasilien 19 mg Ca. Nehmen wir die Süßkartoffel, so haben wir in Brasilien 34 mg Ca, in gewissen Gegenden des Kongo 3 mg CaO, dagegen in einem Gebiet, wo Kalk vorhanden ist, 24 mg CaO! Wir haben in Europa für den Weizen 65 mg CaO; in einem Gebiet des Belgischen Kongo für den Mais 3—4 mg CaO. Ferner haben wir in Brasilien für Maniok 43 mg Ca (d. h. 59 mg CaO) und am Kongo für Maniokmehl 9,7 mg CaO. Wer die ausschlaggebende Bedeutung des Maniok kennt, der die Hauptnahrung der Eingeborenen darstellt, dem wird es sehr bemerkenswert erscheinen, daß am Kongo der Maniok 6—7 mal ärmer an Kalk ist als in Brasilien. Sollte diese einfache Tatsache nicht von größter Bedeutung sein[2])?"

Die Ausführungen Dumonts richten sich polemisch vornehmlich gegen die Arbeit von Bigwood und Trolli: „Problèmes de l'Alimentation au Congo Belge"[3]), in der nach Dumonts Meinung zuviel Gewicht auf die Frage der mengenmäßigen Nahrungsversorgung gelegt wird. Dumont vertritt demgegenüber den Standpunkt, daß es auf eine Erhöhung der Nahrungsmenge kaum ankäme. Man müsse nur den Eingeborenen in den Stand setzen, seinem Körper den in Belgisch-Kongo besonders fehlenden Kalk zuzuführen. Er empfiehlt daher, bis eine entsprechende ausgleichende

[1]) Dumont (72) S. 414.
[2]) (72) S. 415.
[3]) In „La Science de l'Alimentation en 1937" (12).

Bodendüngung durchgeführt werden könne, regelmäßig an die Eingeborenen Kalkpräparate zu verteilen.

Im August und September 1938 hat über diese Frage in der „Dépêche Coloniale Belge" eine in der Form oft unnötig scharfe Diskussion zwischen Dumont und Trolli stattgefunden, bei der man den Eindruck gewinnt, daß die Gegner häufig aneinander vorbeireden und gar nicht so grundverschiedener Meinung sind, wie sie vielleicht selbst glauben. An der Kritik Dumonts ist zweifellos soviel richtig, daß die Mineralstoffrage von den bisherigen Arbeiten nicht genügend berücksichtigt worden ist. Es fragt sich aber, ob seine praktischen Vorschläge, die Verteilung von Kalkpräparaten, in einem Augenblick schon als zweckmäßig angesehen werden können, in dem die Vorfrage, was der Eingeborene für eine gesunde Ernährung braucht, noch gar nicht ausreichend geklärt ist. In einem längeren Aufsatz[1]) wendet sich Trolli in diesem Sinne gegen die Ansichten Dumonts: „Mais tant qu'on n'aura pas fait des enquêtes alimentaires plus précises chez les nègres, il est impossible de se permettre d'être aussi formel et affirmatif que Monsieur le Dr. Dumont. Même s'il se confirme que la ration en calcium est insuffisante (ce qui n'aurait rien d'étonnant, puis qu'elle est déficiente en calories et qu'il n'y a pas moyen d'augmenter celles-ci sans augmenter en même temps le chaux, à moins de leur donner un excès de sucre!) de toute facon le moyen que propose le Dr. Dumont pour corriger ce déficit, à savoir: ingestion de lait de chaux, est à rejeter formellement. Au surplus, l'on ne sait pas encore quels sont les besoins du nègre en calcium".

Obwohl die These Dumonts durch neuere Untersuchungen für das Gebiet des Belgischen Kongo nicht bestätigt worden ist[2]), verdient sie zweifellos stärkste Beachtung und sollte auf ihre Stichhaltigkeit hin immer wieder geprüft werden. Zwei ungeklärte Erscheinungen, die bei der Eingeborenenbevölkerung Afrikas besonders stark ins Auge fallen, finden durch diese These möglicherweise ihre Erklärung. Einmal ist es auffallend, daß viele Stämme, die nach europäischen Verhältnissen dauernd unter Unterernährung leiden, trotz der auch sonst ungünstigen Lebensbedingungen, überhaupt noch existieren. Zum andern kann häufig festgestellt werden, daß von zwei Stämmen mit fast gleicher Ernährungsweise die Angehörigen des einen offensichtlich gesundheitliche Ernährungsschäden aufzuweisen haben, während die des anderen sich in einem durchaus zufriedenstellenden Gesundheitszustand befinden. Die erste Beobachtung ließe sich notfalls durch den allgemeinen Hinweis begründen, daß der afrikanische Eingeborene Ernährungsschäden gegenüber widerstandsfähiger als der Europäer sei, wie überhaupt unter anderen Stoffwechselbedingungen lebe. Indessen es fragt sich eben doch, ob beim Stoffwechsel des Eingeborenen den Mineralsalzen nicht eine besondere Bedeutung zukommt. Besonders legt aber die zweite Beobachtung den Gedanken nahe, daß die Unterschiede im Gesundheitszustand bei Stämmen, die von den gleichen Nahrungsmitteln leben, auf die unterschiedliche Mineralstoffversorgung zurückzuführen sind. Jedenfalls sollte man bei künftigen Untersuchungen scheinbar gleichernährter Stämme, wenn der Gesundheitszustand Unterschiede aufweist, diesen Gedanken nicht außer Acht lassen.

---

[1]) „Le problème de l'alimentation des indigènes", Dépêche Col. Belge vom 20. 8. 1938.
[2]) Siehe J. J. Bouckart, H. Casier u. J. Jadin: „Contribution à l'Etude du Métabolisme du Calcium et du Phosphore chez les Indigènes de l'Afrique Centrale", Bruxelles 1938.

Die Tatsache, daß bei den Kikuyu in Kenya die Frauen, deren Nahrung mineralstoffreicher ist, gesünder sind als die Männer, weist in die gleiche Richtung. Ebenfalls bestätigt die schon angeführte Untersuchung von Richards und Widdowson die Behauptung Dumonts, daß dem Mineralsalzgehalt der Eingeborenennahrung beinahe mehr Gewicht als ihrer Menge zuzumessen ist. Auch die von ihnen untersuchten Dörfer und Familien des Bembastammes können nach der Kalorienzahl als unterernährt gelten, trotzdem wird der allgemeine Gesundheitszustand relativ günstig beurteilt. Auffallend ist nun, daß der Mineralstoffgehalt der Nahrung dort sogar wesentlich höher liegt, als der für ausreichend geltende europäische[1]). Man kann sich des Eindrucks nicht erwehren, daß hier Zusammenhänge bestehen und kein bloßer Zufall vorliegt.

Auf die bestehenden Unterschiede im Mineralstoffgehalt der Eingeborenennahrung ist nicht nur von Dumont aufmerksam gemacht worden. Worthington weist darauf hin — und er ist dazu offenbar von anderer Seite angeregt worden —, daß in Westafrika der Kalziummangel in der Nahrung durch einen erhöhten Verbrauch der kalziumreichen Süßkartoffel ausgeglichen werden könne, was aber in Kenya nicht möglich sei, "where the lowest limit of calcium content for sweet potatoes was found to be lower than that for European potatoes[2])."

Auch McCulloch, der für Nigeria medizinische Untersuchungen durchgeführt hat[3]), sieht in dem ungenügenden Mineralgehalt der Nahrung eine entscheidende Ursache für den schlechten Gesundheitszustand der Eingeborenen, und zwar weist er besonders auf die Zusammenhänge zwischen dem Mangel an Kalzium und der Sterilität mancher Eingeborenenfrauen hin. Als eine wichtige Beobachtung stellt er fest, daß bestimmte Dörfer, die bei den Eingeborenen wegen ihrer fruchtbaren Frauen bekannt sind, stets sich durch das Vorhandensein zahlreicher Affenbrotbäume, deren Blätter besonders kalziumhaltig sind und bei den Eingeborenen als Gemüse Verwendung finden, auszeichnen.

Allgemein verbreitet ist in Afrika der Kochsalzmangel, der sich deshalb besonders fühlbar macht, weil durch die stärkere Schweißabsonderung in den Tropen der physiologische Bedarf an Kochsalz wesentlich höher liegt als in der gemäßigten Zone. Die Vorliebe der Eingeborenen für Fleisch ist nicht nur auf den Eiweißbedarf, sondern eben auch auf seinen ungenügend gedeckten Kochsalzbedarf zurückzuführen. Wie stark das Verlangen der Schwarzen nach Salz ist, mag daraus entnommen werden, daß manche Europäer an ihre eingeborenen Arbeiter als Prämien für besondere Leistungen einige Gramm (!) Salz verteilen. Selbst derartig geringe Mengen wirken als Anreiz.

c) Der Vitaminmangel.

Ähnlich wie die Probleme der Mineralstofforschung, sind die Fragen nach der Bedeutung der Vitamine für die Ernährung des Menschen noch nicht

---

[1]) Es handelt sich dabei hauptsächlich um den Gehalt an Kalzium, Phosphor und Eisen. S. Anhang Ib.

[2]) E. B. Worthington: "On the food and nutrition of African natives", Africa, 9, 2, 158/59 (351).

[3]) Nach Worthington (352) S. 55.

völlig geklärt. Die Lehre von den Vitaminen ist einer der jüngsten Zweige der Ernährungswissenschaft, und sicherlich werden die nächsten Jahre noch neue wesentliche Erkenntnisse auf diesem Gebiet bringen. Auch diesen Ergänzungsstoffen kommt eine lebenswichtige Bedeutung für den menschlichen und tierischen Organismus zu. Bis jetzt sind 14 Vitamine bekannt, von denen 10 für den Menschen wichtig sind. Davon sind die bekanntesten die Vitamine A, B_1, B_2 (im engeren Sinne), C, D, E und H.[1])

Je künstlicher und einseitiger die menschliche Ernährung ist, desto leichter kann es zu einem Mangel an diesen Ergänzungsstoffen kommen, dessen unausbleibliche Folgen auf die Dauer Krankheit oder sogar Tod des Menschen sind. Solche Mangelkrankheiten oder ihre Begleiterscheinungen sind: Verlust der körperlichen und seelischen Leistungsfähigkeit und Widerstandskraft, Wachstumsstörungen, Austrocknung der Hornhaut und Verlust der Sehkraft, Skorbut, Müller-Barlowsche Krankheit, Beri-Beri, Rachitis, Pellagra, Sprue, frühzeitges Altern und Unfruchtbarkeit.

„Nach den Feststellungen Cramers (1922) bleibt bei den Menschen eine dauernde Schwäche zurück, wenn sie in der Kindheit eine zu vitaminarme (ergänzungsstoffarme) Kost erhielten. Viele Menschen bleiben durch physische Defekte, Abnormitäten der Gestalt, verminderte Lebensfähigkeit, schlechte Zähne für immer geschädigt, weil ihnen die Mutter während der Schwangerschaft und in der Kindheit nicht diejenige Nahrung zu geben wußte, welche den wirklichen Bedürfnissen entspricht[2])."

Da solche Mangelerscheinungen häufig auch bei den afrikanischen Eingeborenen beobachtet worden sind, muß man annehmen, daß auch der Vitamingehalt ihrer Nahrung vielfach nicht ausreichend ist. Der Grund für den Vitaminmangel ist wohl hauptsächlich in der Einseitigkeit der Eingeborenenernährung und in dem Fehlen von frischem Gemüse und Obst in der Trockenzeit zu sehen.

Beri-Beri (Mangelkrankheit des Vitamins B_1) ist im tropischen Afrika unter selbständig lebenden Eingeborenen selten beobachtet worden, Pellagra und Sprue (Mangel des Vitamin B_2-Komplexes) wesentlich häufiger. Ebenso sind Skorbut (Vitamin C-Mangel) sowie Rachitis und manche Zahnkrankheiten (Vitamin-D-Mangel) häufig beobachtete Ernährungsschäden des afrikanischen Eingeborenen.

Das Vitamin D ist ein verhältnismäßig selten in den Nahrungsmitteln vorkommender Ergänzungsstoff, allerdings ein Stoff, den der menschliche Organismus unter Einwirkung der Sonnenbestrahlung selbst zu bilden vermag. Auf diesen Zusammenhang zielt offenbar Proell[3]) hin, wenn er meint, daß bei der überwiegenden Mehlnahrung des Eingeborenen, welche die Karies fördere, die Schäden eigentlich viel größer sein müßten, als sie in Wirklichkeit wären, und wenn er erklärend darauf hinweist, das läge an der afrikanischen Sonnenbestrahlung, die den größten Teil der Nährschäden aufzuheben vermöge.

Wenn trotzdem bei vielen afrikanischen Stämmen die Rachitis weitverbreitet ist, so ist das vor allem auf den Kalziummangel in der Nahrung zurückzuführen. Das Vitamin D ist ein „Kalziumaktivator", bei dessen reichlicherem Vorhandensein der menschliche Körper einen stärkeren Kalziumbedarf entwickelt. Bei der

[1]) Siehe Anhang IIIa.
[2]) (17) S. 5.
[3]) (245) S. 49.

Rachitis spielt ebenfalls der Kalziummangel eine entscheidende Rolle. Das hebt Worthington hervor[1]), der die Ansicht vertritt, das Vitamin D käme in der tropischen Nahrung in ausreichender Menge vor: "Vitamin D is probably nearly always sufficient in tropical diets, but too much of it works as a calcium activator, which means, that calcium usually deficient in native diets, is utilised too rapidly so that the deficiency is encreased".

Auf die Zusammenhänge, die zwischen den Lebens- und Ernährungsverhältnissen der Eingeborenen und ihren Zahnkrankheiten bestehen, geht Worthington an anderer Stelle ein. In seinem Werk „Science in Africa"[2]) schreibt er darüber: "The dependance of teeth on diet is another question of striking interest. Sir Edward and Lady Mellanby have pointed out that dental caries among Kikuyu natives in East Africa is more prevalent in towns and mission stations, where natives wear clothes, than among untouched members of the same tribe living a rural life. They attribute this partly to deficiency of calcium and vitamin D in the diet, but also to lack of sunshine directly on the body, and to the shortened period of breast-feeding which results from town life. This conclusion was confirmed by Oranje, Noriskin, and Osborn (1935) for the South African Bantu[3]). 'The percentage of Bantu having carious teeth', they state, 'and the average number of caries per individual are lower in relatively primitive Bantu than in those who have a closer contact with Europeans by working in farms, in mines, or in towns.' Dr. Osborn is continuing this study on a larger Scale in the native territories of South Africa and the Johannisburg mine compounds. On the other hand, there is reason to suppose in some areas that natives in the reserves have bad teeth as a result of food deficiency, but in towns the varied diet results an improvement. .... A study of these factors among both urban and rural natives offers a great opportunity for research."

Die Zahnkrankheiten sind in vielen Fällen mit verantwortlich zu machen für die schlechte körperliche Verfassung mancher Eingeborenen. Berücksichtigt man, daß schlechte Zähne eine ungenügende Ausnutzung der Nahrung, häufig auch Verdauungsstörungen zur Folge haben, so muß man in der Bekämpfung der Zahnkrankheiten eine wichtige Aufgabe der Tropenmedizin und -hygiene wie der praktischen Ernährungspolitik sehen[4]).

Die Vitamine A und E schließlich haben einen entscheidenden Einfluß auf die Fruchtbarkeit des menschlichen Organismus. Auch in dieser Beziehung glaubt man Mangelwirkungen bei den Eingeborenen feststellen zu können. So sagt Worthington von den Hausa: "Among the Hausa of Nigeria the birthrate is low in spite of polygamy and intense sexual activity, a fact which is attributed to infertility among the women. This suggested a general deficiency in vitamin E, and in order to put it to proof, exhaustive experiments have been made at the Katsina laboratory by feeding rats with typical native foods: almost invariably a reduction in fertility has resulted[5])."

---

[1]) (351) S. 159.

[2]) (352) S. 577.

[3]) "The effect of diet upon dental caries in the South African Bantu." S. Afr. J. med. Sci. 1, 57—62 (221).

[4]) S. über Zahnkrankheiten des Eingeborenen auch W. Hops: "Diet as the cause and prevention of dental caries", East Afr. Med. J. 1934, 10, 318—330 und W. A. Price "Field-studies among some African Tribes on the relation of their nutrition to the incidence of dental caries and dental arch deformities," S. Afr. Dent. A. 1936, 23, 876.

[5]) Worthington (351) S. 155.

Worthington stellt allerdings in einer Fußnote sofort die Bedeutung dieses Experiments in Frage, indem er sagt: "It seems that these results on fertility are open to criticism, because some changes in diet, even without introducing deficiency, may have effects on the fertility of captive rats."

3. Die Gifte in den Nahrungsmitteln.

Die Wirkungen der Avitaminosen sind nicht immer scharf von den toxischen Wirkungen mancher Nahrungsmittel zu unterscheiden. So ist es noch nicht restlos geklärt, ob die Pellagra, die unter ausschließlich von Mais lebenden Völkern auftritt, eine Avitaminose ist oder ob sie auf einer Giftwirkung von verdorbenem Mais beruht.

In dem Werke von Stepp, Kühnau, Schröder: „Die Vitamine und ihre klinische Anwendung"[1]) heißt es darüber: „Wir wissen heute mit Sicherheit, daß die Pellagra keine reine B_2-Avitaminose, sondern eine komplexe Mangelkrankheit ist, an deren Zustandekommen neben dem Mangel an B_2-Komplex wahrscheinlich auch ein solcher an H-Vitamin und lebenswichtigen Aminosäuren beteiligt ist. Da das H-Vitamin zur normalen Eiweißverwertung erforderlich ist und bei seinem Fehlen in der Kost gewisse Arten von Nahrungseiweiß giftig (dermatitis produzierend) wirken, ließe sich die alte und neuerdings von Chick aus gewichtigen Gründen wiederbelebte Maistheorie, derzufolge die Pellagra bei Mais essenden Völkern durch eine Giftwirkung von verdorbenem Mais bzw. seiner Proteine hervorgerufen wird, mit der Annahme eines Vitamin-H-Mangels gut vereinen."

Ähnliche Zweifel ergeben sich bei der Erklärung einer Blindheit, die bei Eingeborenen in Nigeria festgestellt worden ist. Die Krankheit wurde bei einer Bevölkerung beobachtet, die sich hauptsächlich von Cassava ernährt. Da Cassava im frischen Zustande stark giftig ist, wird hier auf toxische Wirkung geschlossen. Bei Schulkindern konnte indessen diese Wirkung mit Lebertran kuriert werden, was wiederum eine Avitaminose vermuten läßt.

Worthington schreibt darüber:[2]) "This blindness may be a disease known in European countries to be a direct result of Vitamin A deficiency, but opinion is devided and some authorities consider it to result from some toxin in the food."

Auch auf dem Gebiete der Toxikologie ist vieles ungeklärt. Jedenfalls hat die Erforschung des Giftgehaltes vieler afrikanischer Nahrungspflanzen und seiner Wirkungen noch ein großes Arbeitsfeld vor sich. Die hier vorliegenden Aufgaben sind zweifellos kaum minder wichtig als die Vitamin- und Mineralstofforschungen; denn die Gegebenheiten in den Ernährungs- und Gesundheitsverhältnissen der afrikanischen Eingeborenen legen die Annahme einer toxischen Wirkung mancher Nahrungsmittel häufig recht nahe.

Mit Recht betont Wildeman[3]): „L'étude de l'alimentation de l'indigène se rattache .. à la médicine et à la toxicologie; mais la toxicité des plantes semble fortement varier suivant les conditions et il y aura à ce sujet, dans l'alimentation, des observations à noter et des réactions à suivre. Et à ce propos les plantes

[1]) Stuttgart 1936, S. 67.
[2]) (351) S. 156/57.
[3]) (343) S. 43/44.

riches en saponines, en substance cyanogénétique doivent faire l'objet de recherches particulières."

Das gilt, wie gesagt, besonders für die blausäurehaltigen Maniokwurzeln, auch Cassava oder Cassada genannt, deren Mehl eines der wichtigsten Nahrungsmittel des afrikanischen Eingeborenen darstellt.

Diese Wurzel wird zwar durch Wässern oder Eingraben in feuchte Erde entgiftet, offenbar ist die Entgiftung aber nicht immer vollständig, da Vergiftungserscheinungen gelegentlich immer wieder festgestellt worden sind. Einige Tropenmediziner glauben, manche Krankheitsbilder, wie die obenerwähnte Blindheit, die unter der Cassava essenden Bevölkerung häufig sind, als Erscheinungen einer chronischen Vergiftung ansehen zu müssen.

So schreibt Oberdörffer[1]): „Clark hat nachgewiesen, daß diese Erscheinungen tatsächlich in den Cassava essenden Teilen Nigerias viel häufiger vorkommen als in den Colocasia essenden Gebieten Kameruns. ..... Da bisher angenommen wurde, daß die Prozeduren der Eingeborenen bei der Bereitung des Cassava zur Beseitigung der toxischen Substanzen genügten, machte Clark Tierexperimente mit „entgiftetem" Cassava, der sich noch als hinreichend toxisch erwies, bei Ratten Vergiftungserscheinungen hervorzurufen....." Oberdörffer meint aber dazu, daß zur toxischen Wirkung wohl noch ein besonderer Mangelfaktor hinzukommen müsse. „Sonst müßte man bei dem starken Cassava-Verbrauch der Bevölkerung doch eine sehr viel höhere Erkrankungsziffer erwarten." — Diese Hypothese kombiniert also die beiden obenerwähnten verschiedenen Erklärungsgründe.

Übrigens scheint auch die Colocasie ein Gift zu enthalten; denn „Clark hat in Tierversuchen und auf Grund klinischer Beobachtungen kürzlich ein hochtoxisches Saponin in Colocasia nachgewiesen, auf dessen Wirkung fibrös-fettige Entartungen in Leber, Niere und Nebenniere und eine Schwächung des Allgemeinzustandes zurückgeführt werden. ..... Im ganzen ist das Ausmaß dieser Erkenntnisse noch nicht abzusehen. Erst weitere Untersuchungen werden die Clarksche Auffassung zu belegen haben[2]).

Der Kuriosität halber sei erwähnt, daß manche Eingeborenenstämme sich eine Art von Voresser halten, der Nahrungsmittel und Speisen auf ihre Bekömmlichkeit hin zu prüfen hat, um auf diese Weise etwaigen Vergiftungen vorzubeugen.

"As the food supply of the primitive is usually precarious and the effects of what he consumes are often uncertain, eating is for him a serious affair, both from a practical and an emotional point of view. Among the Bergdama there is a foodmaster who has to taste dishes before they are eaten. If he is not affected the others know that they too can eat the food. If he dies the kraal loses nothing for he is usually an old man who has to be fed, but no longer contributes to his upkeep[3])."

Nach anderen Angaben hat dieser Voresser in erster Linie die Aufgabe, den Häuptling vor Giftmord zu schützen.

---

[1]) „Ernährungsstudien unter den Ibostämmen Südost-Nigeriens" Arch. f. Schiffs- u. Tropenhygiene 42, 6, (220) 249.

[2]) Oberdörffer (220) S. 248. Siehe auch über diese Frage: Report, Medical Research-Council (1935—1936) London 1937.

[3]) S. Viljoen: "The economics of primitive peoples", London 1936 (334), S. 101.

4. Mängel in den Ernährungsgewohnheiten.

Aber nicht nur der in quantitativer und qualitativer Hinsicht ungenügende Nährwert und der gelegentliche Giftgehalt der Nahrung wirken sich auf den Gesundheitszustand der Eingeborenen aus, auch die Gewohnheiten und Vorurteile des Eingeborenen bei der Nahrungsaufnahme bringen gesundheitlich Unzuträglichkeiten mit sich[1]). Die unregelmäßige, jahreszeitlich bedingte Nahrungsversorgung hat eine unregelmäßige Ernährung zur Folge. In der Erntezeit schlingt der Eingeborene unnötig große Mengen sinnlos in sich hinein, in Zeiten des Mangels hungert er. Ebenso ist tags über die Nahrungszufuhr nicht gleichmäßig verteilt. Der Eingeborene neigt meist dazu, mit einer Hauptmahlzeit am Tag große Mengen zu sich zu nehmen, in der übrigen Zeit wenig oder gar nichts zu essen. Durch eine solche zeitliche Überlastung des Verdauungsapparates wird die Elastizität des Magen-Darmkanals notwendigerweise empfindlich gestört. Stuhlverstopfungen sind häufig die Folge. Wahrscheinlich sind auch die bei Eingeborenen häufig beobachteten Leistenbrüche darauf zurückzuführen. Aus den Verdauungsschwierigkeiten erklärt sich das starke Verlangen des Negers nach Öl und starken Gewürzen, die die Darmtätigkeit anregen sollen. Umso unangenehmer wirkt sich in diesem Zusammenhang der weit verbreitete Salzmangel aus.

Hinzu kommt die Eintönigkeit und Einseitigkeit der Nahrung, die nicht nur durch die Versorgungslage, sondern auch durch den Geschmack des Eingeborenen bedingt sind. Für den Neger ist nicht der Nährwert der Nahrung, sondern das Sättigungsgefühl entscheidend. Er zieht deshalb häufig seinen Kloß oder Brei aus Hirse-, Mais- oder Maniokmehl jeder anderen Nahrung vor und ist schwer zu bewegen, diesen durch eine vielfältigere Zukost (Erbsen, Bohnen, Gemüse) zu ersetzen.

So berichten Richards und Widdowson von den Bemba[2]): "First of all to the Bemba there is only one true food — the millet porridge, which is the foundation of every meal. All other foods, whatever their nutritive value, he considers merely as relishes for this favourite porridge, as a snack before the main meal is prepared, or a substitute food during the hunger months. After a dish of sweet potatoes or maize cobs, the native will declare he has had nothing to eat all day."

Diese übermäßige Belastung der Verdauungsorgane erfolgt in den Tropen bei einer hohen Außentemperatur, in der sich die Magenabsonderungen verlangsamen. Der Eingeborene hat also bei seiner Ernährungsweise eine anstrengende Verdauungsarbeit zu leisten, die einen guten Teil seiner physischen Energie verbraucht. Dieser Kraftaufwand stünde ihm für andere Arbeiten zur Verfügung, wenn er leichter verdauliche Nahrungsmittel zu sich nehmen würde. Die oft zitierte Faulheit des Negers ist zum großen Teil auf seine anstregende Verdauungstätigkeit zurückzuführen. „So weist A. Schweitzer („Mitteilungen aus Lambarene“, 1929, S. 101) darauf hin, daß ein Neger, der zwei- oder dreimal dieWoche Fleisch erhält — (richtiger: vollständiges Eiweiß) — sich willig und lernbegierig zeigt, daß er dagegen ohne Fleisch, selbst wenn man ihn mit Reis oder Bananen vollstopft, verdrossen und unbrauchbar bleibt[3]).“

---

[1]) Siehe H. Ziemann (362). [2]) (252) S. 172. [3]) Seyffert (279) S. 65.

Besonders verhängnisvoll wirkt sich die schwer verdauliche Nahrung bei den Kindern aus. Gerade die Ernährung in den ersten Lebensjahren ist für die Gesundheit des Menschen von entscheidender Wichtigkeit. Daher ist die richtige Ernährung von schwangeren Frauen, nährenden Müttern und heranwachsenden Kindern die dringlichste Aufgabe jeder Ernährungspolitik. Leider sind gerade in dieser Hinsicht die Zustände bei den Eingeborenen besonders unerfreulich[1]). Obwohl die Negerfrauen ihre Kinder oft zwei bis drei Jahre nähren, beginnen sie schon meist nach den ersten Monaten, ihnen schwerverdauliche Kohlehydrate wie Maniokbrei auf äußerst unhygienische und manchmal etwas gewaltsame Weise zuzuführen. „Hierdurch, sowie durch die Eintrichterungen von Wasserklystieren muß natürlich die Funktion des kindlichen Magendarmkanals außerordentlich leiden. Kein Wunder, daß Darmstörungen bei den Kindern an der Tagesordnung sind und bei dem so ungemein häufigen Zutritt von Infektionen die Kinder dann zugrunde gehen. Eine Suppenernährung in unserem Sinne fehlt fast ganz[2])."

Ziemann fügt dem im gleichen Aufsatz hinzu: „Es ist ferner Tatsache, daß viele Stämme manche Pflanzen und Früchte, die in anderen Gegenden, selbst in benachbarten, ausgezeichnet gediehen, vielfach noch gar nicht kennen, und gerade dadurch die Kinder wertvollster Nahrung berauben. Ich rechne hierzu vor allen Dingen die so ungemein wertvolle Baummelone (Carica papaya) mit ihrem eiweißverdauenden Ferment Papayotin."

5. Selbsthilfe der Eingeborenen gegen Mangelwirkungen.

Ob der Eingeborene einen natürlichen Instinkt besitzt, der ihn dazu führt, Mängel in seiner Ernährung durch unwillkürlich richtige Verhaltensweise auszugleichen, ist eine Streitfrage. Wer die ungeheuren Mängel in der Ernährungsweise des Eingeborenen kennt, die nicht immer nur auf die beschränkten natürlichen Gegegebenheiten, sondern häufig genug auf ihre unzureichende Nutzung zurückzuführen sind, wird geneigt sein, dem Eingeborenen einen solchen Instinkt abzusprechen.

So meint sicherlich mit Recht Hall[3]): "We must not assume that experience and instinct will always establish a practice which provides for these requirements. One can find examples which show how natives have been reaching out empirically towards repairing deficiencies, as by the addition of certain leaves or mineral earths to the food, but in effectiveness they represent little more than the dog's habit of eating grass when he feels off colour. Individuals, indeed whole tribes, who have fallen below the normal in their dietary, affected also by the diseases which become widespread with undernourishment, are apt to fall into a state of depressed asquiescence and lethargy until they do not even recognize their condition."

---

[1]) Siehe über die Schäden der Säuglingsernährung bei den Eingeborenen: O. Fischer „Studien zur Pathologie und Epidemiologie Ostafrikas", Beiheft z. Arch. f. Schiffs- u. Tropenhygiene, Lpzg. 1932; Albert Seele: „Säuglingsernährung, Pflege und Sterblichkeit unter den Zulus in Südafrika", Diss. Hambg. 1935; A. J. Jex-Blake: "Infant feeding and rickets", Kenya Med. Jl., 1927, 3, 302—14.

[2]) H. Ziemann, (361) S. 376.

[3]) (127) S. 65.

Allerdings gibt es eine Reihe von Beispielen, die denjenigen recht zu geben scheinen, die wie Seyffert[1]) dazu neigen, bei den Naturvölkern ein instinktiv richtiges Verhalten in dieser Hinsicht anzunehmen. Die besondere Vitaminhaltigkeit der Eingeweide, wie Leber und Herz (auch Gehirn), ist bekannt. Ebenso der reichliche Mineralstoffgehalt (Eisen, Kalk, Jod) der Leber. Die Vorliebe der Eingeborenen für diese Teile, die diese genau so wie der Leopard ihrer Beute zuerst herausreißen, um sie heißhungrig zu verschlingen, glaubt Seyffert als eine solche instinktiv richtige Verhaltensweise deuten zu müssen.

Seyffert ist zwar durchaus beizupflichten, wenn er sagt: „So ist es gewiß kein bloßer Zufall oder gar ein völkerkundliches Kuriosum, daß viele Völker gerade in diese Organe, die ihnen als besonders wichtig erscheinen, den Sitz des Lebens überhaupt, der Lebenskraft, ja der Seele zu verlegen pflegen.“ Das ist zweifellos richtig. Nur ist der Erklärungsgrund, den Seyffert offenbar geben möchte, nicht sehr überzeugend. Wohl kaum hat das instinktiv richtige Verlangen nach mineralstoff- und vitaminhaltigen Nahrungsstoffen den Primitiven veranlaßt, den Sitz der Seele in die Eingeweide zu verlegen. Wenn der Neger den Bauch für den Sitz seiner Seele hält, dann u. a. deshalb, weil dieser Teil seines Körpers die größte Rolle in seinem Leben spielt und die Versorgung seines Bauches ihm am meisten zu schaffen macht. Nahrungsbeschaffung ist die Kernfrage im Leben primitiv wirtschaftender Völker. Daraus folgt, daß der Eingeborene auch dem Inhalt des Bauches besondere Bedeutung beimißt. Wenn er es dann gelegentlich erleben konnte, wie der Genuß der Leber manchen von einer Avitaminose befallenen kranken Mann wieder auf die Beine stellte, so hat ihn das natürlich in seiner Neigung, im Bauch des erschlagenen Feindes oder Tieres den Sitz von dessen Seele (oder Kraft) anzunehmen, nur bestärkt. Auch das Beispiel, das ihm der Leopard gab, kann ihn auf die Bedeutung der Eingeweide für die Ernährung aufmerksam gemacht haben; denn was der Leopard tut, in dem für manche Eingeborenenstämme ein starker und kluger Geist haust, muß für ihn höhere Bedeutung haben.

Darüber, daß der Eingeborene versucht, seinen Vitamin- und Mineralsalzmangel auszugleichen, ohne daß er recht eigentlich die physiologischen Zusammenhänge kennt, gibt es noch viele Beispiele. Eine besondere Rolle spielen in dieser Hinsicht die Blätter und Früchte des Affenbrotbaumes, die sehr kalzium- und vitaminhaltig sind. Sie werden als Beigabe in die Suppen getan. Für die Zeit der Dürre werden die Blätter in getrocknetem Zustande aufgehoben. Beim Trockenprozeß werden sie dann vor direkter Sonnenbestrahlung geschützt. Dadurch wird der Vitamingehalt der Blätter erhalten, der durch direkte Sonnenbestrahlung zerstört werden würde[2]). Ebenso sammeln die Ambo in der Regenzeit die Blätter eines unserer Akazie ähnlichen Baumes, die sie zu Kuchen pressen und für die trockene Jahreszeit aufheben[3]).

Ein ähnliches Beispiel bringt der Labour Report of the Tanganyika Territory (1928 § 134): “For instance, it seemed peculiar that the Gogo of the Central Province were aparently able to live for several months on a diet that should rapidly produce scurvy; their susceptibility to this disease when taken from their own surroundings being also noticeable. Enquiries elicited the fact that these

[1]) (279) S. 68.
[2]) Worthington (351) S. 158.
[3]) Proell (245) S. 45.

people are in the habit of preparing and storing considerable quantities of wild spinach, which is collected at the end of the wet season and dried for use when no fresh supply can be obtained." Dies scheint eine unter den afrikanischen Eingeborenen weit verbreitete Methode zu sein. Auch Jessen[1]) berichtet aus Angola: „In der Trockenheit, wenn frisches Gemüse fehlt, wird Dörrgemüse gemacht, indem man die Blätter von Kürbissen und Bohnen pulverisiert und in Töpfen aufbewahrt."

Auch bei der Zubereitung der Nahrungsmittel wissen manche Stämme — indessen wohlgemerkt lange nicht alle — so vorzugehen, daß die lebenswichtigen Stoffe erhalten bleiben.

Darüber berichtet R. P. Pagès von den Eingeborenen Ruanda-Urundis[2]): „Les indigènes font, en effet, cuire les haricots et les petites pois en entier, 'cortiquès'. Les pommes de terre et les patates sont toujours cuites en 'robe de chambre', à l'eau ou sous la cendre. Les céréales telles que le sorgho et l'éleusine, écrasées et moulues sans être décortiquées, servent à faire une bouillie ou une sorte de pain sans levain. Le sorgho en germination est employé pour la fabrication de la biére dite amarwa. Le lait caille, les fruits acidulés de deux arbres intagashya et ibitagerasongo, pour ne parler que de ceux-là, les plantes légumineuses, dont les noires font une grande consomation, abondent en vitamines. Le Mungarwanda, sans s'en douter, mais profitant en cela d'une longue expérience latente, n'a pas eu besoin de faire son éducation au point de vue des 'vitamines'. Le régime alimentaire qu'il suit depuis des ciécles n'est pas aussi méprisable qu'on pourrait le croire de prime abord."

Zu den vitaminhaltigen Nahrungsmitteln gehört wohl auch der frische Palmsaft und der gärende Palmwein, der so nahrhaft ist, daß man Säuglinge damit aufziehen kann. Oberdörffer berichtet, daß er in einem nigerischen Dorf beobachtet habe, wie mutterlose Säuglinge mit einem Gemisch von gesüßtem Palmwein und Apfelsinensaft aufgezogen wurden. „Mir scheint", sagt Oberdörffer, „daß gärender Palmwein mit seinem Hefegehalt eine wichtige Quelle von B_2 ist[3])." Ähnliches wird auch von der Vitaminhaltigkeit des Negerbieres behauptet)[4]. Die Neigung zum Alkohol bewahrt den Eingeborenen offenbar vor mancher Mangelkrankheit.

Die Ansicht über die Dienlichkeit des Genusses einheimischer mehr oder weniger alkoholhaltiger Getränke geht allerdings sehr auseinander. Vor allem sehen die englischen Missionare darin lediglich ein Grundübel der Eingeborenen. Auch Wildeman meint (a. a. O. S. 42): „Les essais d'enquête antérieurs ont bien fait voir que les boissons varient suivant les régions et plusieurs d'entre elles, fabriquées soit par fermentation: vin de palme-bière d'éleusine etc. ou par putrefaction, peuvent être les point de départ d'indisposition contre lesquelles il faudra lutter."

In diesen Zusammenhang gehören schließlich die vielfältigen Maßnahmen der Eingeborenen, den Kalk- und Salzmangel auszugleichen[5]).

[1]) (150) S. 175.

[2]) „Flore domestique du Ruanda", Bull. Agr. Congo Belge, XIX. 1 (233), S. 131.

[3]) (220) S. 251.

[4]) Siehe F. W. Fox u. William Stone: "The antiscorbutic value of Kaffir beer" S. Afr. J. Med. Sc. 3, 7, (1938) (99).

[5]) Oberdörffer berichtet (220) S. 246: „Von einem kleinen Kalksteinbruch in Maku sah ich die Eingeborenen von weither Bruchstücke schlagen, die dann auf den Märkten als Speisezusatz verkauft wurden." Siehe auch W. Godden: "Notes on certain edible earths and native salts from Nigeria", Westafrica Med. J. 1929.

Ob allerdings bei dem häufig beobachteten Erdessen auch eine solche auf Ausgleich der Enährung bedachte Handlungsweise vorliegt, ist umstritten. Orde Browne berichtet von den Kenyastämmen[1]): "Instances occur from time to time of earth-eating, but they are always associated with an outbreak of ankylostomasis, of which, of course, it is a well-known symptome."

Bei nährenden Müttern und kleinen Kindern tritt besonders häufig ein solches Verlangen nach kalk- und salzhaltigen Erden ein[2]). Richards und Widdowson berichten in dieser Hinsicht über die Bemba[3]): "Earth is not eaten by members of this tribe, and it will be seen that their diet is rich in most minerals. Pregnant women eat handfuls of clay from the walls of their huts, but this is possibly a matter of a traditional rule rather than one of actual need." Dabei wird offenbar übersehen, daß auch bei uns in Europa gewisse „Heilerden" als therapeutisches Mittel gebräuchlich sind. Diese Erden bestehen geologisch aus Löß und anderen sekundären Gesteinen und vermögen einerseits durch Anlagerung Stoffe aufzunehmen, andererseits unter den im Darm gegebenen chemischen Verhältnissen andere Stoffe, vorwiegend basischer Natur, abzugeben, wodurch eine therapeutische Wirkung ausgeübt werden kann. Der Hauptzweck einer solchen Behandlung mit „Heilerden" ist, eine Selbstvergiftung des Körpers durch Gärungs- und Fäulnisprozesse im Magendarmkanal — was gerade in den tropischen Gebieten eine häufige Erscheinung ist — zu verhindern. Bei der Geophagie der Eingeborenen handelt es sich wahrscheinlich teils um eine solche Selbstbehandlung mit „Heilerden", teils um eine Ersatzzufuhr fehlender Salz- und Kalkbestandteile der Nahrung.

6. Wirkung und Bedeutung der Ernährungsschäden.

Daß mangelnde Widerstandsfähigkeit und die unbefriedigenden Leistungen mancher Neger auf ihre ungenügende Ernährung zurückzuführen sind, zeigen vielfältige Beobachtungen. Solche Beispiele sind schon mehrfach angeführt worden. Erwähnt sei noch die von französischer Seite häufig zitierte Beobachtung, daß derselbe junge Eingeborene, der in seinem eigenen Stamme für schwere Arbeit ungeeignet schien, sich beim Militär unter der Wirkung einer ausreichenden Ernährung kräftig zu entwickeln pflegt und zu einem leistungsfähigen Arbeiter wird. Daß auch die Fruchtbarkeit der Frauen stark von den Ernährungsverhältnissen beeinflußt wird, lassen Vergleiche der Kinderzahlen und des Bevölkerungswachstums in einzelnen afrikanischen Gebieten erkennen.

So berichtet Richet[4]) über Erfahrungen, die in Frankreich gemacht worden sind: „... chez les femmes, les recherches méthodique de Calmette ont montré qu'à Lille, pendant la guerre, la puberté était retardée de deux, trois ans et la ménopause avancée de quatre, cinq ans." Er fährt dann, auf die afrikanischen Verhältnisse übergehend, fort: „Mises dans de bonnes conditions, les femmes

[1]) "Vanishing Tribes of Kenya", London 1925 (224), S. 104.
[2]) Siehe J. W. Foster: "Pica", Kenya and East Afr. Med. J. 1927 S. 9. (93).
[3]) (252) S. 169.
[4]) Hardy u. Richet (130) S. 27 u. S. 40/41.

noires peuvent avoir de nombreux enfants (Amérique du Nord, anciennes colonies), tandis que mal nourries, comme dans certaines régions de l'Afrique Equatoriale elles n'ont guère que 1 ou 2 enfants, rarement 3..."

Auch die starke Verbreitung der „tropischen Geschwüre" scheint mit den Ernährungsverhältnissen im Zusammenhang zu stehen. Worthington sagt darüber[1]: "As regards tropical ulcer, McCulloch (1928) suggests that 'dietetic ulcer' would be a better name, since in his view they result from a chronic semi-starvation which facilitates the entrance of any mildly pathogenic organism. This largely corresponds with the views of Connell and Buchanan (1933) based on an investigation in Tanganyika[2])."

Viel verbreiteter und gefährlicher als die eigentlichen Mangelkrankheiten (Beriberi, Skorbut, Rachitis) ist die maskierte Form, in der die „malnutrition" in Afrika gewöhnlich auftritt. Der Zustand, in dem sich große Teile der Eingeborenenbevölkerung Afrikas infolge der falschen Ernährung befinden, liegt häufig gerade an der Grenze zwischen Krankheit und Gesundheit[3]) und ist in seiner Gefährlichkeit kaum zu erkennen. Das ist einer der Gründe, weshalb die Ernährungsfrage in Afrika so spät Beachtung fand.

McCulloch weist darauf hin, "that the failure of a dietary in quality rather than quantity may easily be overlooked because of the erroneous idea that specific deficiency in diet must be observable in the form of special diseases. In actual fact the majority of specific deficiencies result in a general lowering of vitality and of resistence to disease...[4])"

Dieser Schwebezustand zwischen Gesundheit und Krankheit, in dem sich der schlecht ernährte Eingeborene befindet, bleibt so lange tragbar, als an die Leistungsfähigkeit des Eingeborenen nur die Anforderungen gestellt werden, die sich üblicherweise aus dem Leben und der Arbeit in der alten Stammesgemeinschaft ergeben, und er nicht von Krankheiten befallen wird. In dem Augenblick, wo Krankheitsepidemien auftreten oder anstrengende körperliche Arbeit von den Eingeborenen verlangt wird, tritt die durch die Ernährungsverhältnisse hervorgerufene mangelhafte körperliche Konstitution klar zutage.

Was den Eingeborenen fehlt, ist eine gut ausbalanzierte, vielgestaltige Nahrung, die ausreichende Mengen von tierischem Eiweiß, Mineralsalzen und Vitaminen enthält. Zwar braucht eine eintönige Ernährung nicht immer schädliche Folgen zu haben, wie die Ernährungsverhältnisse der Masai zeigen.

---

[1]) (352) S. 573.

[2]) Siehe W. E. McCulloch: "Ulcers in Northern Nigeria, a review and a theory", W. Afr. Med. J. 2, 1—6; W. K. Connell u. J. C. R. Buchanan: "Guinea worm disease in Tanganyika", Trans. R. Soc. Trop. Med. Hyk. 26, 99; ferner auch J. C. R. Buchanan u. J. Sanderson: "Ulcers in the native African. A further investigation", Trans. R. Soc. Trop. Med. Hyk. (1935) 28, 405—10 u. A. A. F. Brown.

[3]) Siehe R. van Nitsen: „L'hygiene des travailleurs noirs dans les camps industriels du Haut-Katanga", Inst. R. Col. Belge Bd. V H. 6 S. 42 (217).

[4]) (351) S. 155.

Dem widerspricht nicht die Feststellung von Dr. Paterson[1]), daß die Masaibevölkerung im Abnehmen begriffen ist. Die Bevölkerungsabnahme bei den Masai ist auf die dort weitverbreiteten Geschlechtskrankheiten, die bei vielen Angehörigen dieses Stammes zu einer Sterilität geführt haben, zurückzuführen. An solchen Auswirkungen kann natürlich auch ein besserer Ernährungsstand nichts ändern.

Auch kann ein dauernder Wechsel in der Ernährung, wenn er infolge schlechter Nahrungsversorgung durch den sich verändernden natürlichen Anfall von Monat zu Monat erzwungen wird, sich durchaus ungünstig auswirken. So führt die schlechte Vorratswirtschaft der Eingeborenen dazu, daß in den Monaten des Mangels eine vollkommene Umstellung in der Ernährungsweise erfolgt. Wenn die Hauptnahrungsmittel: Getreide, Knollenfrüchte, Gemüsearten in der Trockenzeit ausgehen, lebt der Eingeborene von Surrogaten, die er sonst nicht anrühren würde. Auf diese Zusammenhänge anspielend, sagt Worthington: "The diet of agriculturists, though varied, is seldom well balanced however, and it seems probable that a series of deficiencies occurs throughout the year as food changes from month to month." [2])

Indessen sind fraglos die besten Gesundheitsverhältnisse bei denjenigen Stämmen anzutreffen, die ähnlich wie die Europäer eine gemischte Diät einhalten.

Der Labour Report[3]) zitiert eine Feststellung des Bulletin of Hygiene (Febr. 1938): "The kavirondo, who have a diet almost as mixed as the Europeans, are considered to provide the best labour in Kenya Colony, while the tribes on the slopes of Mount Kenya, who live almost entirely on cereals, possess a poor physique."

Faßt man abschließend die schädlichen Auswirkungen der mangelhaften Ernährungsverhältnisse beim afrikanischen Eingeborenen zusammen, so kann man im wesentlichen fünf Erscheinungen feststellen, an deren Zustandekommen die Ernährungsmängel zum mindesten mitbeteiligt sind: 1. die geringen Geburtenziffern, 2. die hohe Säuglings- und Kindersterblichkeit, 3. die große Häufigkeit von Epidemien, 4. die nachhaltende Wirkung aller Infektionskrankheiten und 5. die häufig verminderte Leistungsfähigkeit und Arbeitskraft des afrikanischen Eingeborenen[4]).

---

[1]) Report Med. Dept., Kenya 1933.

[2]) (351) S. 157.

[3]) (305).

[4]) Über die Unzulänglichkeit der Eingeborenenernährung siehe auch: Hamburgische Universität, Abhandlungen aus dem Gebiet der Auslandskunde. Bd. 13. Wissenschaftliche Beiträge zur Frage der Erhaltung und Vermehrung der Eingeborenenbevölkerung. Ergebnisse Dr. Eduard Woermann Preisaufgabe. Hamburg 1923.

3. Kapitel.

Die Bestimmungsgründe für die Beschränktheit, Ungleichmäßigkeit und Ungeeignetheit in der Nahrungsmittelversorgung des Eingeborenen.

1. Die magisch-religiös gebundene Verhaltensweise des Eingeborenen.

Umfang und Art der menschlichen Nahrungsversorgung sind abhängig von den Möglichkeiten, die die umgebende Natur dem Menschen bietet, und von seinem Willen und seiner Fähigkeit, diese Möglichkeiten zu nutzen. Die technische Verhaltensweise des Menschen wird dabei nicht nur durch seine manuellen und intellektuellen Fähigkeiten bestimmt, sondern überdies und vor allem durch seine gefühlsmäßig bedingten Vorstellungen, die er sich von seiner Umwelt macht, und durch die Einstellung, die er dadurch zu den täglichen Aufgaben des Lebens gewinnt.

Aus dem Grade der Intelligenz und der handlichen Geschicklichkeit des afrikanischen Eingeborenen läßt sich die Rückständigkeit seiner Lebens- und Wirtschaftsformen nicht zufriedenstellend erklären. Die Ansichten über die Intelligenz des Eingeborenen sind keineswegs einheitlich. Aber zweifellos hat der Afrikaner sich bisher als Schüler des Europäers so anstellig gezeigt, daß Grund zu der Annahme besteht, seine Intelligenz liege nicht allzusehr unter dem Durchschnitt der europäischen.

„Vergleichende Intelligenzprüfungen an Eingeborenen, die eine höhere Schule besuchten, und an annähernd gleichaltrigen Europäerkindern, ebenfalls Besuchern einer gehobenen Schule, hat R. A. C. Oliver in Kenya angestellt. Die zwei Hauptergebnisse seiner Untersuchung sind: Erstens der Durchschnitt der Afrikaner erreicht etwa 85% des Durchschnitts der Europäer, und zweitens 14% der Afrikaner erreichen oder übertreffen den Durchschnitt der Europäer. Die Resultate sind deshalb immerhin bemerkenswert, weil sie annähernd übereinstimmen mit den Ergebnissen an amerikanischen Negern; bei ihnen ist der Durchschnitt etwa 80% der des weißen Amerikaners, und 20% der Neger erreichen oder übertreffen den Durchschnitt der Weißen, aber der Unterschied zwischen den beiden Durchschnitten ist viel geringer als der Abstand zwischen den Höchstbegabten und Mindestbegabten innerhalb jeder Gruppe. Oliver warnt vor zu weitgehenden Schlüssen aus diesen räumlich eng begrenzten Feststellungen.....[1])“

Dabei sind die Intelligenzleistungen des Afrikaners allerdings ausschließlich rezeptiver Natur gewesen. Geistige Produktivität ist niemals allein eine Frage des Intellekts, sondern steht in ständigem engem Kontakt mit der gesamten menschlichen Persönlichkeit, seiner Gefühls- und Vorstellungswelt, ist daher ohne diese nicht zu erklären.

So ist auch die Technik[2]), die ein Volk oder eine Rasse selbständig entwickelt, um mit den täglichen Aufgaben des Lebens, mögen sie nun ins Gebiet der Politik, der Wirtschaft oder des sozialen Lebens gehören,

---

[1]) Westermann: „Der Afrikaner heute und morgen“, Essen 1937 S. 42/43.

[2]) Im weitesten Sinne des Wortes als die Mittelanwendung in jeder Beziehung.

fertig zu werden, nicht so sehr eine Angelegenheit des Verstandes und der körperlichen Geschicklichkeit, als des Charakters und der rassischen Eigenart, also seelischer Tatbestände. Europa hat die Technik schlechthin entwickelt, nicht, weil die Europäer klüger wären als alle anderen Rassen, sondern weil die Eigenart und Entwicklung der europäischen Seele es möglich machten, daß beim europäischen Menschen der Verstand sich aus den Bindungen der irrationalen Gefühls- und Vorstellungswelt befreite und ein selbständiges Leben zu führen begann, und daß der somit „entbundene" Verstand sich fast ausschließlich den Problemen des Außenlebens, dem Objekt, zuwandte[1]). Auf diese Weise konnte sich im europäischen Denken ein rationaler Zweckmäßigkeitsbegriff entwickeln, der unabhängig von allen gefühlsmäßigen Werten war und daher zu einem objektiven Maßstab für die Richtigkeit jedweden Verhaltens werden konnte — wohlgemerkt, soweit die reale Außenwelt in Frage steht und nicht die irreale Welt seelischer Tatbestände[2]).

Dies muß man beachten, wenn man als Europäer vom rationalen Standpunkt immer wieder Gelegenheit nimmt, die Verhaltensweise des afrikanischen Eingeborenen als unzweckmäßig zu kritisieren. Die Handlungen des Eingeborenen mögen unzweckmäßig, unlogisch, ja häufig sinnlos erscheinen, soweit man sie von den äußeren Tatbeständen her beurteilt, wertet man sie aber von der Gefühls- und Vorstellungswelt des Eingeborenen aus, so sind sie genau so zweckmäßig, logisch und sinnvoll, wie die Äußerungen einer europäischen Vernunft.

Dem afrikanischen Eingeborenen ist die Grenze zwischen Gefühls- und Verstandeswelt, zwischen Wirklichkeit und Phantasie noch nicht bewußt geworden. Er ist daher häufig nicht in der Lage, Erscheinungen seiner Gefühlswelt von denen der Außenwelt scharf zu trennen. Für ihn haben die inneren Erlebnisse, Kräfte und Vorstellungen genau solche Realität, die es in einer zweckmäßigen Verhaltensweise zu beachten gilt, wie die äußeren Gegebenheiten der natürlichen Umwelt. Beide Erlebniswelten, die innere wie die äußere, fließen häufig ineinander über. Das äußere Erlebnis der Naturgewalt wird von dem inneren Erlebnis einer mächtigen Kraft oder eines Geistes, der dahinter steht, begleitet. Das wilde Tier ist gleichzeitig die Wiederverkörperung eines Verstorbenen, es erhält damit außer der realen eine irreale, psychische Bedeutung.

Es genügt dem Eingeborenen daher nicht, daß er die nötigen Maß-

---

[1]) Damit wird nicht verkannt, daß die Überlegenheit der europäischen Kultur zum guten Teil auf der stärkeren Entwicklung der Willenskomponente bei den europäischen Völkern im Gegensatz zu anderen Rassen beruht. Aber erst aus der Verbindung von stärkeren Willensimpulsen mit einem extravertierten Rationalismus konnte die europäische Zivilisation entstehen.

[2]) Mit dem Begriff des Realen ist hier die äußere mit unseren Sinnen feststellbare Wirklichkeit gemeint, während mit irreal das rational nicht Beweisbare, Zugehörige einer psychischen Vorstellungswelt bezeichnet werden soll. Die Unterscheidung dieser beiden Bereiche als „real" und „irreal" ist eigentlich nicht ganz korrekt, da die subjektiven, psychischen Tatbestände als solche nicht weniger „Wirklichkeit" als die objektiven der äußeren Welt sind; denn auch sie sind ja Tatbestände, die sich sogar auf die reale Außenwelt umgestaltend auszuwirken vermögen. Unsere Unterscheidung schließt sich also mehr dem landläufigen Sprachgebrauch an, der Vorstellungen und Erscheinungen, die lediglich dem seelischen Bereich entsprungen sind, als unwirklich bezeichnet.

nahmen trifft, um mit der äußeren Welt fertig zu werden, sondern er glaubt sich auch gleichzeitig mit den Geistern gut stellen zu müssen, von denen er meint, daß sie jene äußere Welt beherrschen. Gegen den Leoparden kann man sich nicht dadurch ausreichend schützen, daß man eine Waffe bei sich führt, man muß überdies den Geist versöhnlich stimmen, der in dem wilden Tier wohnt, oder man muß einen Zauber besitzen, der den bösen Dämon abschreckt. Das ganze Leben des Eingeborenen bekommt auf diese Weise einen doppelten Aspekt, und zwar nicht in der Weise, daß die magisch-religiöse Bedeutung aller realen Dinge eine nebengeordnete Begleiterscheinung wäre. Vielmehr ist sie das Primäre und für den Eingeborenen häufig Entscheidende. Sein ganzes Leben hat also einen umfassenden magisch-religiösen Hintergrund, der durch die realen Dinge hindurchwirkt. Wer daher mit dieser äußeren Welt fertig werden will, darf sich nach Auffassung des Eingeborenen nicht damit begnügen, die Naturgesetze zu beachten — sofern er schon etwas von ihnen weiß — sondern muß vor allem jene Gesetze berücksichtigen, die in der magisch-religiössn Welt Gültigkeit besitzen. Da die magischen Kräfte alle natürlichen Vorgänge beherrschen, muß auch eine durch magische Vorstellungen „gebrochene“ Zweckmäßigkeit wichtiger werden, als die natürliche, uns Europäern geläufige.

Damit wird ohne weiteres klar, daß sich auch der Eingeborene auf seine Weise zweckmäßig verhält. Daß sich aber aus seiner magischen Vorstellungswelt für die wirkliche Beherrschung der Außenwelt große Hindernisse ergeben müssen, wird ebenso deutlich. Da die Befolgung des magisch Zweckmäßigen wichtiger ist als die des wirklich Zweckmäßigen, ja diese sogar verhindern kann, muß eine solche Verhaltensweise in vielen Fällen zum Mißerfolg führen. Aber aus der Vorstellungswelt des Eingeborenen heraus ist diese Verhaltensweise die einzig mögliche. Sie wird sich nur ändern, wenn auch die Vorstellungswelt eine andere wird, was dort, wo die europäische Zivilisation zunehmend an Einfluß gewinnt, in manchen Fällen auch schon festzustellen ist. Für den im Stammesleben wurzelnden Eingeborenen indessen ist die „magische Zweckmäßigkeit“ immer noch entscheidend, es sei denn, die Einführung des christlichen Glaubens hat hier und da einen Wandel geschaffen. Die magisch-religiös orientierte Verhaltensweise des Eingeborenen ist daher bei der Beurteilung seines Tuns, seiner Wirtschaftsart und seiner Technik, immer wieder in Rechnung zu stellen. Gerade auf die Ernährungsweise hat sie einen entscheidenden Einfluß, da sie hier nicht nur die Technik der Nahrungsversorgung beeinflußt, sondern ebenfalls die Einstellung des Eingeborenen zu den einzelnen Nahrungsmitteln maßgeblich bestimmt.

2. Die Kargheit und Unberechenbarkeit der afrikanischen Natur.

Zu dieser magischen Betrachtungsweise liefert dem Eingeborenen die ihn umgebende Natur besonders reichhaltigen Stoff. Sie enthält vielseitigere Gefahrenmomente, ist wechselvoller, launischer als die unsere. Sie überschüttet in manchen Jahren und Jahreszeiten den Eingeborenen ohne sein besonderes Zutun mit einer Fülle von Nahrungsmitteln, um sich zu anderen Zeiten wiederum außerordentlich unergiebig zu zeigen. Das bietet dem Eingeborenen die verschiedenartigsten Anlässe, phantasievoll wie er ist, das Wirken einer Unzahl von Geistern und Kräften in die um ihn herum sich ereignenden natürlichen Vorgänge zu projizieren.

Allgemein betrachtet, ist die afrikanische Natur wohl als weniger fruchtbar anzusehen, als unsere europäische. Das widerspricht zwar der landläufigen Vorstellung von der üppigen Vegetation der tropischen Natur, ist aber für Afrika deswegen nicht weniger richtig. „It is an error to suppose that tropical conditions in Africa imply exuberant vegetation and rich soil", stellt der African Survey Lord Haileys fest[1]). Üppiges Wachstum ist in den Tropen nur dort zu beobachten, wo reichliche Wasserversorgung durch ausgiebige Regenfälle die erforderlichen Voraussetzungen bietet. In Afrika sind solche Voraussetzungen fast nur in der Region des entsprechend benannten tropischen Regenwaldes anzutreffen, der in diesem Erdteil von allen Vegetationsformen den geringsten Raum einnimmt. Und auch hier führen sie — worauf schon im ersten Kapitel hingewiesen wurde— trotz der treibhausartigen Vegetation keineswegs zu einer Begünstigung der Nahrungsversorgung. Übrigens ist der „tropische Pflanzenwuchs" selten ein Zeichen für eine besondere Bodenfruchtbarkeit, sondern ergibt sich vornehmlich aus den günstigen Temperatur- und Wasserverhältnissen. Zudem sagt die Tatsache, daß wilder Pflanzenwuchs in üppiger Form den Boden bedeckt, noch lange nichts darüber aus, ob dieser Boden sich auch für bestimmte Nahrungsgewächse eignet.

„Die unheilvolle Maxime, daß in den Tropen eben alles gut zu wachsen habe und daß es „natürlich" um so besser wachsen müsse, je mehr Vegetation an sich auf einem Boden steht und vollends Urwaldvegetation unter allen Umständen der sichere Beweis besonderer Bodengüte sei — wobei die meisten Beurteiler nicht einmal wissen, wie wirklicher Urwald eigentlich aussieht, sondern ganz einfach jeden einigermaßen dichten Baumbestand mit diesem Namen belegen — scheint unausrottbar zu sein.

Tatsächlich wächst aber in Tropen und Subtropen, auch wenn die nötige Regenmenge fällt oder das nötige Irrigationswasser vorhanden ist, jedes beliebige Gewächs ebensowenig gut auf jedem beliebigen Boden, wie im gemäßigten Klima. Man kann sogar sagen, daß bei weitem die Mehrzahl der tropischen Nutzgewächse sehr viel striktere Anforderungen an ganz bestimmte, verschiedene Bodeneigenschaften stellt als die meisten der Nutzgewächse der gemäßigten Zonen. Das Argument „wo viel von Natur wächst, muß auch eine Kultur gut gedeihen", enthält zwar einen wahren Kern, aber ein allgemein richtiger Grundsatz ist es durchaus nicht, und gerade die Verkennung dieser beschränkten Gültigkeit dürfte die meisten der in mißlungenen Pflanzungsunternehmungen verlorenen Kapitalien gekostet haben[2])."

„Wir wissen heute, daß die tropischen Böden, weit davon entfernt, besonders reich an Pflanzennährstoffen zu sein, von Natur aus die Neigung zu einer schnelleren Verarmung haben, als die Böden der gemäßigten Zone, in denen die chemische Verwitterung hinter der physikalischen zurücktritt[3])."

[1]) London 1938 S. 880.

[2]) P. Vageler: „Grundriß der tropischen und subtropischen Bodenkunde", Berlin 1938, (330) S. 201/02.

[3]) G. Hülsen: „Düngung im Obstbau der Tropen und Subtropen" Tropenpfl. 41, 8, 367, (143).

Der Boden zeigt sich in weiten Gebieten Afrikas besonders arm an wichtigen Mineralsalzen, wie Kalzium und Phosphor. Der für den Pflanzenwuchs so entscheidenden Humusbildung stellen sich besondere Schwierigkeiten entgegen, und schließlich wirkt sich die Bodenerosion, die Abtragung und Auslaugung der fruchtbaren oberen Bodenschicht, in diesem Erdteil besonders unheilvoll aus. Nimmt man hinzu, daß anhaltende Dürrezeiten und plötzliche Einfälle von Heuschrecken- und Vogelschwärmen im Steppen-Savannengebiet ganze an sich gut ansetzende Ernten vernichten können, so muß man zugeben, daß die natürlichen Voraussetzungen für die Nahrungsversorgung, wie überhaupt für die Wirtschaft des Eingeborenen nicht besonders günstig sind.

Die weitverbreiteten falschen Vorstellungen von der Fruchtbarkeit der tropischen Gebiete sind zum Teil durch wissenschaftliche Arbeiten gefördert worden. Es sind verschiedentlich von wissenschaftlicher Seite Versuche gemacht worden, die größtmögliche zukünftige Bevölkerungsdichte der Erde zu bestimmen. In einer solchen Untersuchung[1]) glaubt Penck die größte Bevölkerungsdichte für die tropischen Länder annehmen zu müssen. Die mögliche Bevölkerung des tropischen Afrikas setzt er um mehr als des Sechszehnfache höher an als die tatsächliche Bevölkerungszahl von heute. Eine derartig hohe Schätzung läßt sich bei näherem Zusehen wohl kaum halten. Es ist bezeichnend, daß Penck für die heute besonders gering besiedelten Gebiete des feuchtwarmen Urwaldklimas die stärkste voraussichtliche Dichte mit 200 Einwohnern pro Quadratkilometer annimmt. Solchen viel zu hohen Ziffern liegen offensichtlich voreilige Verallgemeinerungen und Analogieschlüsse aus vereinzelten Erfahrungen in Gebieten mit besonders günstigem Boden und Anbauverhältnissen zugrunde. Für die afrikanischen Gebiete sind zweifellos die nicht besonders günstigen Bodenverhältnisse nicht genügend in Rechnung gestellt.

Es ist sehr zu begrüßen, daß neuerdings Sapper[2]) und Rohrbach gegen solche übertriebenen Schätzungen Stellung genommen haben. Rohrbach führt die Schätzungen auf das tragbare Maß zurück, wenn er sagt[3]): „Theoretisch wäre es ja möglich, eine Zeit ins Auge zu fassen, wo alle Rotlehme und Roterden Afrikas, mögen sie nun heute unter immergrünem Regenwald, unter Trockenwäldern oder rein unter Savannengras stehen, mit reichlichen Gaben von Kunstdünger und mit den modernsten Ackergeräten nach dem Muster hochentwickelter europäischer Landwirtschaftsgebiete — Mitteldeutschland, Dänemark, Holland — kultiviert werden.

Dazu müßte man wohl auch noch die andere Voraussetzung machen, daß die afrikanischen Eingeborenen bis zu dieser intensiven Art agrarischer Qualitätsarbeit erzogen werden können. Uns scheint es aber müßig, solchen entfernten und auch in entfernterer Zukunft immer noch unwahrscheinlichen Möglichkeiten schon jetzt ernsthaft nachzugehen.

Wenn sich in einer für unsere praktischen Erwägungen in Betracht kommenden Zeit die Zahl der afrikanischen Eingeborenen auch nur verdoppeln läßt, so wäre das schon ein großer Erfolg. Soll es im Laufe eines Menschenalters erreicht

---

1) „Das Hauptproblem der physischen Anthropogeographie", Sitzungsberichte der preußischen Akademie der Wissenschaften, Berlin 1924. S. 242—257 (236).

2) Karl Sapper: „Die Ernährungswirtschaft der Erde und ihre Zukunftsaussichten für die Menschheit". Stuttgart 1939, S. 131ff. (260).

3) Paul und Justus Rohrbach: „Afrika heute und morgen", Berlin 1939, S. 141/42.

werden, so gehören dazu Maßnahmen, die weit über alle bisherigen Verwaltungspraxis europäischer Kolonialmächte in Afrika hinausgehen. Ein Afrika, das im Jahre 2000 innerhalb der Tropen das Vierfache seiner heutigen Bevölkerung beherbergt, will uns schon nicht mehr ganz vorstellbar erscheinen. Noch höher hinaufzugehen, muß einer jenseits rationell faßbarer Erwägungen liegenden Zukunft überlassen bleiben."

3. Die primitive Technik der Nahrungsmittelproduktion.

a) Der Ackerbau.

Diesen gegebenen natürlichen Verhältnissen ist die Wirtschafts- und Produktionsweise des Eingeborenen auf eine ihm eigentümliche passive Art angepaßt, die im Gegensatz zu der aktiven Methode des Europäers steht, der sich nicht nur bemühen würde, die natürlichen Gegebenheiten auszunutzen, sondern für seine Zwecke umzugestalten.

Die in Afrika vorherrschende Form des Ackerbaues ist der wandernde Hackbau (shifting cultivation). Der Eingeborene säubert meist gegen Ende der Trockenzeit ein Stück Land von dem vorhandenen Baum-, Busch- und Grasbestand durch Kahlschläge und anschließendes Abbrennen. Zu Beginn der Regenzeit wird dann der Boden mit einer kurzstieligen Hacke bearbeitet und die betreffende Frucht angepflanzt. In der Regel wird auf dem gleichen Acker mehrere Jahre hindurch die gleiche Frucht angebaut, bis der Ertrag nachläßt. Dann werden neue Flächen in Bearbeitung genommen. Die alten Flächen läßt man einige Jahre brach liegen, um sie dann wieder in Benutzung zu nehmen. Diese Methode erfordert große Landflächen, da der größere Teil des Bodens als Brache liegen bleiben muß, um sich zu erholen. Außerdem kann der Kahlschlag und die zu einseitige Ausnutzung des Bodens zu einer derartigen Verarmung der oberen Bodenschichten führen, daß die schon einmal bebauten Flächen für eine wiederholte Benutzung nicht mehr in Frage kommen. Dann muß der eingeborene Hackbauer auf immer neue Flächen ausweichen, hinter sich wirtschaftlich unbrauchbare Gebiete zurücklassend.

Die Fruchtbarkeit des Bodens hängt von dem Vorhandensein bestimmter für die Ernährung der Pflanze erforderlicher Bodenbestandteile ab. Die wichtigsten sind Wasser, Stickstoff, Kali, Phosphor und Kalzium. Die Wasserversorgung fällt je nach der Gegend und Jahreszeit in Afrika sehr verschieden aus. Die Mineralstoffe bilden sich bei der Verwitterung der Gesteine, sie sind in großen Gebieten Afrikas nicht in ausreichender Menge im Boden vorhanden, was sich sowohl auf die Fruchtbarkeit des Bodens wie auf den Mineralsalzgehalt der Pflanzen in einer für die Nahrungsversorgung unerwünschten Weise auswirkt. Besonders wichtig ist der Stickstoffgehalt des Bodens. Dieser für den Aufbau der Pflanzen unbedingt erforderliche Stoff bildet sich bei der Zersetzung organischer Substanzen und kann daher durch natürlichen Dünger dem Boden zugeführt werden. Außerdem entsteht er durch die Tätigkeit bestimmter Bakterien, die den in der Luft enthaltenen Stickstoff zu binden vermögen. In dieser Richtung wirken sich die symbiotischen Bakterien der Leguminosen aus, so daß der Anbau solcher Pflanzen den Boden mit Stickstoff anreichert. Noch wichtiger ist eine andere Art selbständig lebender Bakterien, die aber nur in Funktion treten, wenn das Vorhandensein von Kohlenstoffverbindungen ihnen dazu Gelegenheit gibt. Die Bindung des Luftstickstoffs im Boden ist eine Begleiterscheinung der durch die Bakterien bewirkten Oxydation von Karbonaten. Während die symbiotischen Bakterien nur durch ihre Gastpflanzen mit den nötigen Kohlenstoffverbindungen versorgt werden, müssen die selbständig lebenden Bakterien diese Stoffe im Boden vorfinden, um zur Wirkung zu kommen. Deshalb ist unter normalen Verhältnissen die Stickstoffbildung auf einem wildwachsenden Feld stärker als auf einem bebauten und regelmäßig abgeernteten, da auf jenem die in den Pflanzen gebildeten Kohlenstoffverbindungen mit dem Welken und Absterben der Vegetation wieder auf den Boden zurückfallen und dort den Bakterien gewissermaßen den nötigen Brennstoff liefern. Die Tätigkeit der Bakterien ist ferner abhängig von einer nicht zu niedrigen Temperatur, sowie vom Vorhandensein von Phosphorsäure und Kalziumkarbonaten. Der Boden muß schließlich neutral oder etwas alkalisch sein. Saure Böden sind daher unfruchtbar.

Es wird nun verständlich, daß die Brache dem Boden Gelegenheit gibt, sich allmählich zu erholen. Der regelmäßige Kreislauf der Kohlenstoffverbindungen in einer von Menschenhand unberührten Vegetation regt die Bakterien zu einer Stickstoffbildung an, die reichlicher ist, als der Verbrauch der wild wachsenden Pflanzen. Daraus erklärt es sich, daß der Pflanzenwuchs in der freien Natur den Boden im Normalfalle nicht erschöpft. Bei der Brache ist ferner noch zu beachten, daß die wild wachsenden Gräser und sonstigen Pflanzen mit ihren Wurzeln häufig tiefer reichen als die vom Menschen angebauten Kulturen, so daß sie Mineralsalze wie Phosphorsäure und Pottasche aus den unteren Schichten in die oberen heraufholen.

Man kann also der primitiven Feld-Gras-Wirtschaft des afrikanischen Eingeborenen eine gewisse Zweckmäßigkeit zweifellos nicht absprechen, wenngleich sie häufig nicht in der Lage ist, eine dauernde Schädigung der Bodenfruchtbarkeit zu vermeiden. Schuld daran ist vor allem die Methode des Abbrennens, die der Eingeborene zur Säuberung seines Ackers vor der Feldbestellung gewöhnlich anwendet. Einmal ist diese Methode sehr unrationell, denn sie jagt durch die Verbrennung des Busch- und Baumbestandes eine Unmenge von Kohlenstoff- und Stickstoffverbindungen, die zur Anregung der Bakterientätigkeit und zur Bodendüngung ungeheuer wichtig sind, nutzlos in die Luft. Das einzig Positive an dieser Methode ist noch die Aschendüngung, die dem Boden wenigstens die entzogenen Mineralstoffe zurückgibt. Verhängnisvoller wirkt sich die Vernichtung der Pflanzendecke und des Baum- und Buschbestandes dadurch aus, daß sie dem Boden den so wichtigen Sonnenschutz nimmt. Denn eine zu intensive Sonnenbestrahlung vernichtet in dem ihr schutzlos preisgegebenen Boden das für die Stickstoffbildung so wichtige Bakterienleben und führt im übrigen zu einer unerwünschten Austrocknung der oberen Bodenschichten. Auf diese Weise kann die Fruchtbarkeit großer Flächen derartig gemindert werden, daß sie nur noch Raum für einen spärlichen Pflanzenwuchs gewährt, dem durch eine einsetzende erhöhte Bodenerosion unter Umständen völlig die Ernährungsgrundlage entzogen wird.

Der Regenfall ist in den Tropen meist von sehr plötzlicher und heftiger Natur. Ein ausgetrockneter und von der Pflanzendecke zum großen Teil entblößter Boden ist nicht in der Lage, die ungeheuren, plötzlich auf ihn einstürmenden Wassermassen aufzusaugen. Die Regenmengen sammeln sich an der Oberfläche, fließen ab und nehmen die fruchtbaren oberen Bodenschichten mit oder laugen sie aus. Was übrig bleibt, sind die weniger angreifbaren Eisensalze, die in großen Teilen Afrikas dem Boden die bekannte rote Färbung geben (Roterde, nicht immer mit Recht Laterit genannt).

Es wird nun auch verständlich, weshalb auf demselben Boden, auf dem seit Jahrhunderten Urwald gestanden hat, nach Abholzung des primären üppigen Waldbestandes nur noch ein spärlicher Sekundärwald wächst. Man muß bedenken, sagt Eichinger[1]), „daß der Urwald sozusagen eine historische Bildung ist, die sich in sich immer wieder auf dem schlechtesten Boden regeneriert. Das abfallende Laub liefert immer wieder Nährstoffe, die durch die Wurzeln der riesigen Bäume aus den tiefsten Schichten herausgeholt werden, und in seinem Schatten erwachsen, wenn auch unendlich langsam, immer wieder junge Bäumchen, die ihre Wurzeln langsam tiefer strecken, um in bessere Bodenschichten zu kommen."

„So hat sich allmählich unter jedem Waldbestande ein Beharrungszustand ausgebildet, der mit dem Boden an sich eigentlich kaum mehr viel zu tun hat. Der Boden ist in chemischer Hinsicht nur noch Standort, seine eigene Ernährung besorgt im Kreislauf des Werdens und Vergehens der Urwald selbst[2])." Schlägt nun der Mensch den Urwald ab, und verbrennt er die gewaltigen Holzmassen und organische Substanz der Blätter, dann jagt er damit den ganzen Stickstoff, den die Natur in jahrhundertelanger Arbeit in ihnen aufgespeichert hat, in wenigen Stunden in die Luft. Wird der Kreislauf des Urwaldlebens auf diese Weise unterbrochen, „so zeigen zwar alle Urwaldböden für eine Reihe von Jahren, nämlich solange die in den Oberflächenschichten vorhandenen Reserven reichen, insbesondere die Humuslage erhalten bleibt, eine gewisse, oft sogar große Fruchtbarkeit. Aber das ist eben auch nur solange der Fall, bis diese auch im besten Urwaldboden keineswegs großen Reserven erschöpft sind. In dieser im großen und ganzen 3—4 Jahre wohl nicht wesentlich überschreitenden Zeitspanne haben sich dann die Kulturen gut entwickelt und das in Jahrtausenden aufgehäufte Nährstoffkapital, dessen Zufluß mit dem Abschlagen des Waldes ein Ende erreicht hat, aufgebraucht.

Ist nun der Boden an sich reich, dann geht es auch weiter gut. Aber wegen der Selbstversorgung des Urwaldes braucht er es auch unter den stärksten natürlichen Beständen noch lange nicht zu sein. Er kann sogar ganz extrem arm sein, weil ja sein Gedeihen als Produkt tausendjähriger Entwicklung im Beharrungszustande gar nichts mehr mit den chemischen Bodeneigenschaften zu tun hat.

Auf derartigen Urwaldböden tritt dann ausnahmslos ein dem Pflanzer unbegreifliches, aber bei Würdigung der skizzierten Verhältnisse nur zu gut verständliches Versagen der Kulturen ein, die, im Anfang gut ernährt, sich nun plötzlich mit einem stark ausgebildeten Wurzel- und Stammessystem dem praktischen Nichts gegenübersehen. Der bisher gute Trieb stockt, Blätter und

[1]) „Erfahrungen mit der Düngung von Roterden in Deutsch-Ostafrika", Tropenpfl. 36, 12, S. 511. (80).

[2]) P. Vageler (330) S. 219.

Zweige fallen, oft kommt, namentlich bei Kaffee, selbst die erste Ernte gar nicht oder mangelhaft zur Entwicklung, und auf den geschwächten Kulturpflanzen macht sich in erschreckend kurzer Zeit ein Heer tierischer und pflanzlicher Parasiten breit[1])."

Diese Tatbestände lassen das Zukunftsbild der landwirtschaftlichen Produktion, also auch des Nahrungsspielraums für den Eingeborenen nicht besonders günstig erscheinen. Nimmt man hinzu, daß die Entwaldung eines Gebietes die allgemeinen Klimaverhältnisse verschlechtert und daß einige Forscher in diesem Zusammenhang glauben feststellen zu müssen, daß die Austrocknung des Bodens im Sudan ebenso wie in Südafrika im Fortschreiten begriffen ist, daß sich z. B. die Sahara immer weiter nach Süden ausbreitet, so muß das Urteil über die Anbaupraktiken der Eingeborenen und ihre Zukunftsaussichten eindeutig negativ ausfallen.

Allerdings darf man dabei nicht übersehen, daß der wandernde Hackbau vom Standpunkt des Negers häufig die einzig mögliche Anbaumethode ist; denn welche anderen Möglichkeiten stünden ihm bei seinen beschränkten Hilfsmitteln offen? Über künstlichen Dünger verfügt er nicht, und auch seine Versorgung mit Naturdünger ist sehr begrenzt, da für den Hackbauern die Viehhaltung im Urwald durch den Mangel an Weidefläche, in der Savanne durch die Verbreitung der Tsetsefliege auf etwas Kleinvieh beschränkt ist. Was bleibt dem Neger anderes übrig, als zur Aschendüngung seine Zuflucht zu nehmen? Auch mit der Beseitigung des Baum- und Strauchwerks würde er ohne die Hilfe des Feuers kaum fertig werden.

Stellt man die Vorteile und Nachteile des wandernden Hackbaus einander gegenüber[2]):

Vorteile	Nachteile
1. Land wird von Gras und Strauchwerk befreit;	1. Gefährdung der Humusbildung;
2. die Bodenbearbeitung wird erleichtert;	2. wichtige Bodenbakterien werden zerstört;
3. der Boden wird durch Asche gedüngt;	3. durch Vernichtung der Wälder: Austrocknung des Bodens und des Klimas;
4. Schlangen und anderes Gewürm werden vernichtet;	4. Vergrößerung der Bodenerosionsgefahr;
5. Wild wird von Flammen erfaßt oder flüchtet in tiefere Stellen, wo es leicht erledigt werden kann;	5. Minderung des Windschutzes.
6. grobe, weniger wertvolle Gräser werden vernichtet, Wachstum nahrhafter Arten wird gefördert.	

so erkennt man, daß die Vorteile ohne weiteres vom Eingeborenen erkannt werden können, da sie unmittelbarer, handgreiflicher Art sind. Dagegen setzt die Erkenntnis der Nachteile Einsichten in naturwissenschaftliche Zusammenhänge voraus, die vom Eingeborenen nicht erwartet werden können, zumal die nachteiligen Wirkungen meist erst auf längere Sicht erkennbar sind.

[1]) Vageler (330) S. 219/20.
[2]) Ergänzt nach D. Westermann: „Der Afrikaner heute und morgen", S. 66/67.

Nicht in allen Gebieten Afrikas sind die Anbaumethoden übrigens gleich primitiv. Manche Stämme haben eine Art von Fruchtwechsel. Manche kennen die schädliche Wirkung der Bodenerosion und versuchen von sich aus und auf ihre Art, Maßnahmen dagegen zu ergreifen. Die Schambala in Usambara z. B. verfügen über ein gutausgebildetes Bewässerungssystem.

"The African tradition of cultivation, although empiric, teaches methods of rotation of crops, of usage of soils, and means of fertilization and even sometimes antierosion measures, which, though they may not be suited to modern demands on the soil, are often well adapted to the prevailing conditions of labour and climate[1])."

Dort, wo Viehzucht und Ackerbau zusammenstoßen, konnte es zum Pflugbau kommen. Allerdings hat der Pflugbau sich in der voreuropäischen Zeit nur bei den Galla in Abessinien eingebürgert, die ihn wahrscheinlich von semitischen Völkern aus dem Norden übernommen haben. In allen anderen Gebieten, in denen man heute den Pflug in größerer oder kleinerer Zahl antreffen kann, in Uganda, Nord-Nigeria, Südafrika und auch in Angola[2]), ist der Pflug erst durch den Europäer eingeführt worden.

In Gebieten, in denen mit zunehmender Bevölkerungsdichte sich Landmangel bemerkbar gemacht hat, ist es ohne Pflugkultur zu einer intensiveren Bodennutzung gekommen. Westermann[3]) nennt als Beispiel die Kabure in dem Hügellande Mitteltogos. „Ihre an Abhängen gelegenen Felder sind durch Steinmauern geschützt; sie werden durch kunstvoll gezogene Gräben bewässert und mit Rindermist aus den Viehkraalen gedüngt. Das kleinste Stück Land wird genutzt, auch wenn vorher die Felsstücke in mühsamer Arbeit entfernt werden müssen. Das Land macht trotz seines gebirgigen Charakters den Eindruck eines großen wohlgepflegten Gartens." „Ähnliche Fälle eines wirklich hochstehenden Ackerbaus" fährt Westermann fort, „mit Grün- und Stalldüngung und Bewässerung, findet man in dicht bewohnten Gegenden Ostafrikas, so bei den Dschagga, auf Inseln des Victoriasees und in Kavirondo; sie zeigen, daß der Neger unter günstigen Bedingungen oder dem Druck der Notwendigkeit wohl imstande ist, seine landwirtschaftlichen Methoden zu verbessern."

Bei den erwähnten Dschagga, die zugleich Viehzucht und Hackbau betreiben, wird der Dung der Rinder zur Pflege der Bananen verwandt. „Daß das zunächst aus mythologischen und nicht aus rationalen Motiven geschah", schreibt Meinhof[4]), „scheint mir daraus hervorzugehen, daß bei manchen religiösen Übungen auch Milch an die Bananen gegossen wird."

Zwischen den Viehzucht treibenden Fulbe und den Hausa, die Ackerbauer sind, ist in Nord-Nigerien eine Art Düngerkontrakt üblich, auf

---

[1]) C. G. Trapnell u. J. N. Clothier: "The soils, vegetations and agricultural Systems of North Western Rhodesia", Lusaka 1937 (321).

[2]) Siehe O. Jessen (150) S. 175.

[3]) a. a. O. S. 68.

[4]) „Die Religion der Afrikaner in ihrem Zusammenhang mit dem Wirtschaftsleben". Leipzig 1926 (204).

Grund dessen der Ful sein Vieh in die Nähe des Hausabauern treibt, so daß dieser sich aus dem Viehkraal den Dünger für seinen Acker holen kann. Im allgemeinen ist aber die Verwendung des Düngers für Ackerbauzwecke den Eingeborenen unbekannt. So stapelt sich bei den Digo (im Hinterland von Tanga), die etwas Viehhaltung haben, in den Viehkraalen der Mist oft meterhoch, ohne daß sie etwas damit anzufangen wissen.

b) Die Viehwirtschaft.

Während der Hackbau die Wirtschaftsform der Negervölker ist, wird die Viehwirtschaft überwiegend von hamitischen Stämmen betrieben.

Wir wollen es in dieser Arbeit vermeiden, auf die rassenmäßigen Unterschiede der afrikanischen Eingeborenenbevölkerung einzugehen, da die Dinge hier sehr kompliziert liegen und ihre einwandfreie Darstellung einen zu breiten Raum einnehmen würde. Wir haben uns mit der Unterscheidung der Neger von den Hamiten begnügt und die Zwergvölker, die eine Jagd- und Sammelwirtschaft betreiben, wegen ihrer zahlenmäßigen Unbedeutendheit ganz außer Betracht gelassen.

Zwar kennt auch der Hamit in geringem Umfange den Hackbau, andererseits hat der Neger häufig Viehbesitz. Indessen werden durch den Hackbau der Hamiten nur zusätzlich für die Kinder, Frauen und Greise Nahrungsmittel beschafft, und vor allem unterscheidet sich die Stellung des Negers zu seinem Vieh grundsätzlich von der des hamitischen Eingeborenen. Die noch darzustellende religiöse Beziehung zum Vieh, die in so besonderem Maße die Wirtschaft der Hamiten charakterisiert, fehlt beim Neger. Höchstens daß sie sich bei einigen Negerstämmen finden ließe, bei denen ein kultureller und rassenmäßiger hamitischer Einschlag unverkennbar festzustellen ist. Für den Neger ist das Vieh Luxusgegenstand, mit dem er wenig anzufangen weiß und von dessen Pflege er im Gegensatz zum Hamiten häufig nicht das mindeste versteht. Im übrigen ist ursprünglich das Haustier des Negers nicht das Rind, sondern die Ziege gewesen.

Die Viehwirtschaft wird von den afrikanischen Eingeborenen hinsichtlich der Beanspruchung großer Bodenflächen noch wesentlich extensiver betrieben als der Hackbau. Der Viehzucht treibende Stamm der Masai beträgt in Kenya etwa 50 000 Köpfe. Die Kenya Land Commission schätzt in ihrem Bericht von 1933 den Rindviehbesitz des Stammes auf über eine Million. Sie nimmt an, daß auf eine Masaifamilie von fünf Köpfen etwa 74 Stück Rindvieh, 85 Schafe und Ziegen und 18 Esel kommen, meint aber, daß diese Ziffern eher zu niedrig als zu hoch gegriffen sind. Orr und Gilks[1]) schätzen den Viehbestand der Masai noch höher ein und rechnen mit 25 Stück Rindvieh und 50 Schafen und Ziegen pro Kopf der Bevölkerung. Mit diesen großen Viehherden bewohnen die Masai ein Reservat von etwa 15 000 Quadratmeilen (38 500 qkm), das entspricht einer Bevölkerungsdichte von etwa 1,2 pro qkm. Diese geringe Besiedlungsdichte ist keineswegs etwa auf einen besonders minderwertigen Boden zurückzuführen. Der Grund liegt vielmehr in den großen Vieh-

[1]) (228) S. 22.

herden, die eine entsprechend umfangreiche Weidefläche beanspruchen. Bei den benachbarten Ackerbaustämmen ist die Bevölkerungsdichte wesentlich höher. Bei den Kamba kommen, obwohl die Bodenverhältnisse wegen der stärkeren Bodenerosion möglicherweise etwas schlechter als bei den Masai sind, 20 auf den qkm. Bei den benachbarten Kavirondo erreicht die Bevölkerungsdichte 57 und bei den Kikuyu sogar 110 pro qkm.

Berücksichtigt man den offensichtlichen Landmangel dieser Ackerbauvölker und bedenkt man, daß die extensive Viehzucht die Masai auch nur in den Stand setzt, sich allerdings ausreichend zu ernähren, so wird deutlich, daß sich diese Wirtschaftsmethode mindestens genau so wenig wie der wandernde Hackbau mit einer produktiven Ernährungs- und Wirtschaftspolitik vertragen kann. Allerdings darf auch nicht vergessen werden, daß in den meisten von Hirtenvölkern bewohnten Gebieten unter den gegebenen Verhältnissen extensive Viehwirtschaft die einzig mögliche Wirtschaftsform ist. Die Einführung eines intensiven Ackerbaus würde zunächst einmal die Lösung des Bewässerungsproblems zur Voraussetzung haben, das ohne europäische Technik und europäisches Kapital in den seltensten Fällen zu bewältigen wäre.

Die Viehzucht der Eingeborenen ist von unserem europäischen Standpunkt alles andere als rationell. Das Hauptziel des viehzüchtenden Eingeborenen ist, eine möglichst große Viehherde zu besitzen. Von der Stückzahl seines Viehs hängt sein wirtschaftliches und soziales Ansehen ab. Auf die Qualität des einzelnen Rindes als eines Fleisch- und Milchlieferanten achtet er nicht. Vielmehr wird der Wert des Tieres häufig nach Merkmalen beurteilt, die bei unserm europäischen Vieh gerade nicht als Zeichen besonderer Leistungsfähigkeit gelten. So steigt bei den Watussi und auch bei anderen Stämmen Ostafrikas der Wert des Rindes mit der massigen Entwicklung der Hörner.

Das Vieh der Eingeborenen ist meist klein. Aber auch, wo es größer ist, wie bei den hamitischen Hirtenstämmen, ist es als Milchproduzent wenig leistungsfähig. Eine afrikanische Kuh gibt im allgemeinen weniger Milch als eine europäische Ziege. Die Folge ist, daß eine verhältnismäßig große Herde erforderlich ist, um eine eingeborene Familie zu ernähren. Ergänzend muß darauf hingewiesen werden, daß in den meisten Fällen die afrikanische Kuh deswegen so wenig Milch liefert, weil sie ohne vorheriges Ansaugen durch das Kalb sich nicht melken läßt. Das Kalb kann also nicht abgeschlachtet werden — der Eingeborene wird es übrigens sowieso nicht tun — will man nicht auf die weitere Milchlieferung verzichten. Bleibt es aber leben, so verbraucht es selbst den größten Teil der Muttermilch.

Diese Verhältnisse haben in Zusammenhang mit dem Eindringen der Europäer in manchen Gebieten zu einer Überstockung der Weideflächen geführt. Von dem Erscheinen der Europäer standen den Hirtenvölkern große Weideflächer zur Verfügung, die in ihrer Ausdehnung nur durch bewaldete und von der Tsetse-Fliege heimgesuchte Gebiete beschränkt waren. Kriege zwischen den einzelnen Stämmen, Krankheiten und andere natürliche Kräfte regelten den Bestand der Herden und den Umfang der Bevölkerung und sorgten dafür, daß Vieh und Bevölkerung im Verhältnis zu dem zur Verfügung stehenden Boden nicht zu zahlreich wurden. Mit dem Eindringen der Weißen änderte sich die Sachlage insofern, als| die Eingeborenen häufig in Reservate zurückgedrängt wurden und damit meist ihr fruchtbarstes Land verloren. Gleichzeitig hörten unter der Herrschaft der Weißen die Stammesfehden auf. Ebenfalls wurden die Viehseuchen bekämpft. Die Folge ist, daß heute der Viehbestand wesentlich stärker als die Bevölkerung zunimmt und die zur Verfügung stehenden Weideflächen nicht mehr für die Viehherden der Eingeborenen ausreichen.

Der Report der Kenya Land Commission von 1933 (S. 29, § 119) berichtet über die Verhältnisse im Kamba-Reservat: „In the Kamba reserve there are over a million acres, of which 32000 are under cultivation. Mr. Scott Little estimates that the reserve contains 190000 cattle, with 57000 calves, though he estimates its grazing capacity at no more than 60000 heads. There are also 260000 goats and 50000 sheep."

Die Überstockung der Weideflächen führt dazu, daß einmal die Qualität des an sich schon wenig wertvollen Eingeborenenviehs durch Nahrungsmangel noch weiter vermindert wird, daß zum andern aber durch zu intensive Abweidung der Bodenflächen eine weitgehende Vernichtung der Pflanzendecke eintritt, wodurch die Bodenerosion in ihrer verheerenden Wirkung auf die künftige Fruchtbarkeit des Landes gefördert wird. Die radikale Abgrasung der Weiden fördert außerdem die Verbreitung der unbrauchbaren Pflanzen und Kräuter: "Overgrazing has so far failed to destroy the grazing on the lower levels, up to say 7.500 feet; but above that level the concentration of stock driven out from the lower levels has resulted in the replacement over some hundreds of thousands of acres of the grass by the almost inedible Chrysocoma commonly known as „bitter Karoo" ...... Another result of overgrazing has been the spread of a plant of the ragweed family known as Senecio which is fatal to horses and has caused heavy mortality in some areas[1])."

Besonders unerfreulich wirken sich die großen Ziegenherden der Eingeborenen aus, die alles radikal abgrasen und mit ihren spitzen Hufen die letzten Reste einer Pflanzendecke zerstören.

"Of all live stock the goats are the worst offenders; they graze more closely, on bushes as well as on the grass, thereby never allowing forest growth to regenerate from seedlings, and their sharp feet break the surface[2])."

Der Nahrungsspielraum, der auf Grund dieser Verhältnisse den Hirtenstämmen zur Verfügung steht wird noch dadurch verringert, daß auch dort, wo die Herden groß sind, Vieh selten geschlachtet wird, Fleischnahrung also selten ist. Die Hauptnahrung ist Milch und Blut. Das Blut wird den lebenden Bullen abgezapft, so daß seine Gewinnung nicht das Schlachten des Viehs erforderlich macht.

Orde Browne schreibt über die viehbesitzenden Stämme Kenyas[3]). "Blood is drawn from living bulls by means of a stoped arrow, and this is caught in a bowl and mixed with gruel or other food, or occasionally drunk warm; ..." Und etwas später (S. 118) sagt er über die Methode des Blutabzapfens: "... a blocked arrow is used being fixed into the animals shoulder; the method is very much, that of the Masai, and there seems to be some reason for suspecting that the custom is really foreign in origin." Auch Orr u. Gilks berichten[4]) von der gleichen Methode

---

[1]) Financial and Economic Position of Basutoland, S. 6, zitiert nach A. D. Hall (127) S. 53.

[2]) Hall (127) S. 53.

[3]) "Vanishing Tribes of Kenya", London 1925 (224) S. 100.

[4]) (228) S. 22.

bei den Masai: "The blood is drawn from the living animal by puncture of the jugular vein with an arrow."

Das Rind ist bei den afrikanischen Eingeborenen in erster Linie Opfertier. Es wird daher fast nur bei festlichen oder feierlichen Anlässen geschlachtet. Bei solchen Gelegenheiten kommt es dann zu einem überreichlichen Fleischgenuß. „Selbst ein Besitzer großer Herden wird fast niemals ein Stück Vieh schlachten, nicht einmal ein überaltertes oder sonst unbrauchbares, nur um das Fleisch zu essen. Das geschieht höchstens aus besonderen Anlässen, wie Opfern, Beerdigungen... Rindvieh ist vielmehr reiner Besitz", schreibt Westermann[1]). Mit Rindern zahlt der Eingeborene, wenn Bußen zu entrichten sind. Rindvieh macht auch den Brautschatz aus, den er an seinen Schwiegervater zu zahlen hat. Dem Rinde kommt also vor allem eine religiöse und soziale Bedeutung und Funktion zu, erst in letzter Linie -- wenigstens bei den nicht ausgesprochenen Hirtenvölkern — spielt es bei der Nahrungsversorgung eine Rolle.

Augenscheinlich hat früher bei manchen Hirtenvölkern Afrikas ein ausgesprochener Rinderkult geherrscht. „Alte Felsbilder in Nordafrika scheinen darauf hinzudeuten, daß dort früher ein Rinderkult bestand. Spuren einer solchen Verehrung findet man heute z. B. ganz deutlich in den Gebräuchen und Überlieferungen der Schilluk, die von einer Urkuh als Schöpferin und von der heiligen Rinderherde des Nationalgottes Nyikang berichten. Der Einfluß derartiger oder ähnlicher Vorstellungen wirkt vielleicht nach in dem engen, fast persönlichen Verhältnis, das in Ost- und Südafrika der Viehbesitzer zu seinen Rindern einnimmt"[2]).

Das Vieh, mit dem der junge Eingeborene zusammen aufgewachsen ist, wird als Lebensgefährte und Freund betrachtet, über dessen Tod man oft ebenso sehr trauert, wie über das Hinscheiden eines leiblichen Bruders. Dieser so überaus sympathisch berührende Zug in der Beziehung zwischen den Eingeborenen und ihrem Vieh steht aber der Wirtschaftlichkeit der Viehzucht und der Nahrungsversorgung der Eingeborenenbevölkerung äußerst hinderlich im Wege. Denn unter solchen Umständen wird ohne Not natürlich kein Stück geschlachtet, und auch bei der Feldbestellung zu helfen, mag man dem „guten Freund" kaum zumuten.

So schreibt Hintze[3]) über die Dinka: „Geschlachtet wurde nie ein Rind, nur die gefallenen und verunglückten Tiere wurden verspeist, der Besitzer nahm aber nicht daran teil, da er durch den Verlust zu sehr ergriffen war. Durch Inzucht und Mangel an Salz war das Vieh jedoch degeneriert, das Fleisch war fettlos und hatte einen seifenartigen Geschmack."

Bezeichnend für die Einstellung der Eingeborenen ist ferner jener Ausspruch des Ba-Ila-Häuptlings, der, als er von Missionaren gefragt wurde, ob er sein Vieh nicht als Last- und Zugtiere benutze, zur Antwort gab: „Wie könnte ich so grausam sein und es arbeiten lassen[4])!"

---

[1]) a. a. O. S. 82.
[2]) Westermann a. a. O. S. 83. s. a. Meinhof (204). 76.
[3]) (139) S. 228.
[4]) Firth, "The sociological study of native diet", Afrika, 7, 4, 404/05 (88).

Diese persönlich-menschliche Beziehung zum Rind und dessen religiöse Funktion sind zweifellos die wichtigsten Gründe für den verhältnismäßig geringen Fleischkonsum der Eingeborenenvölker; denn an und für sich ist der Fleischgenuß bei ihnen sehr beliebt. Beim Opferschmaus wird dem Fleisch des Opfertieres auch reichlich zugesprochen. Denn unter solch ungewöhnlichen Umständen sind die Hemmungen, einen alten Lebensgefährten zu verzehren, wesentlich abgemildert, wenn nicht ganz beseitigt. Die Handlung hat durch die sie begleitenden rituellen Vorgänge eine höhere Weihe bekommen, und man kann nunmehr ohne Gewissensbisse dem physischen Bedürfnis nachgehen.

Es ist sicher nicht zufällig, wenn der Kannibalismus ebensosehr wie das Schlachten von Rindern, die ja ebenfalls eine vermenschlichte Stellung im Leben der afrikanischen Eingeborenen innehaben, von religiösen Handlungen und Opfern begleitet werden. Die psychischen Hemmungen, die der Eingeborene gegen den Genuß von Menschenfleisch[1]), ebenso wie gegen Rinderfleisch häufig (wenn es sich eben um das Fleisch eines alten guten Freundes und Lebensgefährten handelt) empfindet, können mit Hilfe des sakralen Vorganges überwunden werden. Das Essen wird dann eben zu einer Notwendigkeit und befohlenen Handlung, der sich der Eingeborene aus „höheren Gründen“ nicht entziehen darf.

Es ist zweifellos durchaus berechtigt, wenn Richards[2]) die psychologische Funktion, die das religiöse Opfer — allerdings wohl nur als Nebenerscheinung — hier gewinnt, besonders herausstellt: "The savage may want a certain type of food to satisfy the pangs of hunger and yet be reluctant to eat the object of so many complex emotional sensation. The resultant conflict usually finds solution in some form of sacralization of the particular food — some ritual act by which tradition prescribes that the food may be safely eaten... In the case of the cattleloving peoples of South Africa, this conflict is of course particularly acute, and a beast cannot be killed for meat without destroying what is, in effect a friend personal ... The rites which surround the killing of cattle among most Bantu peoples varying from refusal to kill cattle, to sacrificial slaughter on occasions like the birth, marriage, or death of an individual, and the ritual division of the animal killed."

Es wird nun auch erklärlich, wie es möglich ist, daß ein Stamm große Herden besitzen und trotzdem an schlechter Ernährung leiden kann. Bei den Vieh besitzenden Ackerbauern ist ein Eiweißmangel in der Ernährung eine regelmäßig beobachtete Erscheinung; denn gerade bei diesen Stämmen, die nicht unbedingt auf ihr Vieh als Nahrungsquelle angewiesen sind, ist der Viehbesitz häufig reiner Luxus. Zwar wird die Ziege, die gerade bei den Ackerbaustämmen an Bedeutung gewinnt, häufiger für Schlachtzwecke verwendet, als das Rind, aber in erster Linie ist sie doch Opfertier

---

[1]) Die Ansicht, daß das Essen von Menschenfleisch etwas Anrüchiges an sich habe, hat sich unter vielen afrikanischen Stämmen wohl nicht erst durch den europäischen Einfluß verbreitet. Niam-Niam, d. h. u. a. „Menschenfresser“ ist schon immer bei vielen Stämmen ein Schimpfwort gewesen, mit dem man mit Recht oder Unrecht gerne einen unbeliebten Nachbarstamm bezeichnet. Europäischer Einfluß läßt sich bei dem Vorliegen einer solchen Einstellung zur Anthropophagie nicht in allen Fällen nachweisen und ist noch häufiger wohl nicht alleiniger Erklärungsgrund.“

[2]) (251) S. 81.

für den „täglichen Gebrauch“. Sie ist außerdem als Zahlungsmittel „Kleingeld“, für Tausch- oder Geschenkzwecke bestimmt.

Neben der Ziege spielen Schaf, Schwein, Hund und Huhn als Haustiere noch eine Rolle. Das Schwein findet man in den Urwaldgebieten häufig, wie überhaupt in Westafrika. Es wird ebenso wie Schaf und Hund hauptsächlich seines Fleisches wegen gehalten. Allerdings kennt man in Kamerun auch Hundeopfer. Mengenmäßig kommt diesen Fleischquellen keine große Bedeutung zu. Der Hund, dessen Fleisch im Geschmack am meisten an Menschenfleisch erinnern soll, soll vornehmlich bei Stämmen zu finden sein, die früher auch Menschenfleisch nicht verschmäht haben. Das Huhn ist überall in Afrika anzutreffen, es dient aber ebenfalls vielfach Opfer-[1]) und Geschenkzwecken. Besonders häufig wird es bei Wahrsagerei verwendet.

4. Die ungenügende Ausnutzung der vorhandenen Nahrungsquellen.

Man sieht also, daß in Afrika viele soziale und religiöse Bräuche der Nahrungsversorgung hemmend im Wege stehen. Hauptsächlich sind dabei wohl religiöse Motivationen entscheidend, aber auch soziale Voreingenommenheiten und Vorurteile des Geschmacks und des Gewohntseins spielen keine geringe Rolle. Das Überwiegen einzelner Motive ist bei den einzelnen Stämmen sehr verschieden. Zudem sind die Beweggründe häufig gar nicht scharf voneinander zu trennen. Auf jeden Fall sind sie da und machen sich in der Ernährungsweise häufig sehr unangenehm bemerkbar, und wenn Richards und Widdowson für die Bemba feststellen[2]), daß sie ziemlich vollständig ihre Nahrungsquellen ausnutzen und keine wesentlichen religiösen oder sozialen Hemmungen kennen, die sie daran hindern, so ist das für die übrigen afrikanischen Stämme durchaus nicht als Regel anzusehen.

Aber auch für die Bemba wird sofort die Einschränkung gemacht[2]): “...they keep chickens, but do not use these for food, except for ceremonial occasions, or as presents of respect; not do they ever eat the eggs. Pigeons are kept but very rarely eaten even in times of hunger. ‘We like to see them flying about the village’, says the native, ‘it is a sign of a man of rank.’ Goats are kept in a number of villages but are not killed for ordinary domestic use, but accumulated as a mark of status, used as presents to chiefs, or dedicated to ancestral spirits.”

In Zusammenhang mit den religiösen Vorstellungen der Eingeborenen steht eine Unzahl von Tabuvorschriften, die den Konsum bestimmter Nahrungsmittel verbieten oder ihn nur bestimmten Personen im Stammes- oder Familienverband gestatten.

“A large number of taboos have reference to food, laying down what can and what cannot be eaten and the way of eating things .... The preparation of food is everywhere connected with ritual and magic and these associations increase rather than decrease among the higher primitives[3]).”

---

[1]) Meinhof (204) S. 73.
[2]) (252) S. 174.
[3]) Siehe Viljoen (334) S. 101.

Hierzu rechnet z. B. die Gewohnheit, beim Rinderopfer das geschlachtete Tier nach ganz bestimmten Gesichtspunkten unter die Familie und die Freunde aufzuteilen. Dazu gehört ferner die unterschiedliche Ernährung von Männern, Frauen, Greisen und Kindern, die häufig auch ganz bestimmten Formen unterworfen ist.

Orde Browne[1]) berichtet über einige Stämme in Kenya: "When an animal is killed, certain portions are considered the property of certain classes. The old men are entitled to the head unless they waive the right; they also eat the liver and the heart. The intestines are reserved for the women, as are the kidneys; scraps and bones go to the boys, though it is noticeable that they are usually pretty generous scraps. The marrow out of the larger bones is generally eaten by the old men. In the case of a bull, being killed, the neck is the peculiar property of the Warriors, while the chief exspects a shoulder. It will be noticed that the owner does not have much voice in the disposal of his property but he at any rate secures a good feed for himself and his friends."

Im allgemeinen hat man den Eindruck, daß die Männer sich durch die Tabuvorschriften die besten Bissen zu sichern gewußt haben. Aber nicht immer ist das, was dem Eingeborenen am schmackhaftesten erscheint, auch gleichzeitig das Gesündeste. So leben bei den Kikuyu die Männer hauptsächlich von Getreide und Knollenfrüchten. 60% ihrer Nahrung besteht aus Mais oder Hirse, 25% aus Süßkartoffeln. Dagegen essen die Frauen große Mengen Gemüse und reichlich mineralsalz- und vitaminhaltige grüne Blätter. Die Folge ist, daß bei diesem Stamm der Gesundheitszustand der Frauen besser ist als der der Männer[2]).

Die Chuka in Kenya essen so ziemlich alles, trotzdem gibt es auch bei ihnen einige Essenverbote[3]). Hyänen und Affen werden nur von Greisen gegessen, Schlangen dürfen nicht gegessen werden[4]), ebenso keine Vögel. Gleichfalls liegt ein Eßverbot auf Hühnern und Eiern. Vor allem aber darf ein Krieger keine Eier essen. „The result of such food is to turn the offender bald and pink, like an European, and it is carefully avoided."[3]) Dagegen gelten Heuschrecken als Delikatesse. Eine Abneigung gegen den Genuß von Eiern ist bei vielen Stämmen Afrikas anzutreffen. Manche Stämme scheinen die Eier für Exkremente des Huhns anzusehen. Wahrscheinlicher mutet die Erklärung an, daß der Eingeborene eine abergläubische Scheu vor dem geheimnisvollen Vorgang im Ei hat, aus dem nach einiger Zeit ein lebendiges Wesen zu kriechen pflegt[5]). Weit verbreitet ist auch die Meinung, daß der Genuß von Eiern der Fruchtbarkeit der Frauen schädlich sei. In Kamerun, wo das Huhn sehr verbreitet ist, essen die Frauen grundsätzlich keine Eier, da sie glauben, sonst keine Kinder gebären zu können.

Neben der Fruchtbarkeit der Frau gilt die Sorge der Essensvorschriften vor allem der Kraft und dem kriegerischen Mut des Mannes. Bei vielen

[1]) (224) S. 101.
[2]) Nach Orr und Gilks (228) S. 21.
[3]) Orde Browne (224) S. 98/99.
[4]) (224) Schlangen sind heilige Tiere und den meisten Stämmen Tabu.
[5]) So nach Proell (245) S. 45, der dem hinzufügt: „Im Zusammenhang hiermit sei auch erwähnt, daß sich der deutsche Forscher Eduard Vogel durch seinen großen Verbrauch von Hühnereiern das Mißtrauen der Bevölkerung Wadais zuzog und schließlich ermordet wurde."

Stämmen sind bestimmte Bohnen- und Gemüsearten[1]) dem Krieger verboten. Was sich nicht immer auf seinen Gesundheitszustand günstig auswirkt. Bei den Masai leben die der Kriegerkaste Angehörenden außer von einigen Wurzelarten und Rinden ausschließlich von Milch, Blut und Fleisch[2]). Auch bestehen bei manchen Stämmen Vorschriften darüber, ob bestimmte Nahrungsmittel zusammen genossen werden dürfen.

"All sections refuse to drink milk at the same time that they are eating meat; if any meat has been eaten, the subsequent drinking of milk will produce spots on the cow and calf. Three months must elapse between meat and milk, but it is also possible to purify oneself by eating a small bitter berry named 'ngeta', which grows on a large tree[1])." Leider ist nichts darüber bekannt, ob solche Vorschriften auch physiologische Gründe haben.

Vorschriften ähnlicher Art sind bei allen Stämmen in größerem oder kleinerem Umfange anzutreffen[3]). Auch bei den mohamedanisierten Eingeborenen haben sich solche Vorschriften — selbst wenn sie heidnisch-religiösen Ursprungs sind — vielfach erhalten. Bei ihnen kommen dann noch die mohamedanischen Essensgewohnheiten hinzu. So dürfen die nigerischen Mohamedaner keine Schweine, Affen, Esel, Pferde und Hunde essen, während die benachbarten heidnischen Volksstämme das Fleisch dieser Tiere genießen. Besonders negativ wirken sich diejenigen Verbote aus, die Hauptnahrungsmittel betreffen. So hat ein weit verbreitetes Vorurteil gegen den Fischkonsum unvorteilhaft die Ernährungslage mancher Eingeborenenstämme beeinflußt. Fische werden von vielen Eingeborenenstämmen mit Schlangen in Zusammenhang gebracht[4]). Das sind nach der Anschauung solcher Stämme Tiere, die mit der Unterwelt und bei einigen Stämmen auch mit Wasser und Regenfall in Verbindung stehen.

Indessen sind es, wie gesagt, nicht immer religiöse Motive, die dem Konsum vieler Nahrungsmittel im Wege stehen. Häufig liegen ganz anders begründete Voreingenommenheiten vor. Fische sind für manche Hirtenvölker nur die Nahrung von armen Fischervölkern. Sie können daher nicht genossen werden.

„Bei dem großen Hirtenvolk der Galla ist es keine Ehre, Fischer zu sein. Sie essen auch keine Fische, ebenso die Kaffitscho. ..... Bei den Suk werden die Fische nur von armen Leuten und von schwangeren Frauen verzehrt[5])." Allerdings schwingen auch hier wohl ursprünglich religiöse Motive mit.

Auch falsche Vorstellungen über die Giftigkeit mancher Nahrungsmittel sind weit verbreitet. So gilt der Fischgenuß bei manchen Stämmen als nicht bekömmlich[6]). Vielleicht beruht diese Ansicht häufig auf schlechten Erfahrungen, die der Eingeborene mit den in der tropischen Hitze verderbenden Fischen gemacht hat.

---

[1]) Orde Browne (224) S. 100.
[2]) Orr und Gilks (228) S. 22.
[3]) Eine Aneinanderreihung von Nahrungsgewohnheiten und ihren Motiven gibt für die ostafrikanischen Stämme Josef Flatz: „Die Kulturen Ostafrikas", Linz 1936.
[4]) Orde Browne (224) S. 98/99.
[5]) Flatz (91) S. 41 u. 40.
[6]) (91) S. 40.

Auch betreffs der pflanzlichen Nahrungsstoffe fallen die Ansichten der einzelnen Stämme sehr unterschiedlich aus. So schreibt Hintze[1]) über den Pfefferkonsum: „Während die Abessinier und alle Bewohner Nubiens Unglaubliches im Verschlingen von roter Pfefferbrühe leisteten, betrachteten die Neger Zentralafrikas den Pfeffer als Gift. Die ersten Ankömmlinge fanden bei den Gehöften Cayennepfeffer sorgfältig eingezäunt, aus Furcht vor Giftwirkung.“ Allerdings beruht diese Feststellung auf Beobachtungen, die Forschungsreisende im vorigen Jahrhundert gemacht haben. Heute hat sich die Einstellung der zentralafrikanischen Stämme zum Pfeffer in vielen Fällen schon längst gewandelt. Im allgemeinen scheinen Essensvorschriften in der Form direkter Verbote für pflanzliche Nahrungsmittel seltener als für tierische zu sein, jedenfalls sind für tierische Stoffe viel mehr derartige Verbote bekannt. Als einziges Beispiel für die Ablehnung einer wichtigen Nahrungspflanze durch die Eingeborenen ist mir die Voreingenommenheit, die die Kaffern gegen die Batate hegen, bekannt geworden. Die Bevölkerung des Timbulandes sieht in diesem Knollengewächs ein gefährliches Zaubermittel, da es jede andere Pflanze neben sich verdrängt, und ist daher nicht zu bewegen, die Batate als Nahrungsmittel anzubauen[2]).

Wenn man sich diese Fülle von gegensätzlichen Anschauungen über einzelne Nahrungsmittel bei den afrikanischen Eingeborenen einmal deutlich macht, so kann man wohl sagen, daß das englische Sprichwort „one man’s bread is another man’s poison“ wohl nirgendwo besser hinpaßt als nach Afrika. Aber trotz der Widersprüche, trotz des vielen Verzerrten, Phantasievollen und konservativ Sturen in den Anschauungen des Negers, muß man sich davor hüten, allzu vorschnell alle Gewohnheiten des Eingeborenen als falsch und unzweckmäßig abzulehnen. Wir Europäer wissen über die physiologischen Bedürfnisse des Negers noch recht wenig. Sicherlich decken sie sich nicht in jedem Falle mit den unsrigen. Noch weniger wissen wir über viele Pflanzen und Nahrungsmittel, die in der Eingeborenenernährung eine nicht unbedeutende Rolle spielen. Der Eingeborene kennt zweifellos seine einheimischen Gewächse besser als der Europäer. Manche seiner mineralstoff- und vitaminhaltigen Pflanzen hält er für besonders kraftgebend und hat damit ungefähr eine richtige Vorstellung von ihrer Bedeutung als Nahrungsmittel. So sind viele seiner Vorstellungen doch auch zweckentsprechend. Ehe der Europäer im Einzelfalle zu einem endgültigen Urteil gelangen kann, werden noch umfangreiche und ins einzelne gehende Forschungen angestellt werden müssen.

Immerhin zeigen die obigen Beispiele doch das eine, daß der afrikanische Eingeborene — vielleicht bereits ebenso wenig wie der Europäer — allein auf Grund seines Instinktes nicht zu einer richtigen Ernährungsweise kommen kann, daß also der Europäer, will er die Ernährungslage seines Schutzbefohlenen bessern, sich nicht mehr ausschließlich oder in erster Linie in seiner Ernährungspolitik davon leiten lassen kann, was der Eingeborene selbst in seiner Ernährung für bekömmlich und zweckentsprechend hält.

---

[1]) (139) S. 227. [2]) Nach Angaben v. C. Meinhof. Siehe auch (13).

5. Grundsätzliche Mängel in der Wirtschaftsweise des Eingeborenen.

a) Der Charakter des Eingeborenen.

Es ist ziemlich schwierig, über den afrikanischen Eingeborenen ein allgemeines Urteil abzugeben. Denn über keine afrikanische Erscheinung gehen die Ansichten der einzelnen Sachkenner so auseinander wie gerade über den Eingeborenen, über dessen Charakter und Mentalität, über dessen Befähigung zu geregelter Arbeit und wirtschaftlicher Denkweise die Urteile gerade der Kolonialpraktiker stark differieren. Der Neger ist faul, behauptet man und fügt dann eine Reihe von Ausnahmen hinzu, der Afrikaner ist konservativ, sagt man und sieht sich sofort gezwungen, eine Vielzahl von Beispielen anzuführen, wo sich der Eingeborene durchaus beweglich aufgeschlossen und anpassungsfähig gezeigt hat.

Die Gründe für solche verschiedenartigen oder stark einschränkenden Urteile liegen darin, daß einmal die Unterschiede innerhalb der Eingeborenenbevölkerung, auch innerhalb der Negerrasse, wesentlich größer sind, als man von Europa aus im allgemeinen anzunehmen geneigt ist.

Es liegt natürlich nahe, daß der Europäer aus dem Gefühl des Andersseins heraus dazu neigt, von vornherein auf eine einheitliche Andersartigkeit beim Eingeborenen zu schließen. Zudem macht er sich in den seltensten Fällen wohl die Mühe, den Eingeborenen wirklich zu verstehen, so daß auch das Urteil manches alten Kolonialeuropäers über den Eingeborenen recht oberflächlich ausfallen kann. Schließlich steht fest, daß das sehr verschiedene Verhalten der Europäer bei gleicher oder doch sehr ähnlicher Negerbevölkerung ganz verschiedene Charaktereigenschaften des Negers hat in Erscheinung treten lassen[1]), so daß sich in der Praxis eine sehr mannigfaltig nuancierte Verhaltensweise der Eingeborenenbevölkerung ergeben konnte.

Trotzdem ist es natürlich möglich, einige Grundtöne hinter den einzelnen Nuancen festzustellen. Und wenn man schon über ein gemeinsames Problem des tropischen Afrikas, über die schlechte Ernährungslage des Eingeborenen etwas aussagen will, dann muß man auch zu einem wenigstens ungefähren Urteil über den Eingeborenen zu kommen suchen.

Der Mensch hat zwei Möglichkeiten, mit Schwierigkeiten, die ihm aus seiner Umwelt entstehen, fertig zu werden. Entweder geht er aktiv zum Angriff über, versucht die Hindernisse zu überwinden, zu beseitigen, ja vielleicht sogar die Umwelt so umzugestalten, daß künftighin solche Hindernisse nicht mehr entstehen, oder er verhält sich, wenn er die Schwierigkeiten für unüberwindbar hält, passiv, nimmt sie in Kauf, sucht entstehende Unannehmlichkeiten zu ertragen und wartet darauf, daß sie von selbst vorübergehen werden. Welche Methode gewählt wird, hängt weniger von den äußeren Gegebenheiten als von der Charakterveranlagung der betreffenden Menschen ab. Diese unterschiedliche Verhaltensweise

---

[1]) Auf diese Zusammenhänge kann im Rahmen dieser Arbeit nicht näher eingegangen werden. Sie gehören zu dem allgemeinen Problem des culture contact, dem das Institut für Afrikanische Sprachen und Kulturen in London seit einigen Jahren seine besondere Aufmerksamkeit gewidmet hat. Siehe auch Hilde Thurnwald: „Unterschiede in der heutigen Lebensumstellung von Naturvölkern". Kol. Rdsch. 30, 3/4, 178—202. Okt. 1939.

ist nicht nur für die verschiedenen Individuen, sondern ebenfalls für die einzelnen Rassen charakteristisch. Es hat sicherlich manches für sich, wenn man den Charakter zumindestens der eigentlichen Negerrassen in Afrika als passiv bezeichnet; denn der Neger neigt wenig dazu, seine Umwelt nach eigenem Ermessen umzugestalten und entstehenden Hindernissen aggressiv zu Leibe zu gehen, sondern er zieht es meist vor, drohende Gefahren irgendwelcher Art, Hungersnöte oder Naturkatastrophen ohne viel Gegenmaßnahmen passiv über sich ergehen zu lassen.

Aber auch bei dieser passiven Art, auf äußere Einwirkungen zu reagieren, sind zwei ganz verschiedene Verhaltensweisen möglich. Man kann sich äußeren Einwirkungen und Einflüssen gegenüber ablehnend passiv verhalten, man kann aber auch ihnen gegenüber nachgeben, sich von ihnen formen lassen.

Ist die passive Verhaltensweise wohl der ganzen Negerrasse eigentümlich, so kann die Form, in der sich der passive Charakter äußert, bei den einzelnen Völkerschaften recht unterschiedlich ausfallen. Ob der Eingeborene in aufgeschlossener Weise (extravertiert) nachgebend sich Veränderungen seiner Umwelt anpaßt oder ob er sich vor ihnen (introvertiert), seine altgewohnte Lebensform wahrend, zurückzieht, daß kann bei einzelnen Stämmen und Individuen sehr verschieden sein. Nicht immer ist seine Weltoffenheit oder Verschlossenheit ausschließlich durch seine psychische Struktur bestimmt, häufig hängt sein Verhalten auch davon ab, wie das Neue aus der Umwelt auf ihn eindringt, ob es in einer Form geschieht, die ihm vertrauenerweckend scheint oder seine Phantasie in positiver Weise anregt, oder ob es in fremdartiger, beängstigender Weise auf ihn einstürzt. Wenn der Neger so verschiedenartig auf die Zivilisation reagiert, so liegt das nicht immer an seiner Einstellung sondern häufig an der Art, wie das Neue an ihn herangetragen wird.

Bei den kriegerischen hamitischen Hirtenstämmen kann man zwar nicht ohne weiteres von einem passiven Charakter sprechen. Aber gerade diese Stämme zeigen eine besonders ausgesprochen introvertierte Verhaltensweise, die sich in einer energischen Ablehnung alles Fremdartigen äußert. Meinhof[1]) kennzeichnet diese Haltung drastisch, wenn er sagt: „Nicht die eigentlichen Neger sind fremdenfeindlich, sondern vielmehr die Hirtenstämme, die den Fremden, auch den Europäer gern ohne besondere Ursache beseitigen, weil sie ihn eben für ganz wertlos halten."

Außerdem entwickelt auch der Hamit Aktivität nur in dem Umgang mit seinen Mitmenschen: er bildet stärkere und umfassendere Organisationen der Stämme (Staatenbildung) und sucht fremde Volksstämme zu beherrschen. In seinen Beziehungen zur Natur und in wirtschaftlicher Hinsicht verhält er sich meist genau so passiv wie der Neger.

b) Konservativismus und Einseitigkeit in der Wirtschaft des Eingeborenen.

Aus dieser passiven Grundhaltung des Negers und ihren beiden Äußerungsformen erklärt sich manches in seiner Lebens- und Wirtschaftsweise. Zwei charakteristische Merkmale seiner Wirtschaftsweise können

[1]) (204) S. 79.

sich katastrophal auf seine Ernährungslage auswirken. Das ist einmal die Einseitigkeit in seiner Wirtschaft, die durch religiöse Vorstellungen und soziale Gewohnheiten fest verankert ist, und das ist zum anderen die mangelnde Sorge für die Zukunft. Auf die verderbliche Wirkung der einseitigen Ernährungsweise ist schon verschiedentlich hingewiesen worden.

In Westafrika sind abgesehen von den Urwaldgebieten wegen der größeren Vielfältigkeit der Nahrungsmittelernten bei den Eingeborenen bessere Ernährungsverhältnisse festzustellen als in den übrigen afrikanischen Gebieten. Aber auch hier gibt es verhältnismäßig hoch stehende Stämme, die nur sehr einseitig von den vorhandenen Nahrungsmitteln Gebrauch machen. So gibt McCulloch in seiner Abhandlung über die Hausa und Stadt-Fullani die von der Bevölkerung verwendeten Nahrungsmittel an und stellt fest, daß, obwohl in dem betreffenden Gebiet in großer Mannigfaltigkeit Nahrungsmittel zu beschaffen wären, fast die ganze Bevölkerung von Hirsebrei, verwässerter saurer Milch und einer Suppe aus Blättern des Affenbrotbaumes lebt. Ähnliche Beispiele ließen sich in beliebiger Zahl beibringen. Wenn man nach dem Grund für diese Verhaltensweise fragt, so läßt er sich nur aus der passiven Introvertiertheit der Eingeborenen erklären. Bei dieser Einstellung wird der Eingeborene mit den vielfältigen Gefahren, die ihn in seiner Umgebung bedrohen (wilde Tiere, Naturereignisse, Hungersnöte, böse Nachbarn), da er sich nicht zutraut, sie aktiv zu bewältigen — und wahrscheinlich häufig auch tatsächlich dazu nicht in der Lage wäre — nur fertig, indem er sich eine psychische Schutzwand aufbaut. Diese Schutzwand bildet für ihn seine Religion, die ihm Scheinmittel liefert, um die Gefahren zu beschwören. Solche Mittel bieten ihm weiterhin die verschiedenen Gemeinschaftsformen (Stamm, Sippe, Familie), in denen er lebt und deren Gesetze und Lebensformen sein Tun und Lassen oft bis in die kleinsten Handlungen hinein bestimmen und so seine Aufmerksamkeit völlig in Anspruch nehmen. Auf diese Weise wird er mit der ihn ständig bedrohenden Lebensangst fertig, bindet sich aber gleichzeitig derartig in seiner Handlungsfreiheit, daß er jetzt erst recht vielen Gefahren ausgeliefert ist.

Dieser Neigung des Eingeborenen zur Flucht vor der Wirklichkeit entspricht dann sein ängstliches Bemühen in seiner Ernährungsweise und Anbaumethode sich streng an die Gepflogenheiten seiner Vorfahren zu halten und die überkommenen Bräuche auf keinen Fall durch die Ausnutzung neuer Möglichkeiten zu verletzen.

Die so entstehende Furcht vor jedem Fortschritt und ihre Folgen kennzeichnet Knak recht gut, wenn er sagt: „Der Stillstand, ja die unverkennbare Degeneration der Bantuvölker, die nicht erst aus ihrem Zusammenstoß mit dem weißen Mann datiert, sondern viel älter ist, hat ihre Ursache nicht allein in der Unterernährung — so sehen es heute vielfach die Ärzte an — sondern vor allem in der Furcht vor jedem Fortschritt[1]) zum Guten, weil jede Änderung der von den Ahnen gehüteten Sitte den Zorn der Toten erweckt. Der südafrikanische Schriftsteller Evans erzählt einmal, wie er bei einem weißen Farmer einen vortrefflichen schwarzen Aufseher

[1]) die sich ebenfalls verschlechternd auf die Ernährungsverhältnisse auswirken kann.

kennen gelernt habe, der die Farm seines Herrn in musterhafter Ordnung hielt und ihn zum Staunen über die glänzende Leistung des Schwarzen brachte, als der ihn über die Felder des Meisters führte. Um so mehr war er verwundert, als er den eigenen Acker des Eingeborenen ebenso verwahrlost daliegen sah wie alle Negergärten. Nach der Ursache gefragt, erklärte der Schwarze nur: „Das ist unsere Weise und das andere ist die Weise des weißen Mannes.“ Evans vergaß dabei hinzuzufügen, daß die eigentliche Ursache für diesen Stillstand in der Ahnenfurcht des schwarzen Mannes zu suchen ist[1]).“ Aber es darf auch nicht verkannt werden, daß dieser Ahnenfurcht ein psychischer Mechanismus zu Grunde liegt, dem, zum mindesten solange die Hilfe des Europäers nicht zur Verfügung stand, eine positive Funktion zukam. Denn nur dadurch war der Eingeborene häufig in der Lage, mit dem Leben fertig zu werden, daß er auf seine passiv introvertierte Weise das drohende Unheil, das er doch nicht abwenden konnte, über sich hereinbrechen ließ und sich damit begnügte, zu den wenigstens psychisch sichernden Hilfsmitteln seine Zuflucht zu nehmen.

c) Mangelnde Vorsorgewirtschaft.

Mit einem solchen „Konservativismus aus Lebensangst“ steht die mangelnde Vorsorge in der Eingeborenenwirtschaft keineswegs in Widerspruch. Man könnte versucht sein, zu meinen, daß ein „ängstliches Gemüt“ stets bemüht sein wird, künftigen Gefahren rechtzeitig durch praktische Maßnahmen zu begegnen. Aber das setzt einen Aktivismus voraus, den der Eingeborene nicht besitzt. Ebenso erfordert es eine Ausrichtung auf langfristige Ziele, die dem Eingeborenen nicht liegt. Geht es ihm gut, so ist er zu sehr Optimist, um viel an zukünftige schlechte Zeiten zu denken. Vielleicht liegt dieser Einstellung eine Jahrtausende alte Erfahrung zu Grunde, daß in der tropischen Natur doch alle Vorsorge vergebliche Mühe ist.

Außerdem sind die Eintönigkeit im Leben des Eingeborenen und der Nahrungsmangel während der Monate der Dürre so niederdrückend, daß in der Erntezeit, wenn die Nahrungsfülle einsetzt, der Ausgleich kommen muß und der Eingeborene in ausgedehnten Gelagen sich für die Mangelzeiten schadlos hält und wenig bereit ist, an die Zukunft zu denken. Der drohende Mangel wird erst beachtet, wenn die Zeit der ersten Fülle vorüber ist und die Vorräte sich schon zu sehr gelichtet haben, um noch die bevorstehenden Hungermonate völlig überbrücken zu können. Und so wird Hunger und Unterernährung als jahreszeitlich wiederkehrendes Schicksal auf sich genommen und recht und schlecht ertragen, bis mit der neuen Ernte der Kreislauf von vorne beginnt.

Darüber sagen Richards und Widdowson[2]): “The mere existence of food in great plenty, and in particular of an unaccustomed meat supply, is for the native a social event, a time of excess in the monotony of village life, a moment to stop the incessant planning of food. On such occasions it would be idle to persuade

[1]) „Die Rassenfrage in Afrika, besonders im Lichte der Eingeborenenpolitik Südafrikas“, in „Afrika, Europa und Deutschland“, Bd. 8/9, Stuttgart 1934 (162) S. 34.

[2]) (252) S. 173.

the native to dry meat and preserve it for a lean season. His delight consists essentially in having too much food, and in feeling too full. 'Our stomachs are rammed hard and tight' they say, pointing to the protuberance, which is in fact, visible. 'There is so much meat to-day that you can fall on it like a vulture without waiting for an invitation from anybody'." Ein ergänzendes Bild gibt Richards[1]), wenn sie schreibt: "Besides food also, the national beer is brewed from grain — a variety of intoxicating drinks prepared from mealies, millet, or sorghum. In our own community we do not have to choose between eating our staple food or turning it into beer. But in Bantu society, this is so; and such is the longing for excitement after the monotony of village routine that many tribes go short of food in order to drink."

Zweifellos wirken sich in gewissem Umfange auch die Schwierigkeiten, in den Tropen Nahrungsmittel zu konservieren, auf die Vorratshaltung der Eingeborenen aus. Aber sie sind dabei wohl nicht immer entscheidend. Die Eingeborenen haben in vielen Fällen schon eine recht brauchbare Konservierungstechnik ausgebildet, die ausreichen würde, die Monate des Mangels zu überbrücken, stünde nur ein ausreichender Wille dahinter, sie in entsprechendem Ausmaß anzuwenden.

Die Notwendigkeit und Möglichkeit der Konservierung sind bei den einzelnen Pflanzen und Nahrungsmitteln verschieden. Kassava kann das ganze Jahr über geerntet werden. Auch die Batate gibt in manchen Gebieten eine immer währende Ernte.

„Eßbare Knollen können bei entsprechender Anlage der Pflanzung während längerer Zeit geerntet und auf Vorrat in Erde eingeschlagen werden. Auch die Reife der Baumfrüchte erstreckt sich über mehrere Wochen und Monate. Das Korn dagegen reift in kürzerer Zeit und muß rasch geerntet werden, um Verluste durch Ausfallen der Körner zu vermeiden; es kann ferner unverändert nur trocken aufbewahrt werden. Man verwahrt es daher in Speichern, die entweder bedachte Gerüste oder Häuschen (Deutsch-Ostafrika) sind oder riesige Körbe (Ovambo) darstellen, während man anderwärts (Sudan) Tonurnen größten Maßstabes verwendet; alle diese Speicher stehen zum Schutz gegen die Bodenfeuchtigkeit erhöht, meist auf Pfählen, die einen Stabrost tragen[2]).

Noch eingehendere Angaben über einige korbähnliche Behälter bei Stämmen in Kenya macht Orde Browne[3]): "Grain is stored in large wicker-work jars, which are made by the women; radiating withes are fastened together at a central point, and twisted ropes of fine grass are then wound in and out in a spiral; the jar when finished is ovoid, with a mouth about twelve inches across, the greatest diameter being some three feet; but the dimensions vary greatly. The jar thus finished is set up on a little platform of sticks, and plastered with mud and cowdung; a lid is contrived, on the same lines as the body of the jar, and a little roof of grass shelters the whole from the weather. If the grain is not to be used for some while, the lid is cemented on with mud. This arrangement answers its purpose very well, holding a considerable quantity of grain, and keeping it fairly free from insects."

Weit verbreitet ist in Afrika die Methode, das Korn durch Räuchern vor dem Verderb zu schützen.

Darüber berichtet Weule[4]): „In tropischen Gegenden ist ... das Räuchern von Nahrungsmitteln kaum üblich; wohl ist man aber auf seine konservierende

[1]) (251).
[2]) Dtsch. Kol. Lex. Bd. III S. 719. [3]) (224) S. 103.
[4]) „Chemische Technologie der Naturvölker", Stuttgart 1922 (338) S. 20/21.

Wirkung angewiesen, um das Saatkorn durch die kritische Jahreszeit, nämlich die mit Feuchtigkeit übersättigte, an Pilzen und anderen Schädlingen überreiche Regenzeit hinwegzubringen. Man hat sich, seitdem man Neger und Indianerhütten kennengelernt, des langen und breiten über den Mangel an Fenstern, die Niedrigkeit der Tür und den Mangel an Abzugsmöglichkeiten für den Rauch des Herdfeuers aufgehalten. Betrachtet man diese Mängel einmal vom Standpunkt einer allerdings sehr stark abschweifenden Agrikulturchemie (?) aus, so werden sie ohne weiteres verständlich, ja verkehren sich direkt in Notwendigkeiten und Vorzüge. Jedem Besucher solcher Hütten fällt der glänzend schwarze, wie mit Teer gebeizte Überzug auf, der das Dachgebälke sowie alle darunter befindlichen, auf Gerüsten gelagerten oder an Haken hängenden Gegenstände bedeckt. Zwischen Ernte und Aussaat sind das nun vorwaltend Bündel aus Stroh und Blättern, deren Inhalt aus nichts anderem besteht als aus der so kostbaren Aussaat in Mais, Hirse, Reis oder was sonst an Körnerfrüchten angebaut wird. Was der Neger während desselben Zeitraums zu seines Leibes Nahrung und Notdurft gebraucht, bringt er in zylinderförmigen Behältern aus Strohseilgewinden, Korbgeflecht und dergl. unter, die innen und außen dick mit Lehm ausgestrichen werden und zum Schutz gegen Überflutungen und kleinere Nager stets auf Pfahlrosten stehen. Bei den Wanjamwesi und ihren Nachbarn südlich vom Victoria-Nyansa fertigt man diese Speicher zum Schutze gegen Termitenfraß aus bitteren Baumrinden an! Für das Saatgut reichen alle diese Schutzmaßnahmen indessen doch wohl nicht zu, andernfalls hätte man es nicht nötig gehabt, seine Zuflucht zu den chemischen Wirkungen des Räucherns .. zu nehmen."

Wesentlich schlechter ist es allerdings um die Konservierungsmöglichkeiten für Fleisch- und Fischmengen bestellt. Hier hat der Eingeborene mit wenigen Ausnahmen (Angola) kaum selbständig eine Technik entwickeln können, die ihn vor jahreszeitlichem Mangel schützen könnte.

d) Mangelnder Arbeitsaufwand der Eingeborenen.

Der Effekt der Eingeborenenwirtschaft wird weiterhin durch den für europäische Verhältnisse geringen Arbeitsaufwand der Eingeborenen beeinträchtigt. Dieser geringe Arbeitsaufwand beruht einmal darauf, daß dem Neger die intensive und ausdauernde Arbeitsweise des modernen Europäers unbekannt ist — ihm übrigens auch gar nicht liegt — zum anderen auf der Tatsache, daß bei den meisten Stämmen die Arbeit und vor allem die Nahrungsversorgung vornehmlich auf den Schultern der Frau ruht, während der Mann seinen „politischen Geschäften" nachgeht. Die Verhältnisse sind bei den einzelnen Stämmen allerdings außerordentlich verschieden. Die oft aufgestellte Behauptung, daß in Afrika die Frau das Arbeitstier des Mannes sei, wird den wirklichen Verhältnissen nur teilweise gerecht.

Die Frau des afrikanischen Eingeborenen „hat in der Familie und dem Gemeinwesen ihren fest bestimmten Platz und versteht ihre Stellung und ihre Rechte zu behaupten. Sie ist in erster Linie die Leiterin des Haushaltes, verantwortlich für dessen ordentliche Führung, für Beschaffung der Nahrung und für die Aufzucht der Kinder. Zwischen Mann und Frau besteht eine genaue Arbeitsteilung. Dem Mann fallen Aufgaben zu, die größere Körperkraft erfordern, wie Roden des Waldes oder Busches, Herstellung der Holzarbeiten beim Hausbau, Anfertigung der Einzäunung, Wegemachen und die Beschäftigung mit Großvieh. Feldarbeit ist zwischen beiden Geschlechtern verteilt; es gibt Stämme, in denen die Frau außer der Hilfe beim Pflanzen sich gar nicht an der Feldbestellung beteiligt, und andere, in denen sie fast die ganze Arbeit alleine zu leisten hat. Die Teilung der Arbeit ist durch Überlieferung festgesetzt, und weder Mann noch Frau wünschen von ihr abzuweichen[1])".

Etwas formelhafter stellt C. M. Doke[2]) die Arbeitsteilung zwischen Mann und Frau dar, wenn er sagt: "The sign of the man is the axe and the spear, and the sign of the woman is the hoe. This, to a great extent, determines the division of labour between the sexes. Hoe-work is women's work, though men may take a hoe to assist them. Axe-work is primarily men's work, though here again women may use an axe to assist them."

Zweifellos wird die Stellung, die die Frau im Stammesleben einnimmt, maßgebend davon beeinflußt, welchen Anteil sie an der Nahrungserzeugung hat. Bei Hirtenstämmen hat die Frau wirtschaftlich geringen Einfluß, da der Umgang mit Vieh als Männerarbeit angesehen wird. Das schließt nicht aus, daß die Frau gerade bei den Hirtenvölkern ein hohes Ansehen genießt. Aber einen wesentlich intensiveren praktischen Einfluß im täglichen Leben erreicht sie doch bei den Ackerbaustämmen, wo sie den größeren Teil der Feldarbeit verrichtet und sogar durch Verkauf ihrer Ernte zu eigenem Vermögen kommen kann[3]).

Die Frau bebaut meist neben dem Feld ihres Mannes auch ein eigenes Feld, dessen Nutzung ihr allein zusteht. Allerdings sind die Anschauungen über das Nutzungsrecht bei den einzelnen Stämmen wohl verschieden; denn G. G. Brown und A. McD. Bruce Hutt[4]) berichten über die Nahrungserzeugung und Verteilung bei dem Hehestamm (Deutsch-Ostafrika):

"When harvested, the crops are first dried and then put into food stores (chimba or Kisande). Each individual has his or her own store. The husband has the right to dispose of his store as he pleases; he may sell it or make presents to his kindred, particularly his sister or parents, if they are in danger of scarcity. If the number of a man's wives frees him from the labour of cultivating his own gardens, he still has his own stores, formed by the contributions of his wives. The stores of the women are not so completely their own property. They must supply the house-hold needs first; and, even if their is an unusually good harvest, and consequently a large surplus, they cannot dispose of any foodstuffs without the husband's consent; and the proceeds are usually shared with him. The man has complete ownership of his individual crops; the woman owns her crops jointly with her husband. Children possess their own strips from the time they are about 12 years old".

Je nachdem, ob der Ehemann auf dem Felde mitarbeitet und über wieviel Frauen er verfügt, wird die bestellte Ackerfläche einer Eingeborenenfamilie schwanken. O. T. Faulkner und J. R. Mackie[5]) schätzen die durchschnittliche von einem Eingeborenenfarmer bearbeitete Bodenfläche für Westafrika auf 3 acres. Brown und Hutt[6]) geben für den Stamm der Hehe in Ostafrika detailliertere Ziffern, wenn sie schreiben:

---

[1]) D. Westermann: Der Afrikaner heute und morgen S. 96.
[2]) "The Lambas of Northern Rhodesia" S. 96, zitiert nach J. M. Davis (60) S. 38.
[3]) Lord Hailey (126) S. 881.
[4]) "Anthropology in Action" London 1935 (30) S. 142/43.
[5]) "West African Agriculture", Cambridge 1933 (84) S. 25.
[6]) (30) S. 136/37.

"The actual area cultivated varies greatly. Some people are known to be industrious agriculturists, others cultivate a bare minimum, and a few run short of food regularly every year. It has been estimated that, in a soil of average fertility, a man with one wife and three children should cultivate about $3^1/_2$ acres to provide food, seed, and a surplus for sale. A limited number of measurements indicate that there is a considerable variation and that the above estimate may be on the low side, although some people will not cultivate even this amount. The following samples may indicate the variation.

1. One man with two wives and three children cultivated about $5^1/_2$ acres. According to the estimate, his minimum requirements are about 4,2 acres of this, the man himself cultivated slightly three quarters of an acre, one wife cultivated about 3 acres, and the other wife cultivated $1^2/_3$ acres.
2. Another man, with one wife and five children, cultivated 6 acres. His minimum requirements necessitated slightly under 5 acres.
3. A third man, with two wives and eight children cultivated just under 6 acres. His minimum requirements necessitated $7^1/_2$ acres. This family lives on short rations every year for two or three months before the harvest."

Das Übergewicht der Frau bei der Nahrungsmittelversorgung bedeutet aber nicht nur, daß die Ernährung durch ein etwaiges Brachliegen der männlichen Arbeitskraft auf einem unnötig niedrigen Niveau gehalten wird, sondern wirkt sich in mancher Beziehung sicherlich auch hemmend auf die technische Entwicklung des Anbaus aus. Die eingeborene Frau neigt noch mehr als der Mann dazu, auf die Wahrung traditioneller Gewohnheiten zu sehen. Neuerungen sind daher in einer von der Frau beherrschten Wirtschaft seltener zu erwarten als in einer Wirtschaft, in der der Mann den Ausschlag gibt.

Es wurde schon betont, daß der konservative Zug das charakteristischste Merkmal der Eingeborenenwirtschaft ist. Auch dort, wo der Europäer häufig geneigt ist, von der Faulheit der Neger zu sprechen, liegt häufig nur ein ängstliches Innehalten von überkommenen Bräuchen und Gewohnheiten vor. Zudem muß er sich in seiner Feldarbeit stark an die jahreszeitlichen Verhältnisse anpassen. In den Monaten der Dürre ist jede Feldarbeit ausgeschlossen. Im übrigen ist er gewohnt, daß der Ausfall der Ernte weniger von seiner Hände Arbeit als von den Zufälligkeiten der Natur bestimmt wird. Daher neigt er zum Fatalismus und fühlt sich um so mehr an die von den Vorfahren übernommene Arbeitsweise gebunden, deren Durchbrechung die Ahnen erzürnen und die Ernte in Gefahr bringen könnte.

Schließlich lebt auch der afrikanische Eingeborene nicht vom Brot allein. Genau so wie der Europäer wendet er den größten Teil seiner Zeit und Energie anderen Dingen als der Nahrungsgewinnung zu. Das Gemeinschaftsleben nimmt nicht nur den Mann, sondern auch die Frau in hohem Maße in Anspruch. Die Vorbereitung von Festen, Zeremonien und dergleichen erfordern oft einen beträchtlichen Arbeitsaufwand. Dabei handelt es sich keineswegs um bloße Vergnügungen, sondern meist um religiöse und soziale Verpflichtungen, die nicht unterlassen werden dürfen und nach Ansicht der Eingeborenen häufig gerade wirtschaftliche Auswirkungen haben (Erntefeste, Dankopfer an die Ahnen, Regenopfer usw.). Es ist also häufig weniger Trägheit als ein anderweitiges Inanspruchgenommensein, was den Eingeborenen veranlaßt seiner Nahrungsversorgung nicht die notwendige Aufmerksamkeit angedeihen zu lassen, obwohl auch eine gewisse Indolenz dem Charakter des Negers nicht abzusprechen ist.

Es ist schon im vorigen Kapitel darauf hingewiesen worden, daß für die mangelnde Aktivität des Eingeborenen häufig sein schlechter Ernährungszustand verantwortlich zu machen ist. Arbeitsaufwand und Ernährung stehen beim Eingeborenen Afrikas noch in einer engen, oft deutlich sichtbaren Wechselbeziehung. Wo schlechte Ernährungsverhältnisse vorliegen, ist daher die Lage besonders ungünstig, denn der schlechte Ernährungszustand vermindert die Energien des Eingeborenen, die ihm für seine Nahrungsversorgung zur Verfügung stehen und die ungenügende Versorgungslage wirkt wieder zurück auf die Ernährungsweise, so daß ein circulus vitiosus entsteht, der nur von außen her entweder durch eine zufällig gute Ernte oder durch das Eingreifen der europäischen Verwaltung durchbrochen werden kann. Aus eigener Kraft kann sich der Eingeborene aus einer solchen Situation dann nicht mehr befreien.

Dieses Problem wird dadurch noch verschärft, daß die Hauptarbeit der Feldbestellung in den meisten Gebieten grade in den Hungermonaten verrichtet werden muß. Wodurch die Bedeutung einer ausreichenden Vorsorgewirtschaft besonders unterstrichen wird.

Richards u. Widdowson berichten in diesem Zusammenhang über die Angehörigen des Bembastammes (Rhodesien): "After living on gourds and pumpkins during the hunger months, he definitely states that he cannot begin his garden work 'until we have reaped the millet, — until strength has come back to our arms'[1])."

"... it is important to note that while some of the hardest agricultural work of the men — the clearing of the bush — takes place during June, July, August, and September, the most plentiful months of the year as regards food, yet the heavy hoeing of the old millet gardens before planting them with groutnuts, and the re-hoeing of the village beds, should take place in the rainy months when food is short. During the season under observation there was no doubt that his work was insufficiently done, and the productivity of the gardens consequently deminished, and less ground put under cultivation[2])."

e) Wie ist die Wirtschaftsmethode des Eingeborenen zu beurteilen?

Will man zu einem abschließenden Urteil über die Wirtschaftsweise des Eingeborenen gelangen, so muß man zunächst einmal den Standpunkt sichern, von dem aus ein solches Urteil gefällt werden soll. Sicherlich läßt sich sehr vieles mit Hilfe des Europäers in der Wirtschaftsmethode des Eingeborenen zweckmäßiger gestalten. Von unserem europäischen Standpunkt aus zeigen sich dort viele Mängel und Lücken. Und so könnte man geneigt sein, seine Wirtschaftsweise uneingeschränkt negativ zu beurteilen. Will man aber der Eingeborenenwirtschaft als einer selbständigen kulturellen Leistung der afrikanischen Bevölkerung gerecht

[1]) (252) S. 172.
[2]) (252) S. 188.

werden, so darf man sie nur von den Möglichkeiten aus beurteilen, die dem afrikanischen Eingeborenen von der Umwelt, in die er gestellt war, geboten wurden.

Zweifellos sind Verschiedenheiten der Kultur im hohen Maße auf rassische Unterschiede zurückzuführen. Aber sicherlich sind gerade an der Prägung der afrikanischen Kulturen und des afrikanischen Lebensstils die Umweltverhältnisse stark mitbeteiligt gewesen. Rasse und Umwelt, „Blut und Boden", stehen in enger Wechselwirkung miteinander, und es ist häufig unmöglich ihre Auswirkungen im einzelnen voneinander zu trennen. Indessen haben die ungünstigen Bedingungen des tropischen Klimas und der afrikanischen Natur sich fraglos hemmend auf die Entwicklung der afrikanischen Kulturen ausgewirkt. Wir Europäer haben unseren Entwicklungsstand nur erreichen können, weil besondere rassische Fähigkeiten in einer günstigen Umwelt sich entfalten konnten. Ob die gleichen Germanen und Slaven, wenn sie vor 2—3000 Jahren ins tropische Afrika verschlagen worden wären, sich wesentlich über den Stand ihrer damaligen kulturellen Entwicklungsphase hätten erheben können, scheint durchaus nicht sicher zu sein. Ebenso darf es noch als ungeklärt angesehen werden, ob selbst eine Europäerbevölkerung vom heutigen kulturellen Entwicklungsstande in der Lage ist, in Afrika über Generationen hinaus ihr kulturelles Niveau zu halten. Beobachtungen, die man unter der südafrikanischen weißen Bevölkerung anstellen kann, scheinen möglicherweise auf eine kulturelle Degeneration hinzudeuten. Allerdings reicht das bisher vorliegende Erfahrungsmaterial für zuverlässige Schlüsse noch nicht aus.

Berücksichtigt man diese ungünstigen Umweltbedingungen, unter denen sich der Eingeborene entwickeln mußte, so sind seine kulturellen Leistungen durchaus beachtlich zu nennen. Auf seine Weise hat er es verstanden, sich trotz aller Schwierigkeiten seine Nahrung zu suchen, und mit den ihm zu Gebote stehenden Hilfsmitteln einer überaus launischen Natur das abzuringen, was er für eine vegetabile Lebensweise nötig hatte. Da der Eingeborene mit seinen Mitteln der Natur doch nicht wirkungsvoll beikommen konnte, gab es für ihn nur eine Möglichkeit: die afrikanische Umwelt als Schicksal auf sich zu nehmen und mit Hilfe religiöser und sozialer Lebensordnungen dieses Schicksal psychisch tragbar zu machen. Wenn auch gelegentlich gerade aus diesen Hilfsmitteln manch Nachteiliges für die Nahrungsversorgung und Existenz des Eingeborenen erwuchs, sie blieben doch Mittel, ohne die die ständige Lebensbedrohung für den Einzelnen gar nicht zu ertragen gewesen wäre. So ist im Rahmen eines in sich geschlossenen Lebenssystems des Eingeborenen seine althergebrachte Wirtschafts- und Lebensart als durchaus sinnvoll und zweckmäßig zu beurteilen.

Heute ist nun allerdings dieser in sich geschlossene Lebensbereich des Eingeborenen nicht mehr vorhanden. Europa ist in Afrika eingebrochen und ist im Begriff, sehr viele der alten Lebensordnungen der Eingeborenen zu zerstören. Europa hat aber mit seiner Technik ebenfalls die Möglichkeit gebracht, die Unberechenbarkeit der afrikanischen Natur zu meistern und vieles von dem erfolgreich zu bekämpfen, was früher für den Eingeborenen unabwendbares Schicksal war. Damit verliert vieles der alten Lebensart und Lebensformen, ebenso wie der gewohnten Wirtschaftsweise der Eingeborenen seinen ursprünglichen Sinn. Die passive Introvertiertheit des afrikanischen Eingeborenen, die früher eine Notwendigkeit, weil die einzig mögliche Verhaltensweise war, wird heute zu einer unerwünschten Charaktereigenschaft, die den neuen Verhältnissen und Lebensaufgaben nicht mehr angepaßt ist.

Mit Hilfe der europäischen Wissenschaft und Technik läßt sich z. B. durch Bekämpfung der Tsetsefliege die Viehzucht in Gebieten einführen, in denen sie bisher unmöglich war, lassen sich die Anbaumethoden verbessern, kann durch Bewässerungsanlagen die Landwirtschaft von unregelmäßigen Regenfällen unabhängig gemacht werden. Voraussetzung ist nur, daß der Eingeborene aus sich herausgeht und aktiv mithilft bei der umfassenden Verbesserung der Umweltverhältnisse und damit eine Verhaltensweise zeigt, die früher ohne die europäische Hilfe wenig Sinn gehabt hätte.

So wird vom Standpunkt der heutigen Aufgaben und Möglichkeiten nun allerdings vieles von den früher sinnvollen Wirtschaftsmethoden zum Unsinn, der bekämpft werden muß, um den Eingeborenen von dem Schicksal zu befreien, das ihm von der afrikanischen Natur auferlegt wurde.

Zweiter Teil:

Die Ernährungsverhältnisse des vornehmlich für die Ausfuhr arbeitenden Eingeborenen (des selbständigen eingeborenen Ausfuhrproduzenten und Lohnarbeiters).

4. Kapitel.

Die Wandlungen der Ernährungsweise und der Nahrungsversorgung der Eingeborenen unter dem Einfluß der europäischen Marktwirtschaft.

Der Einbruch der arbeitsteiligen europäischen Marktwirtschaft in die selbstgenügsame Sphäre der afrikanischen Eingeborenenwirtschaft hat hier mancherlei Wandlungen hervorgerufen. Auch die Ernährungsverhältnisse konnten von den Einflüssen der europäischen Zivilisation und Wirtschaftsmethode nicht unberührt bleiben. Mochte der Eingeborene sich als Lohnarbeiter in die Dienste des Europäers begeben oder mochte er selbst beginnen, über den Eigenbedarf hinaus für die Ausfuhr zu produzieren, auf jeden Fall mußte sich seine veränderte wirtschaftliche Lage auch auf seine Ernährungsverhältnisse auswirken.

1. Beim eingeborenen Ausfuhrproduzenten.

a) Die Spezialisierung in der Eingeborenenwirtschaft.

Die Entwicklung einer selbständig in den Händen der Eingeborenen liegenden Ausfuhrproduktion hat vor allem revolutionierend auf die Wirtschafts- und Lebensweise des Afrikaners eingewirkt. Sah er sich doch plötzlich den völlig neuen Verhältnissen einer Geldwirtschaft gegenüber, aus denen ihm zwar viele Vorteile erwuchsen, durch die aber gleichzeitig auch manche seiner alten Arbeits- und Wirtschaftsgewohnheiten entwertet wurden. Der Neger, der sich durch den Verkauf seiner Erzeugnisse plötzlich im Besitz ungewohnter Geldmengen befand, sah sich fast über Nacht in der Lage, sich mit vielem von dem zu versorgen, was er bis dahin nur vom Europäer her kannte.

Die vielfältigen bunten und gelegentlich auch einmal nützlichen europäischen Waren regten die Phantasie und Kauflust des Negers an und veranlaßten ihn, mehr für den Export zu produzieren, um noch mehr Geld zu verdienen und noch mehr kaufen zu können. Das führte dazu, daß der eingeborene Produzent immer mehr dazu überging, sich auf die Ausfuhrkulturen zu spezialisieren und den bis dahin überwiegenden Anbau von Nahrungspflanzen für den Eigenkonsum zu vernachlässigen. Lebensmittel konnte er sich jetzt ja ebenso wie alle anderen Waren etweder von anderen Eingeborenen oder vom europäischen Importeur kaufen. Eine so plötzlich ansteigende Nachfrage der Eingeborenen nach Nahrungsmitteln konnte natürlich nicht durch Produkte der betreffenden Kolonialgebiete selbst gedeckt werden. Denn die Nahrungsmittelproduktion hatte sich durch die Spezialisierung der Exportproduzenten verringert und die übrigen Eingeborenen konnten mit ihrer altgewohnten extensiven Produktionsmethode die entstehende Lücke nicht ausfüllen. So läßt sich bei den einzelnen Kolonialgebieten mit überwiegenden Eingeborenenkulturen eine wachsende Einfuhr von Nahrungsmitteln feststellen, die der Entwicklung der Ausfuhr ungefähr parallel läuft. Je mehr es zu einer Spezialisierung der Eingeborenenproduktion kam, desto stärker mußte auch die Einfuhr von Nahrungsmitteln zunehmen, wofür die Außenhandelsziffern der Goldküste ein gutes Beispiel geben.

Tabelle über die Nahrungsmittel-

in 1000 £	1913	1924	1928	1929	1930
Gesamtausfuhr	5 427	8 715	12 944	11 531	8 855
Kakaoausfuhr	2 489	7 250	11 230	9 704	6 970
Nahrungsmitteleinf., gesamt	304	958	1 431	1 160	1 080
Biscuits, Brot usw.	46	65	140	100	92
Fischkonserven	197	128	198	170	182
Fisch, getrocknet	? ?	60	80	88	84
Weizenmehl	80	212	293	248	217
Reis	111	162	202	181	208
Salz- u. Pökelfleisch } Fleischkonserven }	14	80	130	91	82
		107	216	148	104
Zucker	56	144	172	134	111

Nahrungsmittel-

Biscuits, Brot usw.	Cwts.	47 154	35 391	34 378
Fischkonserven	Cwts.	56 420	55 862	67 368
Fisch, getrocknet	Cwts.	39 039	47 134	49 083
Weizenmehl	1000 Cwts.	272	229	225
Reis	1000 Cwts.	233	214	265
Salz- u. Pökelfleisch	Cwts.	95 916	66 295	59 293
Fleischkonserven	Cwts.	51 666	34 656	24 128
Zucker	1000 Cwts.	120	107	103

In dieser Kolonie entwickelte sich die Kakaoproduktion von einem ursprünglich gemischten Produktionssystem immer mehr zu einem spezialisierten Anbau in Eingeborenenplantagen[1]).

In Kolonien, in denen sich die Ausfuhrproduktion langsamer entwickelte und auf einen größeren Raum verteilte, war ein interner Ausgleich eher möglich. So konnte sich in Tanganyika unter dem Einfluß der Weltwirtschaft eine Arbeitsteilung innerhalb der Wirtschaft der Eingeborenen entwickeln.

In diesem Gebiet werden jährlich etwa 100 000 Rinder zum Verkauf gebracht. Davon etwa je 30% in der Nord- und Seeprovinz und etwa 35% in der Zentralprovinz. Mit ansteigendem Verdienst haben sich hauptsächlich die eingeborenen Kaffeeproduzenten an einen höheren Fleischkonsum gewöhnt, so daß am Kilimandscharo 263 und Meru 67 Schlachterläden, die im Besitze von Eingeborenen sind, entstehen konnten. Versorgt werden diese Läden aus dem Mbuludistrikt, der 160 km südlich von Arusha liegt[2]).

[1]) O. T. Faulkner u. J. R. Mackie (84) S. 28.
[2]) Nach Fritz Lange, Dtsch. Kol. Ztg. Berlin 1935, S. 18.

b) Die Wechselbeziehung zwischen Nahrungsmittel- und Ausfuhrproduktion.

Eine Selbstversorgung der Kolonialgebiete ist natürlich nur in sehr beschränktem Umfange möglich. Denn, wenn der Eingeborene seine alte primitive Arbeits- und Anbaumethode beibehält — und das ist selbst

einfuhr der Goldküste.

1931	1932	1933	1934	1935	1936	1937
6 504	6 329	5 958	5 428	6 605	9 190	12 036
5 493	5 511	4 971	4 041	5 204	7 660	9 990
596	488	560	381	544	708	1 109
30	27	39	20	41	73	153
94	65	56	52	72	118	203
73	59	50	53	63	89	86
123	106	128	76	96	118	181
113	88	117	60	103	103	180
53	49	42	25	34	38	60
43	33	55	45	72	91	108
67	61	73	50	63	78	138

einfuhr in Mengen

10 367	7 892	13 578	7 062	16 240	30 681	61 617
38 824	25 459	24 196	21 821	31 069	55 196	92 454
40 103	41 666	44 270	47 642	49 555	61 910	59 262
162	126	174	106	128	153	182
190	146	218	144	226	234	343
43 805	41 532	37 047	23 620	31 263	31 739	48 466
11 145	10 067	21 361	19 550	31 895	37 651	39 214
76	68	85	66	87	105	178

unter den Ausfuhrproduzenten weitgehend der Fall — ist er vor die Alternative gestellt, entweder für den Markt zu produzieren und Nahrungsmittel zu kaufen (bzw. den Nahrungsbedarf einzuschränken) oder sich selbst mit Nahrungsmitteln ausreichend zu versorgen und dann auf die Marktproduktion zu verzichten. Nur sofern und soweit der Eingeborene schon früher mehr erzeugte, als er zur Deckung seines Nahrungsbedarfs brauchte, und sofern und soweit er heute durch erhöhten Arbeitsaufwand oder rationellere Produktionsmethode mehr als früher erzeugt, ist eine koloniale Selbstversorgung mit Nahrungsmitteln bei gleichzeitiger Ausfuhrerzeugung möglich.

Wenn sich beispielsweise in Ruanda-Urundi so schwer eine Exportproduktion in Gang bringen läßt, so liegt das nicht zuletzt daran, daß auch bei jenen fleißigen Volksstämmen eine zu starke Ausdehnung der Ausfuhrerzeugung auf Kosten der Nahrungsmittelproduktion gehen würde. Auf die Selbstversorgung mit Nahrungsmitteln kann in diesem Gebiete aber wegen der schlechten Transportverhältnisse, die eine Einfuhr von Massenprodukten für Ernährungszwecke unmöglich machen, nicht verzichtet werden. Und auch eine Einengung des Nahrungsspielraums ist bei der ungewöhnlich dichten Besiedlung des Gebietes, bei der eine Hungersnot katastrophale Formen annehmen muß, nicht zu riskieren. Selbstverständlich wirken sich die ungünstigen Transportverhältnisse auch unmittelbar auf die Ausfuhrmöglichkeiten hemmend aus.

Auch noch in anderer Hinsicht schränken die Verkehrsverhältnisse die Selbstversorgungsmöglichkeiten in den Kolonien weitgehend ein. Da fast sämtliche Gebiete des afrikanischen Kontinents verkehrsmäßig ungenügend erschlosssn sind, trifft ein interner Warenaustausch auf besondere Transportschwierigkeiten. Die gesamte koloniale Verkehrspolitik war ja bis vor wenigen Jahren fast ausschließlich von Exportgesichtspunkten bestimmt und beachtete kaum oder überhaupt nicht die Möglichkeiten eines Absatzes oder Austausches auf dem kolonialen Binnenmarkt. Eine Ausfuhrproduktion konnte sich nur in solchen Gebieten entwickeln, in denen ein Abtransport der Erzeugnisse an die Küste technisch wie wirtschaftlich möglich war oder möglich gemacht wurde. Diese Gebiete wurden damit auch für Nahrungsmittelimporte von der Küste her zugänglich, jedenfalls soweit es sich nicht um leicht verderbliche Lebensmittel handelte. Dagegen blieben die Transportmöglichkeiten zwischen den einzelnen Gebieten einer Kolonie häufig schwierig und kostspielig, so daß sich auch heute noch der Ausfuhrprodzuent häufig gezwungen sieht, allein aus Transportgründen aus Übersee das zu beziehen, was in der eigenen Kolonie zwar vorhanden, aber nicht transportierbar ist.

Kann man also feststellen, daß die Nahrungsmittelproduktion unter den gegebenen Verhältnissen fast in demselben Ausmaß zusammenzuschrumpfen pflegt, in dem die Ausfuhrerzeugung anwächst, so ist doch eine solche Entwicklung nur in Zeiten einer guten Konjunktur möglich. Setzt auf dem Weltmarkt ein Preisfall ein oder fällt die Ernte mehrere Jahre hintereinander besonders schlecht aus, so muß die Entwicklung rückläufig werden. Verringert sich der Erlös aus der Exportproduktion, so muß der Eingeborene notgedrungen seine Nahrungsversorgung selbst wieder in die Hand nehmen.

So schreibt Stockdale in seinem Report on his visit to East-Africa[1]) über die Nelkenproduktion Sansibars: "The last two clove crops have been small and in consequence there has been a market expansion in the area devoted to food crops. This is particularly noticeable in the case of rice and of cassava — which is a major food crop."

Allerdings ist solch eine rückläufige Bewegung praktisch nicht immer ohne Schwierigkeiten vor sich gegangen. Häufig war der eingeborene Ausfuhrproduzent in Krisenzeiten erst dann, wenn der Hunger ihn dazu zwang, geneigt, den Anbau von Nahrungsmittelkulturen wieder aufzunehmen. Bis zur Reife der Ernte konnte es dann leicht zu einer Hungersnot kommen. Die unerfreulichen Erfahrungen, die in dieser Hinsicht die Kolonialverwaltung in Gebieten mit starker eingeborener Ausfuhrerzeugung gemacht hat, haben mit dazu beigetragen, daß alle Kolonialmächte heute die Entwicklung reiner Monokulturen aufzuhalten und auszugleichen suchen.

So hat man in Sierra Leone und an der Goldküste den Reisanbau zu fördern gesucht. Wenn diese Bemühungen noch nicht weit über die

[1]) London 1937 S. 18.

ersten Anfänge hinaus gekommen sind, so liegt das unter anderem an den oben erwähnten ungünstigen Transportverhältnissen. In diesen Kolonien konzentriert sich die Nachfrage nach Nahrungsmitteln — entsprechend dem Standort der Ausfuhrkulturen und des Bergbaus — in ganz bestimmten Bezirken, so daß sich hier die Schwierigkeit ergab, verkehrsgünstig gelegene Anbaugebiete für den Reis zu finden. Die Kakaoproduzenten selbst waren beispielsweise weder bereit noch immer in der Lage, Reiskulturen anzulegen.

Mehr Erfolg hat man mit der Selbstversorgungspolitik in Nigeria gehabt, wo sich die Nachfrage nach Nahrungsmitteln bei einer dichten Bevölkerung gleichmäßiger über das Land verteilt und daher leichter aus der lokalen Produktion zu decken ist. Mehr Erfolg scheint man auch in den französischen Kolonien und im Belgischen Kongo mit einem direkten Anbauzwang für Nahrungsmittel bei den Ausfuhrproduzenten gehabt zu haben. Davon wird im letzten Kapitel noch zu sprechen sein.

c) Die Wirkungen der Ausfuhrproduktion auf die Ernährungslage der Eingeborenen.

Im ganzen gesehen, hat sich die Entwicklung einer selbständigen Ausfuhrproduktion der Eingeborenen also nicht in jeder Beziehung günstig auf die Ernährungsverhältnisse ausgewirkt. In denjenigen Gebieten, in denen die Marktproduktion der Eingeborenen noch nicht über die allerersten Anfänge hinausgediehen ist, und ihr Erlös für nicht viel mehr als für die Bezahlung der Kopfsteuer ausreicht, haben sich die Ernährungsverhältnisse sogar offensichtlich verschlechtert. Dafür ist allerdings nicht die Marktproduktion, sondern die rigorose Einziehung der Kopfsteuer verantwortlich zu machen. Nachteilig wirken sich die weltwirtschaftlichen Verhältnisse vor allem dort auf die Ernährung des Eingeborenen aus, wo die Nahrungsmittelkulturen gleichzeitig Ausfuhrkulturen sind wie in den großen Erdnußproduktionsgebieten Gambia, Französisch-Westafrika und Nigeria. Hier führt der Wunsch oder der Zwang, Geld zu verdienen, und die Vorliebe für eine einseitige Mehlnahrung den Eingeborenen dazu, gerade auf den Konsum derjenigen Nahrungsmittel, mit denen er seinen Eiweißmangel wenigstens teilweiss ausgleichen könnte, zu verzichten.

"Thus in Nigeria ground-nuts, which are grown over much of the country, principally for export, would help to make good the protein deficiency if developed as an article of internal trade and consumption, although the protein from ground-nuts is not of such high nutrative value as that from meat and fish[1])."

Immerhin darf nicht verkannt werden, daß die Chance des Geldverdienens den Eingeborenen veranlaßt, eine größere Bodenfläche anzubauen, um mehr als früher zu produzieren. Eine solche Produktionsausweitung muß sich im Normalfalle günstig auf den allgemeinen Lebensstandard wie auf die Ernährung des Eingeborenen auswirken. Der reichlich Geld verdienenende Neger kann sich eine vielfältigere Nahrung leisten als sein sich selbst versorgender Rassegenosse im

[1]) Worthington (351) S. 158.

Busch. Er kann sich das so sehr entbehrte Fleisch kaufen, ebenso Fische und Mehl in früher ungewohnten Mengen, und sieht sich nunmehr in der Lage, eine mannigfaltigere und das Jahr über gleichmäßigere Ernährungsweise einzuhalten. Daneben gibt er allerdings auch häufig genug frühere gesunde Ernährungsgewohnheiten auf und geht zu einer überwiegenden Mehl- und Konservennahrung über, die wohl an Kraft gebenden Stoffen reichhaltiger sein mag als seine ursprüngliche Ernährungsweise, der aber gerade die so wichtigen Schutz- und Ergänzungsstoffe (Vitamine) in weit höherem Maße fehlen, so daß der Nachteil den Vorteil oft überwiegt. Denn genau so wie bei den übrigen europäischen Konsumgütern, die den Eingeborenen zum Kauf angeboten werden, scheint auch bei den Nahrungsmitteln der Geschmack und die Vorliebe des Negers sich weniger auf die nützlichen Dinge zu richten als auf diejenigen Sachen, durch die sich seine Phantasie angeregt fühlt.

Es kommt also auf Art und Stärke des zivilisatorischen Einflusses an, ob der Eingeborene seine Ernährungsweise ändert. Im allgemeinen ist er in seinen Ernährungsgewohnheiten sehr konservativ. Er legt auch längst nicht so viel Wert auf gutes Essen („chakula“, „shop“) wie der Europäer auf Grund flüchtiger Beobachtungen annimmt. Die häufig gemachte Beobachtung, daß der Eingeborene alles herunterschlingt, was er an Eßbarem erreichen kann, ist in den meisten Fällen wohl auf bestehende physiologische Ernährungsmängel, nicht auf seine grundsätzliche „Verfressenheit“, wie so gern behauptet wird, zurückzuführen.

Man kann gerade bei Eingeborenen mit höherem Einkommen, etwa bei Eingeborenenlehrern in Ost- und Südafrika[1]), meist die Beobachtung machen, daß sie ihre alte, einfache „Buschernährung“ beibehalten, und ihr Geld anderweitig verwenden oder sparen, gelegentlich sogar dann, wenn diese Ernährung physiologisch nicht einmal zufriedenstellend ist.

Bei dieser Gelegenheit sei eine Nebenbemerkung erlaubt. Über keine Frage kann man grade von alten Afrikanern so entgegengesetzte Urteile hören wie über die Einstellung des Negers zum Essen und Trinken. Der eine behauptet, der Eingeborene sei „verfressen“, der andere, er sei genügsam. Der eine meint, er äße alles, der andere, er sei sehr wählerisch. Zunächst sind für den, der sich um eine selbständige Urteilsbildung über die Ernährungsweise des Eingeborenen bemüht, solch gegensätzliche Ansichten von Sachkennern ein wenig verwirrend. Dann ergibt sich aber bei näherem Zusehen, daß sie alle zum mindesten einen richtigen Kern enthalten. Der Eingeborene ist tatsächlich genügsam, insofern er notfalls mit viel weniger Nahrung auskommt als der Europäer. Aber er ist auch in gewisser Hinsicht „verfressen“, soweit er nämlich, wenn sich Gelegenheit bietet, durch übermäßige Nahrungsaufnahme bestehende Ernährungsmängel auszugleichen sucht. Der Eingeborene muß notgedrungen auch manchem europäischen Beobachter als Allesesser erscheinen, da er eben viele Dinge (Heuschrecken, Termiten, Würmer) ißt, gegen die der Europäer einen Abscheu empfindet, und er wird von vielen anderen für wählerisch gehalten, weil er viele Dinge nicht ißt, die wir Europäer als wohlschmeckend und bekömmlich sehr schätzen (z. B. Fische, Schokolade, Eier, Käse).

Bei der günstigen Beurteilung, die man gern der durch die Feldwirtschaft hervorgerufenen Ausweitung der Eingeborenenproduktion zukommen

[1]) Nach Angaben von P. L. Breutz.

lassen möchte, muß allerdings sofort eine Einschränkung gemacht werden. Sofern der Eingeborene seine primitive Bebauungsmethode beibehält, wird eine Produktionsvermehrung nur ein verstärkter Raubbau an der Produktionskraft des afrikanischen Bodens sein, und die Erhöhung des Lebensstandards überwiegend zu Lasten der Zukunft gehen.

Wie bedenklich sich die primitiven Anbaumethoden der Eingeborenen grade dann auswirken müssen, wenn sie nicht nur von dem sich selbst versorgenden Eingeborenen, sondern auch von dem meist viel mehr Land beanspruchenden eingeborenen Exportproduzenten angewandt werden, zeigt die Entwicklung mancher Gebiete in Westafrika, wo die Ausfuhrproduktion der Eingeborenen in den letzten Jahren besonders günstig angestiegen ist. Denn der Eingeborene, der an der Goldküste Kakao und im Senegal Erdnüsse für den Weltmarkt produziert, bearbeitet seinen Boden noch in derselben Weise, wie es seine Vorfahren, die nur für den eigenen Bedarf anpflanzten, auch sehon taten. „Wie eine ungeheure Walze", schreibt Waibel über das Senegalgebiet[1]), „schiebt sich so der Erdnußanbau durchs Land. Vor sich vernichtet er die Wälder, dann schafft er für einige Jahre blühendes Leben, und hinter sich läßt er unfruchtbares und verbranntes Land zurück". Ähnliches berichtet E. Mai[2]) über die Verhältnisse an der Goldküste: „Betrug der Landbedarf einer Familie bei der Waldbrandwirtschaft etwa 0,2—0,8 ha, so beansprucht die neueindringende Kakaokultur durchschnittlich eine Lichtung von $2^1/_2$ bis 4 ha. Hinzukommt weiteres Land für notwendige Nebengebäude, Trockenplätze und Wege, so daß an Stelle der bisher punktförmigen jetzt flächenhafte Rodungen treten. Damit entstand zwar in kurzer Zeit im bisher unerschlossenen Urwald eine Art Kulturlandschaft von früher unbekanntem Gepräge. Doch die Rückwirkungen dieser Eingriffe auf die Natur blieben nicht aus; sie äußerten sich z. B. deutlich in Störungen des Wasserhaushaltes, da die regulierende Wirkung des Waldes vermindert wurde, Bodenabschwemmungen, Vordringen von Savannenpflanzen usw."

2. Beim eingeborenen Lohnarbeiter.

a) Schwierigkeiten der Ernährung bei neu angeworbenen Lohnarbeitern.

Weder die Ernährungsweise der sich selbst versorgenden Eingeborenen im Stammesverband, noch die Ernährungsverhältnisse des geldwirtschaftlich orientierten Eingeborenenproduzenten waren der eigentliche Anlaß für das Entstehen einer kolonialen Ernährungspolitik. Aktuell ist das Ernährungsproblem in Afrika durch die Schwierigkeiten geworden, die sich aus der Ernährung des afrikanischen Lohnarbeiters ergaben. Der Eingeborene, an dessen Arbeitskraft als Lohnarbeiter größere Anforderungen gestellt wurden, als er es von Hause aus gewohnt war, mußte in europäischen Diensten auch besser ernährt werden als sein noch im Stam-

[1]) „Die Rohstoffgebiete des tropischen Afrika", Leipzig 1937, S. 284/85.

[2]) „Die Kakaokulturen an der Goldküste und ihre Sozialgeographischen Wirkungen", Berlin 1934 (198), S. 19.

mesverband lebender Rassegenosse, sollte nicht seine Arbeitskraft oder gar seine physische Existenz in Frage gestellt werden. War es somit nicht zweckmäßig — und übrigens häufig auch nicht möglich — den schwarzen Arbeiter in Minen und Plantagen und bei öffentlichen Arbeiten mit der Nahrung zu versorgen, an die er von Hause aus gewöhnt war, so ergaben sich aus der Plötzlichkeit und Zwangsmäßigkeit der Nahrungsänderung häufig neue Unzuträglichkeiten, die ebenfalls die Gesundheit und Arbeitskraft des Eingeborenen gefährden konnten und daher auf das sorgfältigste vermieden werden mußten.

Wurde dadurch das Ernährungsproblem bei der eingeborenen Lohnarbeiterschaft besonders kompliziert, so boten sich hier aber doch auch vielfältige Angriffspunkte für eine ausgleichende Ernährungspolitik, die beim selbständig lebenden Eingeborenen durchaus fehlen. Die Ernährungsverhältnisse des Eingeborenen ließen sich unter europäischer Aufsicht um vieles leichter kontrollieren und aktiv umgestalten, als es bei den im Stammesverband Lebenden möglich ist.

Man hat frühzeitig in Afrika die Erfahrung gemacht, daß bei neu rekrutierten Arbeitern sich der Gesundheitszustand in den ersten Wochen so verschlechtert, daß man sie entweder überhaupt nicht oder nur mit leichteren Arbeiten beschäftigen kann. Diese Erscheinung erklärt sich ohne weiteres wenn man sich vergegenwärtigt, daß sich der Lohnarbeit annehmende Eingeborene häufig in völlig neue und ungewohnte Lebensverhältnisse begibt. Die Fremdheit der neuen Umgebung, die ungewohnte Arbeit, die veränderten klimatischen Bedingungen (Temperatur und Höhenlage) müssen sich notwendigerweise auf den psychischen und physischen Zustand des Neuankömmlings auswirken. Wird ihm obendrein noch eine Nahrung vorgesetzt, an die er nicht gewöhnt ist, so kann es zu schweren Erkrankungen kommen, bei denen Todesfälle nicht gar zu selten sind[1]).

Sicherlich werden die Krankheiten, die unter den Neuankommenden auf einer Pflanzung beobachtet wurden, durch sehr verschiedenartige Faktoren verursacht. Daß dabei dem Diätwechsel entscheidende Bedeutung zukommt, ist durch Erfahrung in den letzten Jahrzehnten immer wieder bestätigt worden.

Eine besonders eigentümliche Erklärung gelegentlich vorkommender Krankheiten bei Neurekrutierten wurde mir von einem Pflanzer gegeben, der aus seinen Vorkriegserfahrungen in Kamerun berichtete. Wenn das von ihm angeführte Beispiel auch nicht viel mehr als ein Kuriosum darstellen dürfte, so zeigt es doch gut, wie vorsichtig man ohne genaueste Kenntnisse der tatsächlichen Verhältnisse und Vorgänge bei der Beurteilung einzelner Tatsachen und Erscheinungen sein muß.

Krankheiten, die durch Ernährungsveränderungen bei neuangeworbenen Arbeitern vorgekommen wären, seien ihm nicht bekannt, so erklärte mir der betreffende Pflanzer. Wenn es trotzdem gelegentlich vorgekommen wäre, daß im Lager der neu eingestellten Arbeiter fast nur kranke und schwache Individuen gewesen wären, so habe das einen ganz anderen Grund gehabt. Die im Kameruner Hinterland angeworbenen Arbeiter seien gewöhnlich unter der Aufsicht

[1]) Siehe Mandatsbericht von Tanganyika 1937.

einiger eingeborener Polizeisoldaten an die Küste geschickt worden. Unterwegs sei mit dem Arbeitertransport dann häufig folgendes geschehen:

Eingeborene, denen der Arbeitskontrakt leid geworden sei, seien geflohen. Die begleitenden Polizeisoldaten, die für die Überbringung einer bestimmten Anzahl von Arbeitern verantwortlich waren, hätten sich dann nicht anders zu helfen gewußt als in die am Wege liegenden Dörfer zu gehen, um sich dort zwangsweise den nötigen Ersatz zu beschaffen. In denjenigen Dörfern, in denen man mit dieser Ersatzrekrutierung schon schlechte Erfahrungen gemacht hatte, sei beim Herannahen eines Arbeitertransports gewöhnlich kein Mensch mehr außer den alten und kranken Leuten anzutreffen gewesen. Um die erforderliche Kopfzahl überhaupt zu bekommen, hätten die Polizeisoldaten dann auch Alte und Kranke mitgenommen. Die natürliche Folge war, daß mancher Transport bei seiner Ankunft an der Küste nur noch aus alten und kranken Eingeborenen bestand.

Daß mancher Anwerber sich dann wohl darüber den Kopf zerbrochen hätte, weshalb seine so gesunden und kräftigen Rekruten schon nach einigen Wochen so heruntergekommen ausgesehen hätten, so meinte der Pflanzer, wäre ihm durchaus begreiflich.

Die Umstellungsschwierigkeiten können bei den einzelnen Stämmen sehr verschieden sein. In Tanganyika hat man hauptsächlich bei denjenigen Neurekrutierten Erkrankungen beobachtet, die zu Hause von Nahrungsmitteln wie Bananen, Milch und Süßkartoffeln lebten, die in größerer Menge häufig nicht von den Pflanzungen beschafft werden können[1]). Aber selbst wenn man diese altgewohnten Nahrungsmittel hätte beschaffen können, würden sie wohl kaum für die härter arbeitenden Eingeborenen auf der Pflanzung ausgereicht haben. Man hat daher Rationen verteilt, die aus Maismehl, Bohnen und Fleisch bestanden und deren Nährwert durchaus zufriedenstellend war. Trotzdem hat man mit dieser Ernährung häufig Mißerfolge gehabt. Der Eingeborene war solche Kost nicht gewohnt. Verdauungsstörungen traten auf und waren häufig genug Anlaß für den Ausbruch von Epidemien.

Man ist daher dazu übergegangen[2]), die Nahrungsgewohnheiten der einzelnen Stämme und ihre Reaktionen auf bestimmte Diätwechsel festzustellen, um solche Erfahrungen bei einer Neuanwerbung und Verpflegung von Arbeitern berücksichtigen zu können. Man hat gleichzeitig versucht, die Eingeborenen schon in ihren Stammesverbänden an eine vielfältigere Ernährung zu gewöhnen, wobei man die auf den Pflanzungen gemachten Erfahrungen zu Grunde legte. Es ist auf diese Weise in manchen Fällen möglich gewesen, innerhalb einiger Jahre empfindliche Stämme gegen Ernährungsänderungen unempfindlich zu machen.

"A good example of such an alteration is afforded by the Haas of the Kigoma Province: first appearing in the labour market some four years ago, they were decidedly delicate on arrival and, if they were to be kept healthy, some special diet including bananas, was essential. Since they now seem far more resistant to disease, and thrive on the ordinary ration, returning home in excellent condition, they promise to form one of the most valuable elements in the labour market[3])."

[1]) Siehe Labour Report of Tang. Ter. 1929 S. 17.
[2]) Siehe Labour Report of Tang. Ter. 1930 S. 14.
[3]) Lab. Rep. Tang. 1930 S. 14.

In einer kleinen Broschüre hat Jerrard[1]) Angaben über die Ernährungsgewohnheiten, Ernährungsmängel, klimatischen Verhältnisse aller Stämme Tanganyikas zusammengefaßt. Wenn diese Zusammenstellung auch noch sehr lückenhaft ist, so gibt sie doch zweifellos den richtigen Weg an, der beschritten werden muß, um den Ernährungsschwierigkeiten der schwarzen Lohnarbeiter zu begegnen: die einzelnen Pflanzungen und Minenbetriebe müsssn durch genaue Erforschung der Lebens- und Ernährungsgewohnheiten der einzelnen Stämme in den Stand gesetzt werden, nur solche Eingeborenen anzuwerben, deren Nahrungsgewohnheiten man Rechnung tragen kann. Gleichzeitig zeigt sie aber auch die Notwendigkeit, mit der Ernährungspolitik schon bei den Ernährungsgewohnheiten der einzelnen Stämme anzusetzen und hier schon mit einem zweckmäßigen Wandel in der Nahrungsversorgung und der Ernährungsweise zu beginnen. Denn häufig sind die neu angeworbenen Arbeiter einfach unterernährt oder falsch ernährt, und es ist nicht der Diätwechsel, der bei ihnen Krankheiten auslöst, sondern es kommt lediglich eine latente Avitaminose oder Hypovitaminose oder allgemeine Unterernährung, die von der mangelhaften Stammesernährung herrühren, zum Durchbruch. Dann müssen die neu angeworbenen Arbeiter überhaupt erst durch ausreichende Ernährung in die erforderliche körperliche Verfassung gebracht werden, ehe man sie für Arbeiten verwenden kann.

Solange also die Ernährungsverhältnisse der einzelnen Stämme unbefriedigend bleiben, wird sich auch die Gefahr der Erkrankung für Neuangeworbene nicht völlig vermeiden lassen. Um diesen Verhältnissen in der rechten Weise entsprechen zu können, bringen die Pflanzungen die neurekrutierten Arbeiter in Sonderlagern unter, um durch besondere Verpflegung und allmähliche Gewöhnung an die neuen Arbeitsverhältnisse die Umstellungsschwierigkeiten für den Eingeborenen zu vermindern. Das geschieht keineswegs aus reiner Menschenfreundlichkeit, sondern weil solche Extraaufwendungen sich auch vom Standpunkt des europäischen Arbeitgebers durchaus lohnen. Ein Ausbruch von Epidemien unter den Arbeitern kommt dem Pflanzer viel teurer zu stehen als Extrarationen und Übergangslager für neuankommende Lohnarbeiter.

"So general is this condition (nämlich die Gefahr der Erkrankung) that many employers have adopted the system of retaining new recruits in special camps under observation and with a light regime of work; food may be adapted to their needs, and careful medical attention is paid to their condition. It is found that this greatly diminishes sickness, and the cost is thus economically[2])."

Auch in den Minen kennt man eine solche Übergangszeit, in der man den frisch Rekrutierten allmählich an die neuen Verhältnisse gewöhnt. Während des ersten Monats macht man ihm die Arbeit leicht, lehrt man ihn alles Wissensnotwendige: fremde Bezeichnungen, Geräte- und Maschinenbehandlung, Explosions- und andere Gefahren, Selbsthilfemaßnahmen und dergl. und gewöhnt ihn in derselben Zeit an die neue Ernährungsweise.

[1]) "The tribes of Tanganyika. Their districts, usual dietary and pursuits", Daressalam 1936 (149).
[2]) Orde Browne: "The African labourer" (222) S. 96.

Speerpoint berichtet über seine Erfahrungen in der Kupfermine Roan Antelope (Nord Rhodesien)[1]:

"It is most noticeable that natives arriving here to seek work are in general in an underfed condition, and it takes from six weeks to two months to get them into a well-fed state, and it is only then that they are physically able to pull their weight at work. A native newly engaged is given his work ticket stamped with the words "First Ticket Boy", so that the European to whom he is allocated, will not expect too much from him until his novitiate period is over."

Gelegentlich sieht man sich sogar gezwungen, den Angehörigen besonders empfindlicher Stämme während der ganzen Dauer der Arbeitszeit eine Extraverpflegung zukommen zu lassen[2]).

b) Die Wirkungen der Lohnarbeit auf die Ernährungslage des Eingeborenen.

Das Interesse, das der Europäer selbst an der Gesunderhaltung seiner schwarzen Arbeiter hat, hat zusammen mit der weitgehenden Kontrolle der Rationsverpflegung durch die Kolonialverwaltungen in den letzten Jahren dazu geführt, daß die Ernährungsverhältnisse der Lohnarbeiter wesentlich besser sind als die in den Eingeborenenstämmen. Jedoch wird man sich mit dieser allgemeinen Feststellung nicht begnügen können, will man die Wirkung der Lohnarbeit auf die gesamte Ernährungslage des afrikanischen Eingeborenen beurteilen.

Von Seiten der Kolonialverwaltungen wird häufig darauf hingewiesen, daß die schwarzen Arbeiter in Plantagen und Minen meist eine bessere Ernährung finden als sie von Hause aus gewöhnt sind, und daß die Lohnarbeit für den Eingeborenen eine Zufluchtsstätte vor Nahrungsmangel und Hungersnot sei.

So führt der Lab. Rep. Tang. (1930 S. 13) aus: "It is now possible to say that during a large part of the year the worker is decidedly better fed on a well managed plantation than he could be in his own village. Certain batches of labourers on contract were carefully watched and inspected on their return home from work, when they were found to have improved markedly in physic and strength. There is good ground for believing that the native himself is noticing an appreciating this and they certainly attach great importance to the ration on any estate, and the roadside discussion of this question has much influence on the flow of labour to the plantation concern."

Und im Bericht von 1928 (§ 136) heißt es: "It is clear that if a good well-balanced ration is supplied to employées who in their own home might be living on a diet deficient in certain elements, a real boon is conferred on the tribe concerned; the men themselves realize this to a considerable extent; it is not uncommon for a man to say that he is going to look for work because food is growing scanty at home and this practise must releave the situation in the villages appreciably, especially in years of real shortage. The oft repeated statement that a tribe suffers when any more than a very small proportion of its menfolk leave to seek work, must be considered in the light of the conditions which those men are leaving behind them; it may well prove that the migration is for the benefit of the whole community, if not too prolonged."

---

[1]) Suppl. Journal Roy. Afr. Soc., July 1937 (286) Seite 29.
[2]) Siehe Mandatsbericht von Tanganyika 1937.

Ebenso sagt Orde Browne[1]), daß viele Arbeitssuchende als Grund für ihre Wanderung Nahrungsmittelknappheit im Heimatsdorf angäben.

Sicherlich ist es richtig, daß der Eingeborene nach ein oder zwei Jahren häufig besser ernährt zu seinem Stamme zurückkehrt, daß er manche neuen Nahrungsmittel mitbringt und durch ihn manche alteingewurzelten Vorurteile und Ernährungsgewohnheiten unter den Stammesgenossen erschüttert werden[2]). Ob aber die Abwanderung von Stammesangehörigen zur Lohnarbeit den Nahrungsspielraum der Zurückbleibenden vergrößert, darüber gehen die Ansichten sehr auseinander. Der Grund für die unterschiedliche Beurteilung dieser Frage ist leicht einzusehen.

Verläßt der Arbeiter sein Dorf in Mangelzeiten, so wird kurzfristig gesehen durch sein Fortgehen die Nahrungsversorgung der zurückbleibenden Familie wesentlich erleichtert. Ob das auch langfristig der Fall ist, dürfte sehr fraglich sein. Denn bei der nächsten Feldbestellung fehlt schon die Arbeitskraft des Mannes, was sich auf den nächsten Ernteertrag auswirken muß. Allerdings wird diese Wirkung bei den einzelnen Stämmen sehr unterschiedliche Bedeutung haben, je nachdem wie sehr sich der Mann an der Feldbestellung und Nahrungsversorgung der Familie zu beteiligen pflegte. Immerhin kann die Lohnarbeit nur dort positiven Einfluß auf die Ernährungslage der zurückbleibenden Stämme gewinnen, wo die Abwanderung der männlichen Bevölkerung eine gewisse Höchstgrenze nicht überschreitet, und wo sich die Abwesenheit der Männer nicht zu lange ausdehnt. Der Anteil der männlichen arbeitsfähigen Bevölkerung, der ohne Gefährdung des Stammeslebens auf längere Zeit vom Heimatdorf abwesend sein kann, wird etwa bei 20% liegend angenommen.

Am günstigsten liegt natürlich der Fall dort, wo sich die Arbeitsstelle, Plantage oder Mine in der Nähe des Heimatdorfes befindet, so daß der Arbeiter täglich oder wöchentlich oder doch gelegentlich in der Zeit der Feldbestellung in sein Dorf zurückkehren kann, um hier beim Nahrungsmittelanbau mitzuhelfen.

Wo, wie bei den Stämmen der Asenga, Achewa, Awemba, Awisa u. a. im Osten und Nordosten von Nordrhodesien, die sich erfahrungsgemäß gut für Bergwerksarbeit eignen, periodenweise alle arbeitsfähigen Männer, das macht dort $^{1}/_{10}$ der Gesamtbevölkerung aus, fort sind, muß notgedrungen die Ernährung der Stämme häufig gefährdet werden. Denn die dafür einkommenden Arbeitslöhne stellen kein vollwertiges Äquivalent dar, weil sie häufig vorzeitig für andere Zwecke ausgegeben werden.

Daher beurteilt E. W. Smith auf Grund der Verhältnisse in den Minengebieten Zentral- und Südafrikas die Wirkung der Lohnarbeit auf die Ernährungslage der zurückbleibenden Stammesangehörigen absolut negativ: "If fifty or more percent of the adult males are absent from their villages for long periods, it stands to reason that, while they themselves may benefit from the dietary of the mines, their families must suffer because sufficient land to supply them with food is not cultivated[3])." Auch Coult berichtet ähnliches über den Entzug männlicher

[1]) (222) S. 96.
[2]) (222) S. 97.
[3]) Journal of Royal Afr. Soc. 1938, S. 301.

Arbeitskräfte, wenn er schreibt[1]): "The preparation for planting is left in the unaccustomed hands of women and children. Treecutting is man's work; women, except in dive necessity, never engage in it. Cassava must be planted in plots serially for three years in order to have a continual supply. The absence of the planter for a year means that two years of the staple food supply has been cut off. Preparation of the wooded land as planting is neglected, or the gardens are so reduced in sipe as to be insufficient to meet the needs of the family, and famine periods are extended or the work on his return must turn over his wages and luggage for food."

Die Abwanderung der Männer in die Minen und Großplantagen und der dadurch verschärfte Nahrungsmangel führt in Zusammenhang mit der Auflösung der Familien und Stammesverbände außerdem häufig dazu, daß auch die Frauen die Heimatdörfer verlassen, um ebenfalls bei den Minen und Plantagen ihren Unterhalt zu suchen, indem sie dort mit dem eigenen Manne oder mit fremden Männern zusammenleben. Diese Entwicklung hat gelegentlich schon zur Auflösung ganzer Dorf- und Stammesgemeinschaften geführt. Das hat aber außer katastrophalen sozialen Folgen auch noch eine ernährungspolitische Bedeutung. Solange die Heimatstämme bestehen und der Lohnarbeiter und seine Familie die Verbindung mit ihnen noch nicht verloren haben, ist ihnen für Krisenzeiten stets eine Zufluchtstätte sicher, wo sie wenigstens ihre Nahrungsversorgung im Notfalle finden können. Fehlt ein solcher Rückhalt, so ergibt sich, wenn größere Arbeiterentlassungen nötig werden, sofort die Frage, wo nun die Arbeitslosen unterkommen sollen, wo sie ihren wichtigsten Lebensunterhalt, ihre Nahrung finden sollen, es ergibt sich damit häufig die Aufgabe solche sozial entwurzelten Arbeitslosen neu anzusiedeln, will man nicht — was völlig unmöglich und unsinnig wäre — nach europäischem Muster auch in Afrika zu einer Arbeitslosenunterstützung übergehen.

All diese äußerst komplizierten Probleme lassen sich vermeiden, wenn man rechtzeitig die Gefährdung der Existenz der eingeborenen Dorf- und Stammesgemeinschaften verhindert und eine übertriebene Abwanderung der männlichen Bevölkerung zur Lohnarbeit vermeidet. Kein Wunder, daß der Generalgouverneur von Belgisch Kongo Ryckmans im Sommer 1938 trotz des Protestes vieler seiner Landsleute kategorisch erklärt hat, daß das Arbeiterreservoir der Kolonie restlos erschöpft sei und daß daher zukünftig kein Arbeiter zusätzlich mehr angeworben werden dürfe.

---

[1]) (60) S. 103.

5. Kapitel.

Methoden der Nahrungsversorgung des Lohnarbeiters in Plantagen- und Minenbetrieben und ihre Probleme.

1. Die verschiedenen Verpflegungssysteme.

Auf die Gestaltung und Gestaltungsmöglichkeit der Ernährungsverhältnisse wirkt sich in entscheidender Weise aus, in wessen Händen die Nahrungsversorgung liegt, ob in den Händen des Arbeitgebers oder in den Händen des eingeborenen Arbeiters selbst, ob also Rationsverpflegung oder Selbstverpflegung vorherrscht. In der Praxis werden von diesen beiden Verpflegungssystemen die verschiedensten Abarten und Kombinationen angewandt.

a) Rationsverpflegung.

Bei einer ausgesprochenen Rationsverpflegung bekommt der eingeborene Arbeiter außer seinem Lohn vom Arbeitgeber die erforderlichen Nahrungsmittel geliefert. Diese Verpflegungsart muß überall dort gewählt werden, wo man es dem Eingeborenen nicht zumuten kann, sich selbst zu versorgen, oder wo die Gefahr besteht, daß der Eingeborene allein sich nicht mit der wünschenswerten Sorgfalt verpflegen würde, was zu Ernährungsschäden beim Eingeborenen und schließlich zur Benachteiligung auch des Arbeitgebers führen könnte.

Vor allem haben die Großpflanzungen und bergbaulichen Unternehmungen mit ihren in die Hunderte oder sogar Tausende gehenden Arbeiterzahlen sich gezwungen gesehen, das Rationssystem anzuwenden. Denn bei der Massierung größerer Menschenmengen an einem Ort reichen die lokalen Nahrungsquellen in Afrika nicht entfernt dazu aus, eine ausreichende Verpflegung sicherzustellen. Die Nahrungsmittel müssen daher aus entfernteren Gebieten, wenn nicht sogar aus Übersee bezogen werden. Da ein privater Handel in genügendem Umfange meist fehlt, auch kaum zuverlässig und auf jeden Fall zu teuer arbeiten würde, müssen die großen Bergwerks- und Pflanzungsgesellschaften die Nahrungsbeschaffung selbst in die Hand nehmen. Auf diese Weise haben sie wenigstens die Sicherheit, daß keine Ernährungsschwierigkeiten, die immer auch Arbeitsschwierigkeiten im Gefolge haben, unter ihren Arbeitern auftreten. Aber eine solche Nahrungsversorgung im großen hat auch ihre Probleme. Sie muß in der Nahrungszuteilung naturgemäß mehr oder weniger schematisch vorgehen und kann auf den individuellen Geschmack und auf die Ernährungsgewohnheiten der Eingeborenen häufig nicht die wünschenswerte Rücksicht nehmen.

Außerdem ergeben sich aus der Massenbeschaffung und Massenverteilung allerlei technische Schwierigkeiten. Eine Massenversorgung setzt eine ziemlich beträchtliche Vorratshaltung voraus, um so mehr wenn die Transportverhältnisse und Beschaffungsquellen wie in Afrika nicht immer zuverlässig sind. Die Vorratshaltung ist zudem im tropischen Klima mit einem hohen Schwund und Verderb verbunden. So läßt es sich, auch wenn die größtmögliche Sorgfalt aufgewendet wird, nicht immer vermeiden, daß Lebensmittel nicht ganz einwandfreier Qualität an die Arbeiter verteilt werden. Aber meist wird eine Nahrungsmittelverteilung auch dann noch besser sein, als wenn der Eingeborene sich aus eigenen Vorräten ernährt.

Auch bei der Verteilung ergeben sich Schwierigkeiten. Häufig können Tagesrationen erst spät am Abend ausgegeben werden, so daß den Arbeitern dann nicht mehr genügend Zeit für die Zubereitung bleibt, vor allem wenn sie keine Frauen haben, die ihnen das Kochgeschäft abnehmen[1]). Deshalb werden die meisten Rationen wöchentlich oder halbwöchentlich verteilt, längere Zwischenräume dürfen ebenfalls nicht gewählt werden, da man sonst den Eingeborenen mit dem Risiko der Vorratshaltung belasten würde. Zudem versteht es der Neger meist wenig hauszuhalten, und schon bei den Wochenrationen ist es eine oft beobachtete Erscheinung, daß in den ersten zwei, drei Tagen der Woche die gesamte für sieben Tage bestimmte Ration vertilgt wird.

Besondere Schwierigkeiten ergeben sich bei der Massenbeschaffung gerade derjenigen Nahrungsmittel, die aus ernährungsphysiologischen Gründen nicht fehlen dürfen, wie Fleisch und Fisch (Eiweiß und Salze), frische Früchte und Gemüse (Mineralsalze und Vitamine). Bei diesen Lebensmitteln liegen die besonderen Schwierigkeiten in der Konservierung und Vorratshaltung, die vor allem bei frischen Artikeln eine Massenbeschaffung aus größerer Entfernung unmöglich machen, so daß man allgemein bemüht ist, in diesen Artikeln eine lokale Versorgung durchzuführen, mit der dann die Vorbedingung für das andere Verpflegungssystem geschaffen ist.

b) Selbstverpflegung.

Die Selbstverpflegung des Arbeiters, bei der dieser statt der Ration einen Geldbetrag erhält, ist nur dort durchführbar, wo ein örtlicher Markt dem Eingeborenen ausreichende Möglichkeiten bietet, sich mit der nötigen Nahrung zu versorgen. Muß der Eingeborene selbst zu diesem Zwecke in entferntere Gegenden gehen, so ist ein solches Verpflegungssystem nicht haltbar[2]). Sind aber ausreichend Nahrungsmittel in der nächsten Umgebung der Arbeitsstätte erhältlich, so hat die Selbstverpflegung dem Rationssystem manches voraus. Es entfallen die gesamten Schwierigkeiten der Massenbeschaffung und Massenverteilung, wie die Berücksichtigung der unterschiedlichen Nahrungsgewohnheiten. Der Eingeborene kann nunmehr die Nahrung seinem persönlichen Geschmack und Bedürfnis anpassen. Ob das auch immer seinen physiologischen Bedürfnissen entsprechen wird, dürfte nach den bisher gemachten Erfahrungen mit der Ernährungsweise des Negers oft genug zweifelhaft sein.

Über die Verpflegungsart in Tanganyika sagt der Tang. Rep. (1938): "Except in reef mining, it is not usual for the employer to provide rations in kind; it is maintained that the labourer prefers to buy his own food and therein lies a cause

---

[1]) Orde Browne: Rep. upon Labour in the Tang. Terr., London 1926 (223) S. 66.
[2]) Orde Browne, (223) § 141.

of malnutrition among labour forces. The labourer tends to economise on his food and unless he has his womenfolk with him, it is badly cooked".

Ob die Selbstverpflegung in dieser Hinsicht zweckmäßiger ist als die Rationsverpflegung, kann also nicht grundsätzlich sondern nur von Fall zu Fall entschieden werden. Auf jeden Fall aber muß dort, wo Selbstverpflegung vorherrscht, die Forderung Trollis[1]) befolgt werden: Die mit dem Rationssystem entfallende Beeinflussungsmöglichkeit der Eingeborenenernährung muß durch besonders intensive landwirtschaftliche und ernährungsphysiologische Propaganda und Belehrung ersetzt werden. Bei der Selbstverpflegung des Eingeborenen besteht natürlich die Möglichkeit — und von ihr wird in der Praxis leider häufig genug Gebrauch gemacht —, daß das Verpflegungsgeld für andere als Ernährungszwecke ausgegeben wird. Das hat fast noch unerfreulichere Folgen, als wenn der Eingeborene seine Wochenration in zwei oder drei Tagen verbraucht, um in den übrigen Tagen zu hungern.

c) Kombiniertes System.

Um die Nachteile beider Verpflegungssysteme zu vermeiden oder doch zu mildern, wendet man in der Praxis meist eine Kombination beider Methoden an, indem man die leichter zu beschaffende Massennahrung (Getreide, Knollenfrüchte, Pflanzen, getrockneten Fisch und Dörrfleisch) als Ration verteilt und für die übrigen ergänzenden Nahrungsmittel (Ölfrüchte, Obst, Gemüse) einen Geldbetrag (allowance) auszahlt und ihre Beschaffung dem einzelnen Eingeborenen überläßt. Auch hier besteht die Möglichkeit, das der Geldbetrag als Taschengeld angesehen und für Zigaretten und andere Genußgüter ausgegeben wird. Auf jeden Fall ist aber die Hauptnahrung gesichert. Die sinngemäße Verwendung des Geldzuschusses muß dann schon der Propaganda und Erziehung überlassen bleiben. Zudem besteht bei der Beschaffung der Zukost für den Eingeborenen häufig die Möglichkeit, sich durch Anbau auf Pflanzungsland oder eigenem Boden mit den nötigen Mengen von Gemüse und Früchten zu versorgen.

d) Die Höhe des Verpflegungsgeldes bei Selbstverpflegung.

Bei der Selbstverpflegung bildet die Höhe des Geldbetrages, der an Stelle der Ration ausgezahlt wird, ein Problem für sich. Sie muß sich nach den örtlichen Preisen richten und den Arbeiter auch tatsächlich in die Lage versetzen, sich alles das zu kaufen, was er sonst in Form von Rationen erhalten hätte. Die Nahrungsmittelpreise sind in landwirtschaftlichen Gebieten gewöhnlich äußerst niedrig, so daß einige Schilling im Monat für die gesamte Verpflegung ausreichen. In Angola erhalten freiwillige Arbeiter 30 Angolares (RM 3.50) Verpflegungsgeld im Monat. Kontraktarbeiter müssen laut Regierungsvorschrift Rationsverpflegung erhalten. An der Küste und in ausgesprochenen Industriegebieten können die Preise aber schon wesentlich höher liegen, so daß hier auch der Betrag

[1]) G. Trolli, (323) S. 199.

für Verpflegung erheblich ansteigen muß, um für eine auskömmliche Nahrungsversorgung zu genügen.

Das Verpflegungsgeld beläuft sich in Nordrhodesien[1]) in verschiedenen Berufen monatlich auf:

Regierung	5 — 15 sh
Landwirtschaft	2/6 — 6 sh
Manufaktur	5 — 15 sh
Bauarbeiten	5 — 10 sh
Minen	5 — 20 sh
Eisenbahn	5 — 20 sh
Hausangestellte	5 — 10 sh
verschiedene Berufe	5 — 10 sh

Stellt man diesen Sätzen die marktüblichen Preise für Lebensmittel in Nordrhodesien (Livingstone) gegenüber:

Mais	pro lb	0,8 d
Maismehl	pro lb	1 d
Reis	pro lb	$3^1/_2$ d
Rindfleisch	pro lb	10 d
Zucker	pro lb	$3^1/_2$ d
Salz	pro lb	0,6 d

so kostet eine ausreichende Grundration[2]) für einen Monat:

Nahrungsmittel	Ration pro Woche	Ration pro Monat	Kosten
Maismehl	6 000 g	24 000 g	4 s 0 d
Erdnüsse	500 g	2 000 g	? ?
Zucker	200 g	800 g	$5^1/_2$ d
Fleisch	1 000 g	4 000 g	6 s 8 d
Salz	125 g	500 g	0,6 d
			ca. 11 s 2 d

wobei angenommen ist, daß der Eingeborene sich die erforderliche Zukost an Erdnüssen und frischem Gemüse selbst anbaut. Wenn die Angaben stimmen, die E. A. G. Robinson[3]) über die Verwendung des Arbeitslohnes macht, scheint der nordrhodesische Arbeiter im allgemeinen mit seinem Verpflegungsgeld auszukommen. Nach Robinson gibt der Arbeiter nur 3,7% seines Lohnes für Schuhmacher, Bäcker, Fisch und Tabak und weitere 3,7% in Speisehäusern aus. Gut 90% des Lohnes haben also Verwendungszwecke, die nichts mit Ernährung zu tun haben, wenn man von den 13% für Bierkonsum absieht.

Ferner ist zu beachten, daß die Nahrungsmittelpreise in manchen Gebieten jahreszeitlich sehr schwanken können, so daß ein fester Verpflegungssatz nicht in allen Monaten des Jahres für die Ernährung ausreicht. So berichten Richards und Widdowson[4]) über die Ernährungsverhältnisse in den Compounds in Kasama (Nordrhodesien), daß das

---

[1]) Blaubuch 1937.

[2]) Entspricht der Rationsverpflegung der Comp. du Chemin de Fer Bas-Congo (Katanga).

[3]) Siehe (60) S. 179.

[4]) (252) S. 190.

Verpflegungsgeld in den Hungermonaten für die Ernährung nicht auszureichen pflegt, da dann die Lebensmittelpreise wesentlich ansteigen. Der Grund dafür liegt darin, daß in diesen Monaten die Nahrungsversorgung aus der näheren Umgebung ausfällt, was das Angebot verknappt und die Preise ansteigen läßt. In Kasama muß daher der Eingeborene, der monatlich 12 sh Lohn und 4 sh Verpflegungsgeld erhält, für Ernährungszwecke im März etwa 7 sh 9 d, im April 4 sh und im Mai 6 sh 6 d ausgeben. Die Nahrungsversorgung wird zudem auch hier häufig dadurch in Frage gestellt, daß der Eingeborene sein Verpflegungsgeld für andere Zwecke verwendet und eine Selbstversorgung durch eigenen Nahrungsmittelanbau sehr zu wünschen übrig läßt.

"Moreover, many natives do not yet consider that money is a commodity which should be exchanged for food, preferring to buy clothes and to go short of meals. In the vicinity of a town, gardening-land is short, and the type of women attracted to towns often prefers a series of temporary marriages rather than a regular union. She is therefore not prepared to keep gardens for a man whom she may have left before the harvest comes[1])".

e) Die Verbreitung der verschiedenen Verpflegungssysteme.

Welches von den beiden Verpflegungssystemen das vorzugswürdigere ist, läßt sich allgemein nicht sagen. Das wird im Einzelfalle je nach den örtlichen Verhältnissen ganz verschieden sein. Am zweckdienlichsten wird sich meist die Kombination beider Methoden erweisen. Ein kombiniertes Verpflegungssystem ist daher auch in der Praxis am häufigsten angewandt. In Deutsch-Ostafrika und gelegentlich in Kamerun erhält der Pflanzungsarbeiter neben einer Teilration noch einen geldlichen Verpflegungszuschuß. In Angola dagegen scheint das einseitige Prinzip vorzuherrschen. Dort erhalten die Kontraktarbeiter laut gesetzlicher Vorschrift eine einheitliche Rationsverpflegung, während bei den freiwilligen Arbeitern, die meist aus der näheren Umgebung der Pflanzung stammen, an die Stelle der Rationen ein Geldbetrag tritt[2]) . In den Minengebieten Zentral- und Südafrikas ist wieder die kombinierte Methode häufig, wenngleich bei den großen Gesellschaften das Rationssystem überwiegt, was hier aber uneingeschränkt zu begrüßen ist, da bei der hohen Arbeiterzahl eine Selbstverpflegung sehr problematisch wäre und die Großbetriebe sich eine sehr differenzierte Verpflegung ihrer Arbeiterschaft leisten können.

2. Die Verpflegungspolitik der Kolonialverwaltungen.

a) Betreffs der Nahrungsversorgung des Lohnarbeiters.

Die nächstliegendste Aufgabe der Kolonialverwaltungen war, in ihrer Ernährungspolitik darauf zu achten, daß kein Raubbau an der Arbeitskraft des Eingeborenen getrieben und der Arbeiter ausreichend ernährt wurde. Bei der unterschiedlichen Versorgungslage der Plantagen und Minenbetriebe

---

[1]) (252) S. 190.

[2]) Nach Angaben von R. H. Braun (siehe Anhang VII) und Generalkonsul Martin, Luanda.

und den mannigfaltigen Nahrungsgewohnheiten der Eingeborenen war es schwierig für die Kolonialverwaltungen, einheitliche Verpflegungsvorschriften aufzustellen. Die vielfältigen natürlichen und örtlich verschiedenen Bedingungen schienen es unmöglich zu machen, eine Norm der Mindesternährung zu finden, die sich auf alle Gebiete anwenden ließ.

"The great variations in conditions, according to both locality and season, make it practically impossible to establish a ration scale for general use ...[1])".

Besonders die Engländer haben es vermieden, irgendwelche speziellen Vorschriften über die Zusammensetzung der Ernährung der Arbeiter in ihren Kolonien aufzustellen. So lehnt Orde Browne die gesetzliche Festlegung einer Minimumration ab[2]):

"I therefore do not advocate the adoption of any official scale of diet; it would appear preferable to leave the matter to the employers, but to introduce regulations under the Masters and Servants Ordinance to allow of the prosecution of employers whose labourers were found by the Government Medical Officers to be suffering from the effect of an inadequate diet". Im Lab. Rep. von 1928 heißt es über diese Frage (§ 127): "It might be thought that legislation should be introduced to improve such a state of affairs (nämlich die schlechten Ernährungsverhältnisse); unfortunately this would be but a very partial remedy. The conditions peculiar to the Territory are the chief difficulty, and the need is for a genuine effort based on good will and commonsense, rather than the grudging acceptance of a legal minimum". Und § 129: "If then hard-and-fast scale were attempted, it would entail the closing down of a large proportion of the enterprises of the country. It must of necessity allow of many alternatives so as to admit of the utilising of the particular resources to be found in each locality".

Daher ist es in den englischen Kolonien den Distriktsbeamten überlassen, die Verhältnisse auf den einzelnen Pflanzungen zu kontrollieren und von Fall zu Fall zu entscheiden, ob Selbst- oder Rationsverpflegung durchgeführt werden solle und wie die Mindestration auszusehen habe. Allerdings entspringt eine solche individuelle Regelung der Ernährungsfrage wohl mehr der grundsätzlichen Abneigung des Engländers gegen alles Schematisierende als tatsächlich unüberwindlichen sachlichen Schwierigkeiten.

Jedenfalls haben die übrigen Kolonialmächte für ihre Gebiete Rationsskalen aufgestellt und die Verschiedenartigkeit der einzelnen Verhältnisse entweder durch ein sehr differenziertes System von Rationstypen oder dadurch, daß die Aufstellung von Mindestrationen dem Distriktsbeamten für sein Teilgebiet überlassen wurde, zu überbrücken gesucht[3]).

Um den verschiedenen Ernährungsgewohnheiten Rechnung zu tragen, gleichzeitig aber auch den Arbeitern eine ausreichende Ernährung zu sichern, ist man bei der Aufstellung der Rationsskalen von einer angenommenen Mindestmenge von Eiweiß, Fett und Kohlehydrate ausgegangen, nach der man dann einzelne Rationstypen aus den verschiedenen Nahrungsmittelarten und Mengen zusammengestellt hat.

In der Kongo-Kasai-Provinz (Belgisch Kongo) wurde (1927) festgesetzt,

[1]) Lab. Rep. Tanganjika 1927, § 113.
[2]) Lab. Rep. Tanganjika 1926, § 146.
[3]) Siehe Anlagen IV, V, VI u. VII.

daß die ausreichende Ernährung eines schwer arbeitenden Eingeborenen pro Tag 3500 Kalorien betragen und 120 g Eiweiß, 90 g Fette, 550 g Kohlehydrate sowie reichlich Vitamine und Salze enthalten muß. Nach diesem Grundschema sind dann sieben verschiedene in sich wieder variierbare Rationstypen aufgestellt worden, wodurch den in den einzelnen Gebieten der Provinz vorkommenden Nahrungsmitteln jeweils entsprochen werden konnte[1]). In anderen Gebieten hat man Gleichwertigkeitstabellen aufgestellt, die Angaben darüber enthalten, welche Nahrungsmittel gleichen Nährwert haben und durch einander ersetzbar sind, und somit den einzelnen Arbeitgeber in den Stand gesetzt, von einer Grundration ausgehend, die für seine Verhältnisse geeignete Rationstype selbst aufzustellen. Ein solches Verfahren ist natürlich sehr problematisch, so lange nicht genaueste Nahrungsmittelanalysen für die betreffenden Gebiete vorliegen. Da der Nährwert (vor allem Mineralsalzgehalt) der gleichen Nahrungsmittel in den einzelnen Kolonien sehr verschieden sein kann — worauf im zweiten Kapitel des näheren eingegangen wurde — sind für größere Gebiete aufgestellte Gleichwertigkeitstabellen und Rationsskalen von recht zweifelhaftem Wert.

Die Anwendung der Selbstverpflegungsmethode ist von den Kolonialverwaltungen selten gern gesehen worden, wenngleich es wegen der Durchführungsschwierigkeiten der Rationsverpflegung häufig auch nicht möglich war, sie zu verbieten. Die Selbstverpflegung ist mit vollem Einverständnis der Verwaltung meistens dort angewandt worden, wo die Arbeiterschaft aus der näheren Umgebung stammte und fortgeschritten genug war, selbständig eine ausreichende Ernährungsweise einzuhalten.

Bei der Festsetzung der Rationsskalen schoß man zunächst in dem Bestreben, frühere Fehler der Unterernährung unbedingt zu vermeiden, über das Ziel hinaus, indem man unnötig hohe Kalorienzahlen als Mindestsatz der Tagesration festsetzte: So in Französisch Westafrika und im Belgischen Kongo 3500 Kal. pro Tag, in Tanganjika noch heute 3750 Kal.[2]), in Franz. Äquatorial-Afrika zeitweilig, nachdem man bei dem Bau der Kongoeisenbahn in den ersten Jahren so katastrophale Erfahrungen gemacht hatte, 4000 Kal.

Für die hohen Todesziffern unter den Arbeitern dieses Bahnbaues wird u. a. die schlchte Organisation der Nahrungsversorgung verantwortlich gemacht. So schreibt Muraz[3]): „Bien que plus qu'au manque de quelques formations sanitaires, c'est à l'insuffisance de l'encadrement et à l'organisation déficiente des magasins de vivres qu'incombent les 17000 décès qu'a coûtés la construction des 100 premiers kilomètres de la voie ferrée, partie de l'océan vers les monts du Mayombe. En 1927, Lefrou signale que le Béribéri survint dans les effectifs de travailleurs dès que la ration de Manioc diminua".

Die Verwaltung des Katanga-Gebietes setzte 1920 mit zwei Rationstypen sogar eine Kalorienzahl von über 4500 fest. Vor allem übertrieb

---

[1]) Siehe Anhang IV.

[2]) Labour Report 1938.

[3]) Hardy u. Richet (130) S. 179. Siehe auch Lefrou, Contribution à l'utilisation de la main d'oeuvre indigène. Considérations médicales sur le personnel des chantiers de construction de chemin de fer Congo-Océan. Ann. de Med. Pharm. et Hyg. Col. 1927 S. 5

man dabei die festgesetzten Mehlrationen, wozu man sich zum Teil durch die Vorliebe des Eingeborenen für voluminöse Mehlspeisen bestimmen ließ.

Über zu große Mehlmengen in den obligatorischen Rationen äußert sich der Lab. Rep. Tanganjika 1928 (§ 131): "The most usual fault with existing diet scale is the undue proportion of meal issued; often the quantity is literally more than the recipient can eat, and he therefore first consumes an unwholesome amount, generally upsetting his digestion thereby, and then vastes what he cannot finish. Unfortunately, the natives' idea of an adequate diet is one that distends him; he almost always prefers a gorge of meal, to a moderate issue of varied items".

Auch Trolli[1]) sieht die Mehlrationen des Katangagebietes (1920) für zu hoch an, meint aber, die Provinzialverwaltung habe seinerzeit die Rationen als Ausgleich dafür, daß die Frauen und Kinder der Arbeiter keinen Anspruch auf Nahrungsmittel besessen hätten, so hoch angesetzt.

Auf die Notwendigkeit, auch der Arbeiterfamilie Rationen zuzuteilen, weist auch Spearpoint hin, der aus seinen Erfahrungen in der Roan Antelope Kupfermine (Nordrhodesien) berichtet: "Experience has taught us that if the women and children are not fed, then the men have to share their rations with them, and in doing this the man is insufficiently fed to enable him to perform the work which is expected from him; he must have a sufficiency of food".[2])

Einige große Bergbauunternehmen in Rhodesien und Belgisch-Kongo sind daher dazu übergegangen, auch für die Frauen Rationen zu verteilen und den Kindern regelmäßige Mahlzeiten zu verabreichen.

Erst allmählich legte man von Seiten der Kolonialverwaltungen, beeinflußt durch die Erkenntnisse der modernen Ernährungswissenschaft, weniger Wert auf die Menge der Rationen, sondern suchte für eine zweckmäßige Zusammensetzung der Nahrung Sorge zu tragen. Die Rationstypen, die in den letzten Jahren aufgestellt worden sind, zeichnen sich daher durch geringere Kalorienzahlen und eine besondere Betonung der Rationsanteile von Fleisch, Fisch, Gemüse und Früchten aus. Bezeichnend für den Wandel in den Anschauungen über die Ernährung ist die Tatsache, daß in dem Lab.Rep. von Tanganyika seit 1928 der Abschnitt über Ernährungsfragen mit „Diet“ überschrieben ist, während in den vorhergehenden Jahren dieser Absatz mit dem allgemeineren Begriff „Food“ betitelt war.

b) Betreffs der Nahrungszubereitung.

Bei der Bestimmung einer zweckmäßig zusammengesetzten Nahrungsmittelration ist man natürlich nicht stehen geblieben, sondern hat sich gleichfalls bemüht, auf die Nahrungszubereitung Einfluß zu nehmen. Hier geht die Tendenz dahin, dem Eingeborenen hygienisch einwandfrei zubereitete warme Mahlzeiten zu sichern.

Auch bei der Zubereitung der Speisen lautet die Frage Selbstversorgung der Arbeiter oder gemeinsame Speisung durch den Arbeitgeber. Auch hier ist die Frage nicht generell zu lösen, sondern nur von Fall zu Fall.

---

[1]) (323).

[2]) F. Spearpoint, Compound Manager of The Roan Antelope Copper Mine, "The African Native and the Rhodesian Copper Mines", Suppl. Journal Roy. Afr. Soc. July 1937 (286), S. 28.

Es ist leicht einzusehen, daß gemeinsame Speisungen der Arbeiter, bei denen die Zubereitung der Mahlzeiten in einer gemeinsamen Küche erfolgt, hygienischer und gesunder sein wird, als wenn der einzelne Arbeiter oder seine Frau selbst die Zubereitung der Speisen übernimmt. Indessen stehen solchen Massenspeisungen vielfältige technische Schwierigkeiten entgegen, deren Überbrückung häufig für den Arbeitgeber sehr kostspielig ist.

Die kleineren Unternehmen überlassen es daher meist dem Eingeborenen, selbst für die Zubereitung seiner Nahrung zu sorgen. Bei den verheirateten Arbeitern übernimmt diese Arbeit die Frau. Die Unverheirateten, die meist weit in der Überzahl sind, bereiten sich ihre Mahlzeiten selbst oder, was noch häufiger ist, halten sich zu mehreren für diesen Zweck eine Frau oder einen Koch.

"The legal food ration of meal, meat and vegetables is issued once a week to the wife of the married man, on the presentation of monthly food checks, the amount varying with the sipe of his family. It is cooked in front of the hut in clear weather, and during the rainy season in a ban-to or small cooking kitchen attached to the hut. The wife and children augment the food issue by the purchase of small quantities of dried fish, the collection of snared birds, mice, frogs, flying ants or locusts, the leaves of the pumpkin, sweet potato, certain varieties of wild spinach and grasses, gathered from neighbouring fields and woods[1])".

"The eating arrangements for single men differ slightly as between the mines. In Nkana they are fed at a common kitchen. At Roan Antelope food is issued to them as to married man. Some of the young men have adopted the questionable expedient of clubbing together and hiring a woman to cook for them, paying her the princely salary of 2 sh 6 d a month. Those less fortunate, in addition to doing their own washing and cleaning, find it necessary to cook their food after the day's work is over. The majority, however, in groups of two or three living in the same hut, about sunset prepare their hurried and somewhat haphazard meal lacking the relish they so much enjoy".....

"In the older mining fields like the Globe and Phoenix gold-mine at Queque in Southern Rhodesia some of the single men employ youths at 5 sh a month to cook, wash and keep their huts in order, passing on a portion of their own rations of food in part payment. The system has spread also to some of the married men whose wives refuse to do the menial service and force their husbands to employ boys for that purpose[2])."

Im allgemeinen ist die Nahrungszubereitung bei den verheirateten Arbeitern wesentlich zufriedenstellender als bei den Ledigen.

Spearpoint berichtet darüber[3]):

"Married natives are very well cared for by their womenfolk, and they are able to get a good variety of native relishes which the women have plenty of time to collect out in the bush".

"It was found that single natives neglected to cook the food properly and, as in many cases they had no female relative living in the compound, it meant that these natives were eating food raw. They were too tired to seek firewood or carry the necessary water for their cooking, and meat was often discovered hanging from the roof of the hut covered with flies. This was an extremely

[1]) J. M. Davis (60) S. 62.
[2]) (60) S. 63.
[3]) (286) S. 28.

undesirable state of affairs, and the health of single natives was suffering as a result. It was revealed by hospital figures that for every married native who was admitted to the hospital there were two single natives admitted.

Cooking the food for single men has brought about very good results, and there is no doubt that there is an improvement in their general physique[1])".

In Angola[2]) kocht den freiwilligen Arbeitern, die aus der näheren Umgebung stammen und meist verheiratet sind, die Frau. Den Kontraktarbeitern stellt man je zu 30 Mann einen Koch zur Verfügung. Kleine Kochgelegenheiten — von Küchen kann dabei kaum die Rede sein — befinden sich meist in einigem Abstand von den Wohnbaracken de Arbeiter.

Wichtig ist vor allem, daß dem Arbeiter bzw. seinem weiblichen oder männlichen Koch ausreichende Mengen von Brennholz und Trinkwasser zur Verfügung stehen. Daher enthalten viele Ernährungsvorschriften der Kolonialverwaltungen nicht nur Festsetzungen der Rationen, sondern auch Angaben über die Mindestmengen von Brennholz und Trinkwasser, die dem Eingeborenen zu liefern sind[3]).

Gewiß ist die Zubereitung der Nahrung in dieser Form der Selbstversorgung selten einwandfrei zu nennen. Die zweckmäßigste Lösung haben zweifellos diejenigen größeren Besitzungen gefunden, die in Pflanzungsküchen durch besonders geeignete Köche die Speisen vorbereiten und sie eßfertig dem Arbeiter vorsetzen. Das sichert Sauberkeit, angemessene Rationen und richtige Kochweise und nimmt dem Arbeiter die Mühe, sich mit Wasser und Heizmaterial zu versorgen. Aber solche Arbeiterspeisungen können nur von Großpflanzungen oder Minen durchgeführt werden, deren große Arbeiterzahl die erforderlichen umfangreichen technischen Einrichtungen und Organisationen erst lohnend gestalten. Am besten sind daher die Nahrungszubereitungen, überhaupt die Ernährungsverhältnisse bei den großen Bergbaugesellschaften des Belgischen Kongo.

Die Union Minière[4]) z. B. gibt neben den Männern nicht nur auch den Frauen und Kindern Rationsverpflegung, sondern verteilt darüber hinaus regelmäßig warme Mahlzeiten an die Arbeiter und Kinder. Solche Mahlzeiten werden den Arbeitern nach der Arbeit gegeben, während die Kinder ein bis dreimal täglich von der Hospitalküche verpflegt werden.

Die Roan Antelope unterhält für ihre Arbeiter auch eine Bierhalle, in der jeder Arbeiter für $1^1/_2$ sh im Monat Bier trinken kann. Die Rationen erstrecken sich also häufig auch auf Genußmittel. Auch in kleineren Unternehmen ist z. B. Tabak ein häufiger Bestandteil der Rationsverpflegung. Die Enkana-Mine (Rhodesien) verteilt an jede Arbeiterfamilie in einem Zeitraum von 2 bis 3 Monaten etwa 3 Gallonen Bier.

Wie gesagt, können sich solche Maßnahmen nur kapitalkräftige und große Unternehmen leisten. Kleineren Pflanzungen und Minen würden sich unüberwindliche Hindernisse in den Weg stellen. Organisation und Ausrüstung müßten für sie zu teuer werden. Geeignete Köche, die einem Massenbetrieb gewachsen sind, lassen sich auch nicht immer leicht finden.

---

1) (286) S. 28.
2) Nach Angaben von H. R. Braun, siehe Anhang VII.
3) Siehe Trolli, (323) S. 207/08.
4) Siehe Anhang IV.

Ganz unmöglich sind Massenspeisungen auf Arbeitsplätzen, die dauernd wechseln. Auch aus der Einstellung der Eingeborenen ergeben sich häufig Schwierigkeiten.

So berichtet der Labour Report, Tanganyika 1938 (S. 32): "There are, of course, difficulties in working such a system. In the first place, as has been said, the labourer prefers to buy his own food, secondly different tribes eat different foods and the labour force is composed of men from several tribes and thirdly, the African is averse to eating food which has not been cooked either by his own womenfolk or by himself. The aversion is based on mistrust, but can be and has been overcome, here and elsewhere; and we feel that, at any rate on mines and large sisal estates, the sooner field kitchens are erected at labour rallying points and cooked rations issued on a scale which commends itself to informed opinion the sooner will it be possible to avoid the frequent disputes which rage over the question of feeding".

Der Eingeborene schätzt nicht immer das, was ihm zuträglich ist und mancher europäische Arbeitgeber würde bei einer solchen Neuerung Gefahr laufen, seine Arbeiter an andere Unternehmen zu verlieren. Daher empfiehlt Orde Browne in Gebieten, in denen der Eingeborene an gemeinsame Speisungen nicht gewöhnt ist, diese erst in Arbeitslagern der Kolonialverwaltungen einzuführen.

"Above all, the native would undoubtedly be strongly prejudiced against such an innoviation to an extent that would probably mean wholesale desertion on any estate that attempted introduction. It would however be an excellent subject for experiment in a government camp, where the appearance of unpopular novelties would not be attended with such serious results[1])".

Die bestehenden Schwierigkeiten machen es den Kolonialverwaltungen unmöglich, regelmäßige Speisungen der Arbeiter im Betriebe zwangsweise durchzuführen, wenngleich man bestrebt ist, wo irgend möglich, dieses Verpflegungssystem zu fördern.

3. Die Bezugsquellen der Nahrungsmittel.

a) Bei Rationsverpflegung.

Fragt man nach der Herkunft der von den Lohnarbeitern konsumierten Nahrungsmittel, so werden je nach dem Verpflegungssystem gewisse Unterschiede festzustellen sein. Liegt die Nahrungsbeschaffung in den Händen des Arbeitgebers, so wird dieser bei den Massenartikeln gern auf Einfuhrgüter zurückgreifen. Die Transportmöglichkeiten sind hier meist gegeben, da die eingeführten Nahrungsmittel den gleichen Weg kommen, den die Erzeugnisse der betreffenden Pflanzung oder Mine gegangen sind. Vor allem ist bei den Einfuhrgütern mit einer gewissen einheitlichen Qualität zu rechnen. Außerdem ist die Aufkauftechnik verhältnismäßig einfach. Sucht man dagegen sich die Nahrungsmittel aus der näheren Umgebung der Unternehmung von den Eingeborenen zu beschaffen, so muß man in kleinen Mengen aufkaufen und abtransportieren, was umso größere technische Schwierigkeiten bereitet, je größer die gebrauchten Mengen sind.

---

1) Lab. Rep. Tang. 1926, § 144.

Natürlich wird man solche Schwierigkeiten bei der Beschaffung leicht verderblicher Produkte mit in Kauf nehmen müssen. Nicht nur Obst und frische Gemüse, sondern auch Knollenfrüchte, wie Kasava, Taro, Yams, Bataten und Planten wird der Europäer vom Eingeborenen aus der näheren Umgebung seines Betriebes zu erhalten suchen. Die auf diese Weise entwickelte Nachfrage der Pflanzungen und Minen hat schon häufig förderlich auf die landwirtschaftliche Produktion der umwohnenden eingeborenen Stämme eingewirkt, die allmählich dazu übergingen, regelmäßig Nahrungsmittel für die europäischen Unternehmungen anzubauen und abzuliefern. Die Pflanzungen in Angola beispielsweise kaufen überwiegend ihre Nahrungsmittel bei den Eingeborenen der näheren Umgebung. Diese Versorgungsmethode stellt sich bei den niedrigen Nahrungsmittelpreisen im Hinterland von Angola so billig, daß keine Pflanzung daran denkt, die dritte Beschaffungsmethode einzuschlagen, nämlich die benötigten Nahrungsmittel selbst anzubauen[1]).

Eine solche Selbstversorgung mit Nahrungsmitteln wird von den Pflanzungen nur in sehr beschränktem Umfange versucht. Denn sie erfordert zusätzliche Arbeitskräfte, die schwer zu beschaffen sind, und sie ist auch sehr selten rentabel. Nur dort, wo man bestimmte Nahrungspflanzen (z. B. Mehlbananen) als Zwischenkulturen oder Schattenspender brauchen kann, baut man sie an, um ihre Früchte später für die Arbeiterernährung zu verwenden.

Allerdings sind einzelne Minenbetriebe, bei denen sich in der Nahrungsbeschaffung besondere Schwierigkeiten ergaben, dazu übergegangen, wenigstens einen Teil der Nahrungsmittel in eigenen Farmen zu erzeugen. So besitzt die Gesellschaft der Kilo-Moto-Goldminen Farmen in Dele (Belgisch Kongo), aus denen sie einen Teil ihres Nahrungsmittelbedarfs deckt. Die Erzeugung dieser Farmen betrug in den Jahren 1936 und 1937 in Tonnen:

Jahr	Bataten	Mais	Bohnen	Maniok	Bananen	zusammen
1936	2643,5	1424,9	253,6	18,8	11,1	4302,1
1937	2483,4	1350,3	179,1	—	—	4012,8

Der Gesamtbedarf an Nahrungsmitteln betrug 1936 23 813 t und 1937 23 165 t, so daß die Gesellschaft in diesen Jahren 18% bzw. 17% ihres Bedarfs aus eigener Erzeugung decken konnte.

Interessant ist, daß auch die Ertragsfähigkeit dieser Farmen trotz der Verwendung von künstlichem Dünger in den letzten Jahren stark nachließ, so daß die Gesellschaft sich gezwungen sah, neue Anbauflächen zu erwerben. Offenbar leidet der Boden unter dem Fehlen von Naturdünger und einer ausreichenden Brachezeit. Nicht nur die Bebauungsmethoden der Eingeborenen, sondern auch die der Europäer lassen häufig zu wünschen übrig. Es fehlt den Europäern meist die nötige Erfahrung mit dem afrikanischen Boden und die Bereitschaft, für landwirtschaftliche Zwecke größere Kapitalien aufzuwenden.

Den größeren Teil der Nahrungsmittel beschafft sich diese Minengesellschaft durch Aufkäufe bei den Eingeborenen der umliegenden Gebiete. Da die Er-

[1]) Nach Angaben von R. H. Braun, Anhang VII.

giebigkeit dieser Versorgungsquelle je nach der Ernte starken Schwankungen unterliegt — den größten Teil der Nahrungsmittelproduktion brauchen die Eingeborenen ja für die eigene Ernährung —, muß die auftretende Differenz trotz der nicht ganz günstigen Transportbedingungen durch Importe ausgeglichen werden. 1937 führte die Kilo-Moto deshalb 5750 t Mais und 200 t Reis aus Kenia ein.

b) Bei Selbstverpflegung des eingeborenen Arbeiters.

Bei vorherrschender Selbstverpflegung der Arbeiter spielen die importierten Mengen nur dann eine Rolle, wenn sich in den betreffenden Gebieten schon ein leistungsfähiger Zwischenhandel ausgebildet hat, was nur für wenige afrikanische Gegenden zutrifft, oder wenn sich die Stores der Minen- und Pflanzungsgesellschaften einschalten. Ansätze eines importierenden Zwischenhandels finden sich an manchen Küstenplätzen und in den entwickelteren Bergbaugebieten. Am Kamerunberg kann der Eingeborene neben den einheimischen Fischen auch eingeführten Stockfisch vom berufsmäßigen schwarzen Händler kaufen ebenso Reis, Mehl, Zucker und andere Nahrungsmittel, die nicht aus der Kolonie stammen. In den Minengebieten Zentral- und Südafrikas gibt es keine Eingeborenenmärkte in der Art, wie sie in Ost- und Westafrika weit verbreitet sind. Hier liegt der Verkauf eingeführter Nahrungsmittel fast ausschließlich in den Händen der Stores der großen Gesellschaften.

Aus diesen Läden versorgt sich der Eingeborene nicht nur mit den wichtigsten Gebrauchsgegenständen, sondern er bezieht von dort in manchen Gebieten auch seine Nahrungsmittel, und zwar entweder gegen Bargeld oder auf Gutscheine und Bezugskarten. Bei dieser Versorgungsmethode läßt sich in vielen Fällen die Unterscheidung von Rations- und Selbstverpflegung nicht mehr klar durchführen. In rhodesischen Minen erhalten die Arbeiter die einzelnen Rationen nicht direkt zugeteilt, sondern sie bekommen Bezugskarten, auf die sie sich die betreffenden Nahrungsmittel von den Stores holen können. Soweit diese Bezugskarten auf bestimmte Mengen bestimmter Lebensmittel lauten, liegt zweifellos noch eine ausgesprochene Rationsverpflegung vor. Anders scheint es bei dem sog. „chit"-System zu sein, das in Tanganyika weit verbreitet war, neuerdings aber abgeschafft worden ist. Bei diesem System erhält der Arbeiter eine Bezugskarte, die einen bestimmten Wert hat, aber nicht auf bestimmte Nahrungsmittel lautet. Auf diese Karte kann er sich in dem Store der Pflanzung Nahrungsmittel kaufen. Da es ihm dabei überlassen ist, was er für seine Gutscheine beziehen will, kann man im „chit"-System eine Art bargeldloser Selbstverpflegung sehen. Wenn man dieses System jetzt durch eine direkte Rationsverteilung ersetzt hat, so geschah das wohl deshalb, weil sich Unzuträglichkeiten in der Ernährung aus der Neigung der Arbeiter, die Gutscheine für andere als Ernährungszwecke zu verwenden, ergeben hatten.

Der Mandatsbericht von Tanganyika[1]) sagt über die Abschaffung des „chit"-Systems: "The former 'chit'-system whereby the labourer presented a card worth a certain amount to the local store and received the value in food stuffs

[1]) 1937, S. 91.

has been abolished and rations are now daily issued direct to all contract men whether they work or not".

Außerdem wollte man den europäischen Gesellschaften mit diesem Gutscheinsystem, das von den Engländern, wenn es sich über das Verpflegungsgeld hinaus auf Lohnvorschüsse bezieht, auch mit Trucksystem bezeichnet wird, die Möglichkeit nehmen, den Eingeborenen durch überhöhte Verrechnungspreise auszubeuten, was sich besonders nachteilig auf die Ernährungsverhältnisse auswirken würde. In Südafrika soll es gelegentlich vorgekommen sein, daß Nahrungsmangel durch Preistreiberei der Stores unter den Arbeitern hervorgerufen wurde. Die betreffenden Stores hatten zur Erntezeit in der Umgegend alle greifbaren Nahrungsmittel aufgekauft, und als bald darauf ein Nahrungsmangel eintrat, für hohe Preise an den einzelnen Arbeiter weiter- oder zurückverkauft.

Neben den Stores ist die wichtigste Bezugsquelle für den sich selbst verpflegenden Arbeiter der einheimische Eingeborenenmarkt, auf dem die Eingeborenen die selbsterzeugten Waren zum Verkauf bringen. Dieser Markt spielt dort, wo die Besiedlung etwas dichter ist, in der Eingeborenenwirtschaft eine nicht unbedeutende Rolle.

Schon ehe die Europäer nach Afrika kamen, hat unter den Eingeborenen der dichter bevölkerten Gebiete ein reger Tauschhandel bestanden, so daß der einzelne nicht mehr ausschließlich auf die Produktion seines eigenen Feldes angewiesen war, sondern durch Tausch mit Dorfgenossen oder benachbarten Stämmen seinen Küchenzettel etwas mannigfaltiger gestalten konnte. Dieser Tauschhandel hat sich dort besonders fruchtbar auf die Eingeborenenernährung ausgewirkt, wo sich verschiedene Wirtschaftsformen berührten. Es ist schon erwähnt worden, daß viele Hirtenstämme sich mancherlei Genüsse und Knollenfrüchte als Zukost von ihren Ackerbau treibenden Nachbarn einzuhandeln pflegten, die ihrerseits sich dann mit Milch und anderen tierischen Produkten versorgen können. Ähnliches berichtet Meinhof über Tauschbeziehungen zwischen Pygmäen und Negervölkern[1]: „Mehrfach hat sich sogar eine Symbiose der Neger mit den Pygmäen herausgebildet, indem die Pygmäen die Bauern mit Fleisch versorgen, und diese dafür Feldfrüchte abgeben". Besonders befruchtend auf die Eingeborenenwirtschaft hat gelegentlich der Tauschhandel zwischen Ackerbauvölkern gewirkt, wenn sie durch ihn dazu veranlaßt wurden, die eingehandelten Produkte selbst anzubauen. Offenbar sind solche Handelsbeziehungen aber dort besonders häufig gewesen, wo bewegliche aktive Volksstämme sich als Gastvölker zwischen seßhaften Stämmen ansiedelten (z. B. Fullah, Hausa) Über den Umfang des Eingeborenen-Binnenhandels schreibt der 1939 erschienene britische Ernährungsbericht (§ 244)[2]: „In Nigeria the internal trade in forest products alone is estimated at £ 3 millions a year, and the trade in livestock is probably only a little lower. In most colonial territories the main articles of internal trade are foodstuffs of one sort or another." Die angeführten Ziffern sind beachtlich zu nennen, berücksichtigt man, daß die Preise auf den Eingeborenenmärkten äußerst niedrig liegen. Wo Ackerbauvölker unabhängig nebeneinander wohnen, läßt sich ein Handel zwischen den Stämmen oft völlig vermissen, und ist auch die Ernährung meist grundverschieden.

[1]) Meinhof, (204) S. 35.
[2]) (78).

In dieser Beziehung hat der Einbruch der Europäerwirtschaft entschieden auflockernd auf die Eingeborenenwirtschaft gewirkt. In der Umgebung von Plantagen und Minen hat auch dort, wo vorher keine Eingeborenenmärkte bestanden, ein reger Handel eingesetzt, der unter dem Einfluß der in Geld ausgezahlten Arbeiterlöhne und Verpflegungszuschüsse überwiegend geldwirtschaftliche Formen angenommen hat, obwohl auch auf diesen Märkten Tauschgeschäfte nicht selten sind.

Am Kamerunberg beherrschen die regelmäßig abgehaltenen Eingeborenenmärkte, auf denen die Lohnarbeiter und ihre Frauen nicht nur als Käufer, sondern gelegentlich auch als Verkäufer auftreten, maßgebend das äußere Bild des Eingeborenenlebens. Ähnliches gilt für die dichtbevölkerten Kolonien: Goldküste und Nigeria, wo allerdings als Käufer an die Stelle des Lohnarbeiters der selbständige eingeborene Ausfuhrproduzent tritt. In den Minengebieten Zentralafrikas gewinnt der Eingeborenenhandel mit der Förderung der Eingeborenensiedlungen an Bedeutung. W o der Arbeiter oder seine Frau durch Landzuweisungen in die Lage versetzt werden, den Nahrungsbedarf aus eigener Erzeugung zu decken, bemühen sie sich meist gleichzeitig, über die Eigenversorgung hinaus Nahrungsmittel anzubauen, die sie an die anderen Arbeiter oder die Minen- und Pflanzungsgesellschaften absetzen können. Solche Landzuweisungen für den Anbau erhält der Arbeiter zusätzlich zu seiner Verpflegung.

Die Vergebung von Land an Eingeborenenarbeiter hat vielfältige Gründe. Hauptsächlich will sich der Arbeitgeber durch seine Siedlungspolitik eine Stammarbeiterschaft sichern; immer schwingen aber auch ernährungspolitische Gründe mit; denn die Nahrungssicherung ist in Afrika ein dauernd aktuell bleibendes Problem aller großen Produktionsbetriebe.

Damit es zu einem Nahrungsmittelanbau kommt, genügt es allerdings nicht, dem Eingeborenen ein Stück Land zuzuweisen, man muß ihm auch die Zeit geben, es zu bebauen. In den Minen, wo der Arbeiter acht und mehr Stunden arbeitet, ist das nicht möglich. Hier kommt eine Landabgabe nur an die verheirateten Eingeborenen in Frage, deren Frauen die Feldbestellung übernehmen können. In den Pflanzungen aber hat meist auch der Eingeborene selbst Zeit, sich um den Anbau zu kümmern. Hier wird der größte Teil der Arbeit in Akkord vergeben. Der tüchtige und fleißige Eingeborene ist gewöhnlich in der Lage, mit seinem Tagespensum um die Mittagszeit fertig zu werden. Von den Pflanzungen in der Tanga-Provinz (Deutsch-Ostafrika) wird berichtet, daß der eingeborene Arbeiter gewöhnlich schon vor zwei Uhr nachmittags seine Arbeit beendet hat. Besonders tüchtige Eingeborene haben bis zu dieser Zeit sogar das zwei- bis dreifache des Tagespensums geschafft. Allerdings werden diese Verhältnisse als außergewöhnlich günstig bezeichnet. „It has been noticed, furthermore, that the task given by employers in this territory (Tanga-Prov.) are small compared to those elsewhere: for example, Wemba labourers recruited from Northern Rhodesia have, in a number of cases, performed the full task on their first day after arrival and have followed this up by completing two or sometimes three tasks per day and still finishing work before two m. p."[1])

Am Kamerunberg liegen die Verhältnisse ähnlich. Der fleißige Eingeborene kann um zwei Uhr, wenn er besonders tüchtig ist, um 12 oder sogar schon um 11 Uhr vormittags mit seiner Arbeit fertig sein. Es bleibt ihm also am Nachmittag noch Zeit, sich einige Stunden mit seinen eigenen Nahrungsmittelkulturen zu beschäftigen. Von dieser Möglichkeit wird aber in den seltensten Fällen Gebrauch gemacht. Eine Selbstversorgung des unverheirateten Arbeiters ist bisher noch die Ausnahme. Meist zieht dieser es vor, wenn die empfangene Ration nicht für die Ernährung ausreicht, einen Teil seines Lohnes für Ernährungszwecke zu verwenden.

Anders ist es bei den verheirateten Arbeitern. Anders ist es auch bei denjenigen Eingeborenen, die aus den umliegenden Dörfern stammen. Hier wird der Arbeiter von seiner Familie oder seiner Frau mit den nötigen Nahrungsmitteln versorgt. Das gilt z. B. überwiegend für den freiwilligen Pflanzungsarbeiter in Angola[2]).

6. Kapitel.

Der Gegensatz der kolonialen Ausfuhrproduktion und der kolonialen Selbstversorgung und seine Probleme.

Die steigende Lohnarbeiterzahl hat in Afrika genau so wie die Entwicklung von spezialisierten Ausfuhrkulturen der Eingeborenen zunächst zu einer Verminderung der Nahrungsmittelerzeugung geführt. Soweit sich die Ernährungsweise nicht verschlechterte, füllten Nahrungsmittelimporte die entstehende Erzeugungslücke aus. Eine solche Entwicklung fördert in Zeiten guter Weltkonjunktur, in denen es kein Absatzproblem für die Ausfuhrprodukte gibt, die Produktivität der Wirtschaft, da im allgemeinen die durch die Spezialisierung hervorgerufene Produktionssteigerung größer ist als die notwendig werdende Nahrungsmitteleinfuhr. Die Kehrseite zeigt sich erst in der Krise, wenn die Preise fallen und die absinkende Kaufkraft auch die Nahrungsversorgung der Eingeborenen in Frage stellt.

Um die Krisenfestigkeit der Kolonialwirtschaft und vor allem der Eingeborenenwirtschaft zu erhöhen, hat man sich seitens der Kolonialmächte von einer einseitigen Förderung der Ausfuhrkulturen abgewandt. Ziel ist, zunächst einmal eine möglichst vollständige Selbstversorgung der Kolonialgebiete mit Nahrungsmitteln, und zwar nicht in der Form der Rückkehr zu der alten primitiven Selbstversorgungswirtschaft der Eingeborenen, sondern wo es angängig ist, durch die Entwicklung einer Nahrungsmittelerzeugung für den kolonialen Binnenmarkt.

[1]) Mandatsbericht von Tanganyika 1937, S. 89.

[2]) Nach Angaben von R. H. Braun; siehe Anhang VII. Auch aus Ausführungen von O. Jessen (150) S. 303 über die Libolo-Stämme ist das gleiche zu entnehmen.

Das Problem der kolonialen Selbstversorgungspolitik liegt darin, daß die Steigerung der Nahrungsmittelproduktion möglichst wenig die Ausfuhrerzeugung behindern oder gar vermindern soll. Das läge weder im Interesse des Eingeborenen noch der Kolonialverwaltung, die auf das Steueraufkommen angewiesen ist. Es hat also wenig Sinn, eine Spezialisierung, soweit sie zu einer Erhöhung der Produktion geführt hat, rückgängig zu machen. Wenn auch in der eingeborenen Landwirtschaft sich die komplexe Produktionsweise (Fruchtwechselwirtschaft, mixed farming) als die zweckmäßigste Erzeugungsmethode erwiesen hat, so bleibt doch die Notwendigkeit der Spezialisierung der Lohnarbeiterschaft für die Arbeit beim Europäer (Plantagen, Minen) und bei der Kolonialverwaltung (öffentliche Arbeiten) bestehen, und auch in den Ausfuhrkulturen der Eingeborenen wird im Interesse der Gesamtwirtschaft manche Spezialisierung beibehalten werden müssen. Es kommt also in erster Linie darauf an, die noch nicht ausgenutzten Reserven der eingeborenen Bauernwirtschaft zu erfassen, d. h. den sehr weitläufigen Bereich der noch in eigenwirtschaftlicher Verfassung lebenden Bauern für eine Nahrungsmittelproduktion für den Binnenmarkt heranzuziehen und ihn damit ebenfalls in die Geldwirtschaft einzuschalten.

Besteht das Zentralproblem also darin, den Arbeitsaufwand für die Ausfuhrproduktion im bisherigen Umfang (gegebenenfalls sogar in zunehmendem Umfang) mit einer steigenden Nahrungsmittelerzeugung in Einklang zu bringen, so ist eine Lösung nur dadurch möglich, daß der Arbeitsaufwand wie vor allem der Arbeitseffekt der afrikanischen Bevölkerung gesteigert wird.

Das ist zunächst eine Erziehungsfrage. Der afrikanische Eingeborene muß zu einem größeren und intensiveren Arbeitsaufwand und zu zweckmäßigeren Arbeits- und Wirtschaftsmethoden erzogen werden. Überdies ist es eine technische Frage der richtigen Arbeitsverwendung, also eine Frage nach den gegebenen Möglichkeiten, eingeborene Arbeitskräfte durch Maschinenverwendung, rationelle Organisation usw. einzusparen. Und schließlich ist es eine Frage der zweckmäßigen Arbeiterbeschaffung, d. h. die Produktion wird bei gleicher Arbeiterzahl umso größer sein, je mehr es gelingt, für bestimmte Arbeiten und Dienste Eingeborene gerade aus den Stämmen heranzuziehen, die sich erfahrungsgemäß für diese Arbeiten und Dienste besonders eignen.

Zudem wird die Nahrungsmittelproduktion der in den Heimatdörfern zurückbleibenden Eingeborenen durch den Entzug von Arbeitskräften umso weniger geschädigt, je mehr man bei der Anwerbung eine Höchstgrenze respektiert, die Anwerbung also nicht auf bestimmte Bezirke konzentriert, sondern möglichst über das Gesamtgebiet verteilt. Weiterhin muß man bemüht sein, soweit jene Höchstgrenze noch nicht erreicht ist, vor allem diejenigen Stämme heranzuziehen, in denen die Nahrungsversorgung hauptsächlich in den Händen der Frauen liegt, bei denen also die Abwanderung männlicher Arbeitskräfte die Nahrungsmittelproduktion am wenigsten trifft, und die Heranziehung der Männer zur Lohnarbeit oder zum Arbeitsdienst überdies einen besonderen erzieherischen Effekt auslöst. Am wichtigsten ist es natürlich, die Anbaumethoden der eingeborenen Bauern zu verbessern, was allerdings ohne die männliche Arbeitskraft und Initiative kaum zu bewerkstelligen sein wird. Ein Grund mehr, die einseitige Entblößung der Dorfwirtschaften von männlichen Arbeitskräften tunlichst zu vermeiden.

Der Gegensatz zwischen Ausfuhrförderung und Nahrungsmittelselbstversorgung ist indessen nicht so groß, wie es auf den ersten Blick scheint. Zwar bietet der Nahrungsmittelanbau dem Eingeborenen heute auch schon weit im Binnenlande neue Verdienstmöglichkeiten und tritt damit in Konkurrenz zur Lohnarbeit. Aber in vielen anderen Punkten setzen beide Ziele sogar einander voraus. Die Verbesserung der Anbaumethoden führt notgedrungen zu einer komplexen Produktionsweise. Eine regelmäßige Fruchtwechselwirtschaft des Eingeborenen gestattet nicht nur eine Kombination von Ausfuhr- und Nahrungsmittelkulturen, sondern macht sie heute zu einer Notwendigkeit. Die Erlöse aus der Ausfuhrerzeugung setzen den Eingeborenen oder durch das steigende Steueraufkommen die Kolonialverwaltung in den Stand, größere Aufwendungen für die technische Verbesserung der Produktion vorzunehmen, wie auch die verbesserte Ernährungsweise die physischen Energien des Eingeborenen steigert, was ebenfalls der Gesamtproduktion zugutekommt.

Im Rahmen der Eingeborenenwirtschaft läßt sich zweifellos das zweifache Ziel der Ausfuhr- und Nahrungsmittelerzeugung leichter verfolgen als in der Europäerwirtschaft. Eine Ausdehnung oder Vermehrung der Plantagen- und Bergbau-Betriebe macht eine zunehmende Spezialisierung auf die Ausfuhrproduktion unvermeidlich und widerspricht der Selbstversorgungspolitik nur soweit nicht, als sie ein Gegengewicht in der zunehmenden Nahrungsmittelproduktion der Eingeborenenwirtschaft findet. Europäerfarmen, die für den Eingeborenenkonsum Nahrungsmittel erzeugen, sind im tropischen Afrika Ausnahmeerscheinungen. Daher sind der Ausdehnung der Europäerwirtschaft im Rahmen der Selbstversorgungspolitik enge Grenzen gesteckt. Werden diese Grenzen aber beachtet, so können auch Großplantagen und Bergbau die Nahrungsproduktion dadurch fördern, daß durch ihre Nachfrage der Markt für Nahrungsmittel sich erweitert und der Anreiz für Nahrungsmittelerzeugung für den Eingeborenen verstärkt wird.

In diesem Zusammenhang verdient der Standort der Europäer- und Eingeborenenwirtschaft besondere Beachtung. Es ist nicht nur, wie schon erwähnt, für eine zweckmäßige Arbeiterrekrutierung von Bedeutung, daß Großplantagen und Minen sich gleichmäßig über das Land verteilen. Auch im Interesse der Nahrungsversorgung, wie einer kolonialen Selbstversorgungspolitk überhaupt, ist eine richtige Mischung von Eingeborenen- und Europäerwirtschaft wünschenswert. Eine gleichmäßige Verteilung der Großbetriebe über das Land liegt natürlich nicht immer im Bereiche der Möglichkeit. Sie ist weitgehend von zufälligen, natürlichen Gegebenheiten abhängig. Der Standort des Bergbaus ist an das Vorkommen von Bodenschätzen gebunden, und auch die Anlage von Großplantagen und europäischen Pflanzungen und Farmen muß sich weitgehend nach den gegebenen

Boden- und Transportverhältnissen richten und kann daher häufig nur in zweiter Linie die Möglichkeiten der Nahrungsversorgung und Arbeiterbeschaffung berücksichtigen. Soweit eine Berücksichtigung dieser Möglichkeiten aber überhaupt durchführbar ist, sollte sie stärkere und rechtzeitigere Beachtung als bisher finden und unter Umständen durch eine entsprechende Verkehrserschließung unterstützt werden. Die wirtschaftliche Produktivität der meisten Kolonien wird durch die zweckmäßige Zuordnung und Gruppierung der verschiedenen einander ergänzenden Wirtschafts- und Produktionsformen weitgehend gesteigert werden können.

Daß bisher in der Kolonialwirtschaft Afrikas die Standortwahl nach sehr kurzfristigen Gesichtspunkten erfolgt ist, darf fraglos als ein Ergebnis der wenig planmäßigen und intensiven Erschließungsmethode der besitzenden Kolonialmächte angesehen werden. In der italienischen Kolonialwirtschaft, deren Ausbau nach planmäßigen Gesichtspunkten erfolgt, scheint gerade die Frage der zweckmäßigen Standortwahl der einzelnen Produktionen eine wesentlich stärkere Beachtung zu finden.

Die mangelnde Berücksichtigung der Arbeiterbeschaffung und Ernährungsfrage bei der Standortwahl hat in den afrikanischen Kolonialgebieten der Engländer, Franzosen, Belgier und Portugiesen dazu geführt, daß man heute umgekehrt versuchen muß, das Arbeiterangebot und die Nahrungsmittelerzeugung nach den entstandenen Produktionszentren auszurichten. Man sieht sich meist gezwungen, Arbeiterrekrutierungen in Gebieten vorzunehmen, die vom Arbeitsplatz weit entfernt liegen (z. B. Arbeiteranwerbungen in Mozambique für rhodesische Bergbaugebiete), und bemüht sich, um das künftig zu vermeiden, nun in der Nähe der Bergwerke und Plantagen Eingeborenenfamilien oder gar ganze Stämme anzusiedeln. Das ist meist mit großen Schwierigkeiten verbunden.

Der Tanganyika Report von 1938[1]) weist auf die Schwierigkeiten hin, die für die Familiensiedlung der Lohnarbeiter daraus entstehen, daß erstens nicht genügend Land für die Arbeiterfamilien vorhanden ist und zweitens der zeitlich begrenzte Kontrakt die Arbeiter entmutigt, ihre Familien mitzubringen. Der Bericht sieht aber in der Familiensiedlung eine zweckdienliche Lösung des Arbeiterbeschaffungsproblems und empfiehlt daher: "whenever possible, land should be made available by employers for settlements of labourers with their families. It suggests that government should, as a matter of the first importance, consider the initiation of a survey of the possibilities of effecting controlled population-movements. We are fully aware of the many difficulties in the way of solving a most important administrative and industrial problem and we do not presume to attempt to indicate any short cuts. We merely invite attention to a recommendation, which has been made by experts that steps should be taken to hasten the elimination of the recruiting of labour by the promotion of the settlement of workers and their families in areas of employment, where such settlement is the policy of the competent authority. We invite the government to consider the adoption of such a policy."

Diese Entwicklung zu einer räumlichen Konzentrierung der Ausfuhrerzeugung hätte sich in den meisten Fällen wohl nicht vermeiden lassen,

[1]) (305) S. 33.

auf jeden Fall aber hätte man bei einer rechtzeitigen Durchdenkung dieser Probleme auch rechtzeitig mit einer Inangriffnahme der sehr langwierigen Aufgabe, Eingeborenenstämme umzusiedeln, beginnen können.

Die zweckmäßigste Ausnutzung der eingeborenen Arbeitskraft ist dort möglich, wo der eingeborene Arbeiter täglich oder zur Zeit der Ernte und Feldbestellung, ohne durch lange Wanderungen viel Zeit zu verlieren, zu seinem Stamm und zu seiner Familie zurückkehren kann. Da die Produktivität der Kolonialwirtschaft weitgehend durch die sinnvolle Ausnutzung der Arbeitskraft des Eingeborenen bestimmt wird, sollte von dieser Möglichkeit, den Eingeborenen als Lohnarbeiter zu verwenden, ohne seine Arbeitskraft völlig seiner Stammeswirtschaft zu entziehen, weitgehendst Gebrauch gemacht werden.

Die Erkenntnis der Zusammenhänge zwischen der Produktivität der Kolonialwirtschaft und der Arbeitskraft des Eingeborenen leitet zu einem weiteren Gesichtspunkt über. Die Arbeitskraft des Eingeborenen ist nicht zuletzt von seiner ausreichenden Ernährung abhängig. Seine befriedigende Ernährung aber ist in absehbarer Zeit nur durch eine genügende Selbstversorgung der Kolonien sicherzustellen; denn auch bei günstiger Konjunktur läßt sich eine gesunde Ernährung der Eingeborenen durch Nahrungsmitteleinfuhr nur in Küstengebieten und sonst verkehrsgünstig gelegene Gegenden gewährleisten, und auch in solchen Gebieten muß hinsichtlich der leichtverderblichen Artikel, (Früchte, Gemüse, Frischfleisch) überwiegend auf Produkte des Landes zurückgegriffen werden.

Die beiden ernährungspolitischen Ziele, das der kolonialen Selbstversorgung mit Nahrungsmitteln und das einer zweckmäßigen gesunden Ernährungsweise des Eingeborenen, sind also eng miteinander verbunden. Das Selbstversorgungsziel kann nur mit einem allmählich besser ernährten Eingeborenen erreicht werden. Andererseits wird mit wachsender Selbstversorgung sich auch der Ernährungsstand des afrikanischen Eingeborenen verbessern. Damit aber diese Wechselwirkung in Funktion tritt, bedarf es einmal der Initialzündung, die den Prozeß in Gang setzt. Dieser Anstoß kann nur vom Europäer ausgehen, indem dieser gegebenenfalls unter eigenen Opfern den Ernährungsstand der Eingeborenen verbessert, damit die verbesserte Ernährungslage sich über die Leistungsfähigkeit des Negers auf die Ernährungsverhältnisse und die allgemeinen Produktionsbedingungen auswirke. Welche umfassende Aufgabe damit die europäischen Kolonialverwaltungen übernommen haben, wird im letzten Teil der Arbeit zu zeigen sein.

Dritter Teil:

Aufgaben und Probleme der Ernährungspolitik im tropischen Afrika.

7. Kapitel.

Die ernährungspolitischen Aufgaben und die Vorbedingungen zu ihrer Lösung.

Steht als Ziel der Ernährungspolitik, die Verbesserung der Ernährungsverhältnisse, in dieser allgemeinen Formulierung fest, so ist es im einzelnen doch noch keineswegs eindeutig geklärt, was denn unter einer verbesserten Ernährungsweise zu verstehen ist, und wie gar der Weg auszusehen hat, der zu ihrer Erreichung führen könnte. Ernährungspolitik wird bewußt und in größerem Umfange erst seit einigen Jahren in Afrika getrieben. So ist man gerade erst in das Stadium der Vorarbeiten eingetreten, die geleistet werden müssen, nur um eine klare Vorstellung von dem Ziel selbst und den Mitteln zu seiner Erreichung zu gewinnen. Dabei ist man bisher in der Erforschung der Ernährungsverhältnisse, ihrer Ursachen und Folgeerscheinungen über Stichproben kaum hinausgekommen.

Mögen diese Stichproben ausreichen, um die Grundprobleme einer afrikanischen Ernährungspolitik erkennen zu lassen, als Grundlage für praktische Maßnahmen indessen genügen sie in vielen Fällen keinesfalls. Es konnte im Vorhergehenden zwar schon manches über die Ernährungsverhältnisse des afrikanischen Eingeborenen und über ihre Verbesserungsbedürftigkeit ausgesagt werden. Doch waren die Lücken dabei häufig größer als das Feststellbare, und wieviel Fragen heute noch offen stehen, wieviel Feststellungen vor allem nur ungefähre Gültigkeit haben und in einzelnen Gebieten sehr verschieden liegen können, wurde allerorts deutlich fühlbar.

Das, was allgemein fehlt, ist die gleichzeitige Erforschung der Ernährungs-, Wirtschafts- und Lebensverhältnisse der Eingeborenen in den einzelnen afrikanischen Gebieten. Aus der einen afrikanischen Kolonie weiß man einiges über den Nährwert der Eingeborenenernährung, aus der anderen kennt man die soziologische Struktur einiger Stämme und ihre Wirkung auf die Nahrungsbeschaffung, aus einer dritten manches über die Anbaumethoden der Eingeborenen usw. Es fehlt aber noch die Zusammenschau. Es fehlen Untersuchungen über das Zusammenwirken all der vielfältigen Bestimmungsfaktoren bei der Ernährungsweise des Eingeborenen.

Will man in der Ernährungspolitik wirklich weiterkommen, so muß der Plan, nach dem man vorgeht, umfassend sein und bis ins einzelne gehen, er muß auf das Grundziel ausgerichtet und gleichszeitig den örtlichen Besonderheiten angepaßt sein. Detaillierte Maßnahmen erfordern detaillierte Kenntnisse und Erkenntnisse. Diese zu beschaffen, ist die umfangreiche Aufgabe der fürs erste zu leistenden Vorarbeiten. Zunächst bedürfen aber auch allgemeinere Fragen noch der Klärung.

1. Die erforderlichen orientierenden Vorarbeiten.

Wenn eine gesunde und ausreichende Ernährung für den Eingeborenen angestrebt wird, so muß zunächst einmal festgestellt werden, was für den Eingeborenen denn überhaupt eine gesunde und ausreichende Ernährung ist. Dabei müssen voreilige Schlüsse aus unseren europäischen Erfahrungen unter allen Umständen vermieden werden. Daß der Körper des Eingeborenen andere Anforderungen an die Ernährung stellt als unserer, um gesund und leistungsfähig zu bleiben, darf wohl angenommen werden.

"An inquiry into the general metabolism of natives is, however, of the greatest importance, since it is surely unscientific to assume, as is invariably done in drawing up dietary scales in Africa, that the metabolism and the requirement are the same for natives as for Europeans[1])."

Die Erforschung des Stoffwechsels beim afrikanischen Eingeborenen ist also die erste Vorarbeit, die geleistet werden muß, um die Aufgaben der Ernährungspolitik im einzelnen klar herausstellen zu können. Wenn beispielsweise, vornehmlich in der belgischen Literatur, die Meinungen über die Bedeutung des Mineralsalzgehalts der Eingeborenennahrung so stark auseinandergehen, so liegt das an der Ungeklärtheit der Stoffwechselfrage. Erst wenn diese Frage erforscht ist, dürfte es möglich sein, einwandfreie Rationstypen aufzustellen und befriedigende Angaben über die richtige Ernährung des Eingeborenen zu machen.

Um die erforderlichen Unterlagen für eine so umfassende Forschungsarbeit zu beschaffen, dazu wird der bisher in den Kolonialgebieten arbeitende wissenschaftliche Stab wohl kaum ausreichen. Ob die Untersuchungen, die in einzelnen Gebieten zur Zeit angestellt werden, zu befriedigenden Ergebnissen führen werden, bleibt abzuwarten.

"Research on these lines would require accurate biological, biochemical, and biophysical estimations, involving work both in the laboratory and the field, with the clinizian and the pathologish assisting with the provision of normal and pathological material. Such work has been started at the medical research laboratories both in Kenya and Tanganyika, but results have not yet reached the stage of publication[2])."

Die zweite Aufgabe wäre dann die Feststellung des Nährwertes der afrikanischen Nahrungsmittel. Die hierzu erforderlich werdenden Untersuchungen komplizieren sich vor allem dadurch, daß nicht nur die Analysen der einzelnen Nahrungsmittelarten vorgenommen werden müssen, sondern daß sie überdies für jedes Gebiet gesondert durchzuführen sind. Auf die Ausführungen Dumonts über den regional unterschiedlichen Mineralsalzgehalt der gleichen Nahrungsmittel ist im zweiten Kapitel schon hingewiesen worden. Auch die übrigen Bestandteile der Nahrungsmittel können gelegentlich von Distrikt zu Distrikt mit dem Klima, Boden, Dünger und den Bewässerungsverhältnissen starken Schwankungen unter-

---

[1]) Worthington, (351) S. 161. Siehe auch die Diskussion über diese Frage auf der Conference on Coordination of General Medical Research in the East African Territories, Report, Nairobi, 1934, S. 35.

[2]) Worthington, (352) S. 584.

liegen. Vergleiche von Nahrungsmittelanalysen aus den verschiedensten Gebieten Afrikas lassen das deutlich erkennen[1]).

Solche Analysen sind wohl in allen afrikanischen Gebieten angestellt worden, allerdings selten in dem erforderlichen Ausmaß. Denn auch in den einzelnen Kolonialgebieten kann der Nährgehalt mit den örtlichen Verhältnissen von Distrikt zu Distrikt starken Wandlungen unterworfen sein, so daß eine allgemein festgesetzte Nährwertskala zu einer fragwürdigen Grundlage für alle weiteren Maßnahmen werden kann. Trolli[2]) verlangt daher für die belgische Kongokolonie, daß in jeder Provinz gesondert chemische Laboratorien für die Untersuchung der Nahrungsmittel errichtet würden. Ein Beispiel dafür, wie eine solche analytische Untersuchung durchgeführt werden müsse bietet für ihn die Arbeit Dr. Durens, die sich mit den Verhältnissen in der Provinz Kongo-Kasai befaßt[3]). Da neben der Südafrikanischen Union[4]) der Belgische Kongo die umfangreichsten Nahrungsanalysen angestellt hat, gilt die Forderung Trollis für die übrigen Kolonialgebiete mindestens in gleicher Weise.

Will man zu einer Beurteilung der Wirkungen kommen, die die Ernährungsweise auf den Gesundheitszustand des Eingeborenen hat, so kann man nicht bei der Analyse der einzelnen Nahrungsmittel stehen bleiben, sondern muß gleichfalls den Nahrungskonsum der Eingeborenen zu erfassen suchen, also ähnliche Untersuchungen wie die von Orr und Gilks für Kenya und von Richards und Widdowson für Nord-Rhodesien angestellten[5]) für alle oder doch möglichst viele Gebiete und Stämme durchführen. Das sind Untersuchungen, die auch der Klärung der Stoffwechselfrage zugute kommen würden.

Vor allem aber wären solche Arbeiten eine wichtige Voraussetzung für die praktische Einführung verbesserter Ernährungsweisen. Um das zu ermöglichen, darf man aber nicht bei einer Analyse der Nahrung stehen bleiben, sondern muß ebenfalls bei den einzelnen Stämmen die Ursachen feststellen, die zu den jeweiligen Ernährungsverhältnissen geführt haben, ob und wie weit sie auf natürliche Gegebenheiten, primitive Technik oder auf Voreingenommenheit und alte Sitten und Gebräuche der Eingeborenen zurückzuführen sind. Hier wird nun die Arbeit besonders schwierig, da solche Untersuchungen nur im Einvernehmen ja nur unter der Mitarbeit der Eingeborenen erfolgen können. Dazu wird sich aber nicht jeder Stamm ohne weiteres bereit finden. Das Essen ist nicht nur beim Islam, sondern auch bei vielen heidnischen eingeborenen Stämmen eine intime Handlung, bei der man sich nicht gerne beobachten läßt, eine heilige Handlung, über die man nicht gerne spricht. Untersuchungen gestalten sich dann äußerst schwierig und mit einer aktiven Unterstützung durch den Eingeborenen ist überhaupt nicht zu rechnen. Auf jeden Fall

---

[1]) Sehr umfangreiche Tabellen über die Zusammensetzung afrikanischer Nahrungsmittel verschiedener Gebiete bringt das Memorandum XIII des Internationalen Instituts für afrikanische Sprachen und Kulturen, London 1937.

[2]) (323). Schlußkritik Punkt 2.

[3]) „Etude sur les rations par Dr. Duren“, Ann. de la Soc. Belge de Méd. Trop. VIII, 1, Bruxelles, Juin 1928.

[4]) Siehe F. W. Fox: „Diet in relation to health in South Africa“, S. A. Med. J. 1934.

[5]) Siehe 2. Kapitel und Anhang Ib u. c.

erfordern solche Arbeiten Zeit. Nur allmählich kann das Vertrauen der Eingeborenen gewonnen, können die mengenmäßigen Untersuchungen durchgeführt und die sozialen und religiösen Hintergründe der Nahrungsgewohnheiten geklärt werden[1]). So zeigt sich die genaue Untersuchung der Ernährungsweise des Eingeborenen als äußerst kompliziert. Ähnliche Schwierigkeiten ergeben sich bei der Untersuchung der Nahrungsmittelversorgung des Eingeborenen und ihrer Bestimmungsgründe.

Da ist zunächst die noch völlig unzureichende botanische Kenntnis der Nahrungspflanzen der Eingeborenen. Es genügt ja nicht nur, die quantitativ wichtigsten Nahrungspflanzen zu kennen. Gerade viele „nebensächliche“ Gewächse haben wegen ihres Vitamingehalts häufig ausschlaggebende Bedeutung für die gesunde Ernährung des Eingeborenen. Außerdem kommen die allgemein bekannten Nahrungsgewächse häufig in so verschiedenen Abarten vor (z. B. bei Maniok und Hirse), daß sich auch hier noch ein weites Forschungsgebiet auftut. Denn die einzelnen Abarten können nicht nur in ihrem Nährwertgehalt Unterschiede aufweisen, sondern stellen auch häufig sehr verschiedene Ansprüche an Boden und Klima, so daß sie sich keineswegs alle gleich gut für eine Verbreitung über den ganzen afrikanischen Kontinent eignen. Zweifellos ist das mit einer der Gründe, die zu einer so unterschiedlich raschen Verbreitung der einzelnen aus Amerika oder Asien importierten Nahrungspflanzen in Afrika geführt haben.

Die Erforschung der afrikanischen Flora steckt durchaus noch in den Anfängen. Den Nahrungspflanzen hat man eigentlich erst in dem letzten Jahrzehnt im Zusammenhang mit der Aktualisierung der Ernährungsfrage besondere Beachtung geschenkt. Von vielen kennt man nicht viel mehr als die Eingeborenennamen.

Ansätze einer eingehenden Erforschung sind in England und vor allem in Südafrika gemacht worden:

"Mr. H. C. Sampson, Economic Botanist at Kew, has already large collections of millets and other food grains from several parts of Africa and is in active cooperation with the local agriculturists and other officers. In South Africa the division of Plant Industry of the Union Government has a number of botanists ready to identify and study important plants, while F. W. Fox and his collaborators at the South African Institute for Medical Research, have already examined a large number of wild plants used for food, particularly those which become important in times of acute shortage[2]).

Auch von deutscher Seite sind hinsichtlich der Nahrungspflanzen schon frühzeitig Forschungsbeiträge geleistet worden. So hat der Missionar Adolf Stolz, der in der Vorkriegszeit (1888—1914) im Kondelande am Nordende Nyassasees in Ostafrika tätig war, als bedeutender Pflanzensammeler den Botanikern eine gute Übersicht über die Flora des betreffenden Gebietes ermöglicht. Leider sind seine umfangreichen Pflanzensammlungen bei Kriegsausbruch von den Engländern zum größten Teil

[1]) Siehe die Darstellung der Schwierigkeiten der Ernährungsstudien bei den Bembastämmen: Richards und Widdowson (252).

[2]) Siehe Worthington, (352); auch bei Levy, Weintroub, Fox: "The food value of some common edible leaves", South Africa med. J. 10, 699—707.

beschlagnahmt und an den Botanischen Garten in Kew bei London gesandt worden. Ein kleiner Teil dieser Sammlung ist nach dem Kriege an das Botanische Museum in Berlin zurückgegeben worden.

Eine in der Zeitschrift für Eingeborenen-Sprachen[1]) veröffentlichte Liste von Adolf Stolz gibt einen Überblick über Nahrungs- und Heilpflanzen der Konde in Ostafrika. Sie bringt die Eingeborenennamen der einzelnen Pflanzen, sowie ihre botanische Bezeichnung und gibt auch kurz die Verwendung der einzelnen Nahrungsgewächse an. Ein gutes Beispiel dafür, wie eine Bestandsaufnahme der vorhandenen Eingeborenenkulturen auszusehen hat, liefert die 1914 erschiene Arbeit von Th. H. Engelbrecht, „Die Feldfrüchte Indiens in ihrer geographischen Verbreitung"[2]), in der für Indien nicht nur die Verbreitung der Kulturen zur Darstellung gelangen, sondern auch ihre Beziehungen zum Boden und Klima aufgezeigt werden. Eine ähnliche Arbeit mit Hilfe einer umfassenden Enquete war von Engelbrecht und Prof. C. Meinhof für die deutsch-afrikanischen Kolonien geplant, als der Weltkrieg ausbrach.

Ebenso steckt die Erforschung der Bodenverhältnisse Afrikas noch in den ersten Anfängen, wie überhaupt die Bodenkunde in den tropischen Gebieten auf ganz anderen Bedingungen steht als in den gemäßigten Zonen, so daß mit europäischen Erfahrungen der Landwirtschaft und der wissenschaftlichen Forschung in Afrika nicht viel anzufangen ist. Man hat also auch in dieser Beziehung in Afrika noch Neuland zu bearbeiten und läuft dabei dauernd Gefahr, voreilig Erkenntnisse, die für die gemäßigte Zone zutreffen, auch auf tropische Länder anzuwenden. Auf diesen Tatbestand macht Vageler in einem sehr instruktiven „Grundriß der tropischen und subtropischen Bodenkunde"[3]) immer wieder aufmerksam.

Es ist bezeichnend für die bisher überwiegende Ausrichtung der Kolonialpolitik auf die Entwicklung der Ausfuhrkulturen, daß Untersuchungen über Nutzpflanzen und ihrer Ansprüche an den Boden sich überwiegend mit einzelnen Ausfuhrkulturen beschäftigen, wie etwa mit der Eignung des Bodens für den Plantagenanbau von Tabak oder Kaffee. So sind in Kenya wohl Untersuchungen für den Anbau von Weizen für Ausfuhrzwecke gemacht worden, leider fehlt dagegen eine entsprechende Arbeit beispielsweise über die für die Eingeborenen-Ernährung so wichtige einheimische Hirse[4]).

Das ist an sich verständlich, da es für die wissenschaftlichen Forschungsinstitute wesentlich leichter ist, mit europäischen Pflanzern zusammenzuarbeiten als mit Eingeborenen, die eine andere Sprache sprechen und häufig auch gar nicht einzusehen vermögen, daß ihre althergebrachte Anbaumethode in irgend einer Beziehung unbefriedigend sei. Außerdem ist der europäische Pflanzer eher als der Eingeborene geneigt, mit Anregungen, Fragen und Klagen aus eigener Initiative an Forscher und technische Beamte der Kolonialverwaltungen heranzutreten. Ausschlaggebend war

[1]) Bd. XXIV H. 2 S. 81—99, Januar 1934.
[2]) I. Teil: Text. II. Teil: Atlas. Abhandlungen des Hamburgischen Kolonialinstituts. Bd. XIX. Hamburg 1914.
[3]) 2. Auflage, Berlin, 1938.
[4]) D. Hall (127) S. 89—90.

aber zweifellos die Tatsache, daß die Verwaltung selbst aus Gründen der öffentlichen Finanzen interessiert war, in erster Linie die Ausfuhrkulturen zu fördern, und darüber vielfach die allgemeinen Aufgaben der Erhaltung der Bodenfruchtbarkeit vernachlässigte, d. h. also praktisch Raubwirtschaft betrieb, oder sie zu mindestens begünstigte.

Die Aufgaben, die sich in diesem Zusammenhang für eine Verbesserung der Nahrungsversorgung ergeben, fallen zum guten Teil mit den allgemeinen Aufgaben der kolonialen Landwirtschaftspolitik zusammen. Da wäre zunächst eine Bestandsaufnahme des für landwirtschaftliche Zwecke geeigneten Landes zu nennen, etwa nach Bodenklassen, Eignung für Weide und bestimmte Kulturen. Hier wären zahlreiche und zuverlässige Experimente des Bodenchemikers erforderlich, der seine Forschungsergebnisse mit den Methoden und Gebräuchen der Eingeborenen zu vergleichen hätte, um erkennen zu können, was an der alten eingeborenen Anbaumethode falsch und was richtig ist, damit nicht etwa voreilig gute Bräuche bekämpft werden, bloß weil sie zufällig mit der landläufigen europäischen Erfahrung nicht übereinstimmen. Da sind weiter die Fragen der Wasserversorgung, ihre Abhängigkeit von Quellen, Flüssen, Sammelstellen von Regenwasser, Beobachtungen des jahreszeitlichen Regenfalles, des regelmäßigen Auftretens von Überschwemmungen und dürrer Zeiten, soweit sie die Nahrungsversorgung stören oder den Charakter des Bodens verändern, damit zusammenhängend, die Fragen der Bodenerosion und der Vegetationsvernichtung, schließlich die Bekämpfung der Pflanzenschädlinge: Heuschrecken, Heimchen, Ratten, Paviane, Vogelschwärme usw. Damit tauchen eine Unzahl von Unterfragen auf, die im Rahmen dieser Arbeit nicht einmal angedeutet werden können.

Im Mittelpunkt all dieser Arbeiten steht der Eingeborene selbst, um dessen Wirtschaft es geht, auf dessen Verhaltensweise Einfluß genommen werden soll. Vieles kann der Europäer sicherlich aus der uralten Erfahrung des Afrikaners mit der ihm umgebenden Natur lernen, aber sehr vieles kann er mit Hilfe seiner wissenschaftlichen Technik verbessern helfen. Um das Gute vom Schlechten, das Zweckmäßige vom Unzweckmäßigen in den Bräuchen der Eingeborenen unterscheiden zu können, gehört nicht nur ein agratechnischer Sachverstand, eine Kenntnis der afrikanischen Natur und der tropischen Vegetationsbedingungen, sondern gleichzeitig ein umfassendes Verstehen des Eingeborenen, der Motive und Hintergründe seiner Handlungsweise, ohne deren Beachtung auch die praktische Durchführung von Verbesserungsvorschlägen sehr behindert sein würde.

"What is needed most urgently at the present time in this matter is a series of original studies, systematically undertaken, which will form a basis for generalisation and any practical action which may be desired. The first requisite in such work is accuracy, not merely in securing quantitative data, but in insuring that inquiry is carried on as far as possible through the medium of the native language, and that it is the actual practice of the people that is recorded under ordinary household, family, or other group conditions. An inquiry by the questionnaire method is definitely of much less value than personal observation on the spot. The second requisite is a consideration of the problem not merely as one of food-values in a mechanical sense, but as involving the social behaviour of people, their tastes and prejudices, their traditional rules of life, their bondes of blood and friendship, their conceptions of rank, their beliefs — often erational from our point of view — in the peculiar properties of things[1]).”

Der Eingeborene steht heute im Mittelpunkt der Kolonialwirtschaft und der kolonialpolitischen Aufgaben. Damit ist die Völkerkunde in ihrer praktischen Ausrichtung in den Mittelpunkt aller kolonialen Forschung gerückt. Überall, wo es um Führungs- und Erziehungsfragen des Eingeborenen, um die Erkenntnis seiner Verhaltensweisen und ihrer Beweggründe geht, kann die Mitwirkung des Völkerkundlers, der wiederum ohne den Sprachwissenschaftler und eigene Sprachkenntnisse nicht arbeiten kann, nicht entbehrt werden. Im Rahmen der Ernährungsfragen kommt dem Völkerkundler die doppelte Aufgabe zu, sowohl hinsichtlich der Ernährungsgewohnheiten, wie der Nahrungsversorgung die sozial-religiösen, um nicht zu sagen kulturellen Hintergründe klar zu legen.

Nur durch derartig umfassende Forschungsarbeiten könnte eine uneingeschränkte Klarheit über Ziel und Weg einer erfolgreichen Ernährungspolitik geschaffen werden. Erst danach wäre es möglich den erkannten Weg zu beschreiten und Schritt für Schritt und Gebiet für Gebiet die Nahrungsversorgung und Ernährungsweise der Eingeborenen zu verbessern.

2. Die Schwierigkeiten der Arbeit.

Die Schwierigkeiten der orientierenden Vorarbeiten, wie auch der Durchführung der als richtig erkannten Verbesserungsmaßnahmen liegen in dem Ausmaß der dabei auftauchenden Aufgaben und Probleme. Die Lösung des Ernährungsproblems ist eng gebunden an die Verbesserung der allgemeinen wirtschaftlichen Verhältnisse des Eingeborenen, damit an die Lösung einer Vielzahl von Sanierungs- und Erziehungsaufgaben. Es gibt kaum eine Kolonialwissenschaft, die im Rahmen der Ernährungspolitik nicht zur Mitarbeit herangezogen werden, und es gibt kaum einen Verwaltungszweig, der für die entstehenden Aufgaben nicht in Aktion treten muß. Zur Lösung dieser Aufgaben ist ein Stab technischer und wissenschaftlicher Fachleute erforderlich, der heute den Kolonialverwaltungen nicht annähernd im nötigen Umfange zur Verfügung steht.

Schon allein für eine befriedigende Bestandsaufnahme der Ernährungsverhältnisse eines ganz beschränkten Gebietes wäre eine Studiengruppe, bestehend aus einem Arzt, einem Biochemiker, einem Völkerkundler (social anthropologist) und einem Tropenlandwirt erforderlich. Dabei ist vorausgesetzt, daß mindestens einer der Teilnehmer die notwendigen Sprachkenntnisse besitzt. Andernfalls müßte sich dieser Gruppe als fünfter Mann noch ein Kenner der betreffenden Eingeborenensprachen anschließen. Solche Gruppen konnten bisher nur in einzelnen Fällen zusammengestellt werden. Denn es fehlt einfach an den erforderlichen Fachleuten, ganz abgesehen von den Kosten derartiger Forschungen. Zunächst sind nicht genügend qualifizierte Ernährungsmediziner vorhanden, da bei der Ausbildung der Tropenmediziner bisher die Ernährungsfragen

---

[1]) Firth: “The soziological study of native diet”, Africa 7, 4, 402 (88).

vernachlässigt worden sind. Dann aber fehlt es auch an der erforderlichen Anzahl von Völkerkundlern, die mit den praktischen Problemen vertraut sind und von Tropenlandwirten. Es ist ja auch nicht jeder Fachwissenschaftler für solche Feldarbeit zu gebrauchen, da eine enge Zusammenarbeit sehr verschiedenartiger Wissenschaftler von jedem Einzelnen ein weitgehendes Einfühlungsvermögen in fremde Fachgebiete und Fragestellungen erfordert. Es kommt hinzu, daß wissenschaftliche Forschungen stets Zeit erfordern, so daß schon deshalb an eine kurzfristige Lösung der einzelnen Forschungsaufgaben nicht zu denken ist.

Es ist deshalb Faulkner und Mackie[1]) durchaus zuzustimmen, wenn sie die Leistungen des Agricultural Departments in West-Afrika mit dem Hinweis auf die Schwierigkeit der Aufgabe verteidigen: "The Agricultural Departments in West-Africa are some times criticized on the grounds that in spite of the large sums of money spent on agricultural research, no very tangible results have as yet been produced, and native agriculture is in precisely the same state as it was ten or twelve years ago. The statement is not entirely true, and moreover it must be remembered that scientific investigation into agricultural problems is a slow process; for experiments, even with anual crops, have to be repeated over a series of years in order to take into account weather and other seasonal variations before a conclusion can safely be drawn. Experiments on the treatment of permanent naturally take still longer."

Ähnliches sagt Hall[2]) über die Durchführungsschwierigkeiten eines ernährungspolitischen Planes: "The whole programme is, inevitably, both costly and slow, since it has to bring about a change in the mentality and the deep-seated tribal customs of native population. It calls for a great extension of the staff employed in the reserves of Europeans administrative and agricultural officers and of native instructors. It requires additional research. Considerable capital expenditure is needed to establish the meat factories, and to finance the regeneration of wasted areas and to improve water supplies.

Aber eins ist dem wohl noch hinzuzufügen. Was den alten besitzenden Kolonialmächten für die Durchführung derartiger umfassender Erschließungs- und Ernährungsprogramme fehlt, ist die erforderliche Einsatz- und Opferbereitschaft. Solche großen Projekte lassen sich nicht mit dem Prinzip verbinden, Kolonien aus ihren eigenen Einkünften zu entwickeln. Weder England und Frankreich, noch Belgien und Portugal sind in dem letzten Jahrzehnt bereit oder in der Lage gewesen, größere Mittel, die auch nur annähernd den noch zu lösenden kolonialen Aufgaben entsprochen hätten, ihren Kolonialgebieten zur Verfügung zu stellen. Portugal macht in diesen Jahren unter der Führung Salazars den Versuch, mit seinen schwachen Kräften das Versäumte nachzuholen. Die übrigen Kolonialmächte halten mit zusätzlichen Aufwendungen gerade heute mehr denn je zurück, ja suchen in vielen Fällen das Einkommen aus den Zins- und Amortisationszahlungen der Kolonien für eigene Zwecke zu verwenden. Damit verfolgen sie in ihrer Kapitalpolitik eine Linie, die im krassen Widerspruch zu ihrer kolonialpolitischen Ideologie steht und die sie außerstande setzt, die großen ideologischen Forderungen und praktischen Sanierungsprojekte, die sie selbst aufgestellt haben, durchzuführen.

[1]) (84), S. 8/9.
[2]) (127), S. 92.

3. Die praktisch geübte Methode.

Bei dem bestehenden Mangel an technischem und wissenschaftlichem Personal, sowie an den erforderlichen geldlichen Mitteln hat man sich im allgemeinen damit begnügen müssen, den schon bestehenden Verwaltungsapparat und die vorhandenen kolonialen Forschungsinstitute mit der Durchführung der ernährungspolitischen Projekte zu betrauen. Darüber hinaus wurden nur wenige Sonderausschüsse gebildet, die sich entweder mit der zusammenfassenden Leitung der Arbeiten oder mit gebietlichen Spezialuntersuchungen zu befassen hatten.

Im Jahre 1936 hatte der britische Kolonialminister an die ihm unterstellten Kolonialverwaltungen ein Rundschreiben gerichtet[1]), in dem er anordnete, daß eine möglichst erschöpfende Untersuchung über die Ernährungsverhältnisse einzuleiten sei. In dieser Untersuchung sollten fünf Punkte Beachtung finden:

1. Stand der Kenntnisse über die menschliche Ernährung. Bibliographie der über diese Fragen veröffentlichten Arbeiten.
2. Neue Studien und Untersuchungen, die wünschenswert wären.
3. Prüfung der Maßnahmen, die praktisch angewandt worden sind, um nach wissenschaftlicher Erkenntnis die Verbesserung der Ernährungsverhältnisse anzustreben. (Bibliographie.)
4. Für die Zukunft vorgesehene, ergänzende Maßnahmen.
5. Sonderberichte über die Folgen, die die Verbesserung der Nahrungsmittelversorgung für die Wirtschaft des betreffenden Landes haben kann.

Gleichzeitig kam es in England zur Gründung von einigen Ausschüssen und Unterausschüssen, die die Aufgabe haben, die einzelnen Untersuchungen und Forschungen vorzubereiten und sie alle einem gemeinsamen Plan einzuordnen. Für die Durchführung dieser Forschungen sollten evtl. Mittel aus dem Colonial Development Fund zur Verfügung gestellt werden. Zur persönlichen Unterrichtung des englischen Kolonialministers über die Ernährungsverhältnisse in den Kolonien wurde ein Forschungsausschuß gebildet, der dem Economic Advisory Council untersteht (Economic Advisory Council Nutrition Committee). Ein Unterausschuß, dessen Präsident Sir Edward Mellanby ist, hat die Aufgabe, die aus den Kolonien eingehenden Berichte zu studieren und ein Programm für die künftigen Arbeiten aufzustellen[2]).

Das Internationale Institut für Afrikanische Sprachen und Kulturen in London hat in Fühlung mit den amtlichen Stellen seinerseits ein spezielles Arbeitsprogramm für die Untersuchung der Ernährungsverhältnisse in Nyassaland aufgestellt. Dabei sollten zwei Gebiete untersucht werden: 1. Die Dowaprovinz, in der nebeneinander der viehzuchttreibende Stamm der Angoni (Mais) und die Ackerbauer der Chewa (Maniok, Reis, Fisch) wohnen; 2. Das gebirgige Gebiet des Ncheudistriktes, wo ein Zweig der Angoni Mais, eingeführte Obstkulturen und Gemüseanbau, während die benachbarten Yao und Amanganja in der Umgebung des Forts Johnstone als Hauptnahrung Maniok, Reis und Fisch verwenden. Für diese

---

[1]) Siehe Fußnote Seite 1.

[2]) Siehe Labouret, (168).

beiden Gebiete wurden drei parallele Untersuchungen in Aussicht genommen: eine ethnologische, eine ernährungschemische und eine medizinische. Die ethnologische Untersuchung ist zum Ausgangspunkt genommen worden. Es waren hier die sozialen und wirtschaftlichen Verhältnisse zu studieren: Die verschiedenen Methoden der Erzeugung und Verarbeitung der Nahrungsmittel, die Fragen des Bodenrechtes und der Arbeitsteilung, die unter dem Einfluß der Zivilisation eingetretene Veränderungen in der Verteilung der Erzeugnisse, in den Essensgewohnheiten und den magischreligiösen Bräuchen und Vorstellungen, soweit sie die einzelnen Nahrungsmittel betreffen usw. Für diese Untersuchung waren fünfzehn Monate angesetzt worden. Die Ergebnisse der ethnologischen Untersuchung der Angoni liegt schon in der 1938 veröffentlichten Schrift von M. Read: „Native standards of living and African culture change“[1]) vor.

Für die zweite Untersuchung, die Nahrungsmittelanalyse, lag die Aufgabe insofern einfacher, als hier chemische Untersuchungen vorzunehmen waren, für die schon beträchtliche Vorarbeiten vorlagen. Zur Ergänzung dieser beiden Untersuchungen sollten drittens medizinische und klinische Beobachtungen an mindestens 1500 Individuen beiderlei Geschlechts angestellt werden, um die Zusammenhänge zwischen Ernährung und physischem Zustand der Eingeborenen zu klären. Inzwischen hat das Programm eine Änderung erfahren, insofern auch für die landwirtschaftlichen, forstwirtschaftlichen und veterinären Fragen besondere Untersuchungen durchgeführt werden sollen. Veröffentlichungen über das Gesamtergebnis dieser Kollektivarbeit sind bisher nicht bekannt geworden.

Besonders bemühen sich die Engländer darum, die Kolonialverwaltungen mit ihren einzelnen Departments in die ernährungspolitische Arbeit einzuschalten. So sind in Nord- und Süd-Nigerien Ernährungsausschüsse gebildet worden, die eine Zusammenarbeit zwischen den medizinischen, landwirtschaftlichen, tierärztlichen, forstwissenschaftlichen und geologischen Abteilungen der Kolonialverwaltungen aufrechterhalten sollen.

Auf solche Zusammenarbeit weist auch das schon zitierte Rundschreiben des englischen Kolonialministers (Abs. 13—16) hin. Es betont die Aufgabe des Medical Department im Rahmen der maternity and infant wellfare services: Für die körperliche Entwicklung sei die Vorgeburtsperiode und die erste Zeit nach der Geburt entscheidend, so daß also die Hauptaufmerksamkeit der Diät von Mutter und Kind zu gelten habe. In den Eingeborenenschulen sei besonders darauf zu achten, daß die jungen Eingeborenen durch Kochlehrgänge, Haushaltslehre und Schulgärten, wo die Schüler ihre eigenen Nahrungsmittel anbauen könnten, zu einer sinnvollen Ernährungsweise angehalten würden. Die landwirtschaftliche und die tierärztliche Abteilung hätten die doppelte Aufgabe, sowohl die Nahrungsmittelversorgung, wie auch die Produktion von Ausfuhrgütern zu fördern, wobei der Nahrungsversorgung aber der Vorrang gebühre: „It is one of the main purposes of this despatch to draw attention to the importance of an adequate supply of locally grown foodstuffs and to urge

[1]) Memorandum XVI des Instituts für Afrikanische Sprachen und Kulturen (248).

that it should be given first consideration in the formulation of agricultural policy.“ (Abs. 15) Ausdrücklich wird gefordert, daß alle Beamten der Kolonialverwaltungen durch kurze Rundschreiben über die Bedeutung der Ernährungsfrage informiert würden, damit alle in ihrem Bezirk oder auf ihrem Spezialgebiet zu einer Verbesserung der Ernährungsverhältnisse beitragen könnten.

Im Sommer 1939 ist vom Nutrition Committee unter Leitung de la Warrs ein zusammenfassender Bericht[1]) über die bisherigen Bemühungen der britischen Kolonialwissenschaft und Verwaltung um die Ernährungsfrage veröffentlicht worden. Dieser Bericht stützt sich in der Hauptsache auf die einzelnen Reports der Kolonialverwaltungen, die in den letzten Jahren auf das erwähnte Rundschreiben des britischen Kolonialministers hin erfolgt sind. Er betrifft somit nicht weniger als 48 verschiedene Länder von zusammen über 2 Millionen Quadratmeilen mit etwa 55 Millionen Einwohnern, geht also über das britische Gebiet des tropischen Afrikas hinaus[2]).

In Frankreich ist schon 1925 in einem Bericht der Professoren Calmette und Roubaud[3]) auf die ungenügende Ernährung der Eingeborenen hingewiesen worden. Es wurde daraufhin ein „Service Technique de l'Alimentation Indigène“ eingerichtet, dem Mediziner, Agronomen und Veterinäre angehören. Vor allem wurden die Mindestrationen des eingeborenen Militärs, sowie der eingeborenen Arbeiter in privaten und öffentlichen Unternehmungen untersucht. Bei den im Stammesverband lebenden Eingeborenen hat man sich hauptsächlich darauf beschränkt, die immer wieder auftretenden Hungersnöte zu bekämpfen, indem von der französischen Verwaltung eine gewisse Vorratswirtschaft betrieben wurde. Außerdem bemühte man sich, teils mit Hilfe eines direkten Anbauzwanges, um die Einführung neuer Nahrungspflanzen, wobei man die Eingeborenengenossenschaften einzuschalten suchte[4]).

In verstärktem Maße sind die Arbeiten für die Eingeborenenernährung vor etwa zwei Jahren durch die „Commission d'Enquête dans les Territoire d'Outre-Mer“ wieder aufgenommen worden. Untersucht wird in chemisch-medizinischer und ethnologischer Hinsicht die Ernährungs- und Lebensweise der Eingeborenen. Zu Informationszwecken sollen dabei auch die Beamten der französischen Kolonialverwaltung herangezogen werden. Die Ergebnisse dieser Arbeit müßten nach dem ursprünglichen Plan in allernächster Zeit veröffentlicht werden.

Von belgischer Seite sind zwar schon vor dem Kriege die Ernährungsverhältnisse bei den Eingeborenen gelegentlich beobachtet worden, der belgische Gelehrte de Wildeman hat schon 1909 auf die Unterernährtheit

---

1) Economic Advisory Council. Committe on Nutrition in the Colonial Empire. First Report: Part I: Nutrition in the Colonial Empire, London 1939 (Cmd 6050). Part II: Summary of Information Regarding Nutrition in the Colonial Empire with Special Reference to the Replies received to the Circular despatch from the Secretary of State for the Colonies, dated 18th April, 1936. London 1939. (Cmd 6051).

2) Siehe über diesen Bericht den Aufsatz des Verfassers: „Die Ernährungsprobleme der Eingeborenen in den britischen Kolonien“ Kol. Rdsch. Dez. 1939.

3) „L'Insuffisance alimentaire des indigènes dans nos colonies“. Siehe auch Anhang VIII.

4) Siehe die französischen Versuche im Mandatsgebiet Kamerun auf Seite 131/132 dieser Arbeit.

des Kongonegers hingewiesen, trotzdem kann man auch für die belgischen Kolonien feststellen, daß erst in den letzten Jahren besonders aktive Versuche, die Ernährungsverhältnisse zu verbessern, gemacht worden sind. 1934 hat die Regierung von Belgisch-Kongo ein landwirtschaftliches Programm aufgestellt, das folgende fünf Punkte vorsah:

1. Belehrung der Eingeborenen über bessere Anbaumethoden.
2. Studium der verschiedenen Anbau- und Viehzuchtsmethoden, um die Landwirtschaft des Eingeborenen allmählich ertragsfähiger zu gestalten.
3. Rationalisierung der Arbeitsweise des Eingeborenen. Übergang von der zerstörenden extensiven Anbauweise zur intensiveren Koppelwirtschaft.
4. Saatgutauswahl und Verteilung.
5. Methodische Aufforstung der verlassenen Böden.

Dieses Programm scheint auf Grund seiner folgerichtigen Durchführung heute schon gewisse Erfolge zu haben.

Die landwirtschaftliche Erziehung des Eingeborenen erfolgt von 60 amtlichen oder missionarischen Zentren aus, in Verbindung mit dem Institut National Agronomique. Man hat nicht nur eine Vergrößerung der kultivierten Flächen bei den Eingeborenen erreichen können, sondern beginnt außerdem allmählich einige Pflanzen durch ergiebigere zu ersetzen und auf eine zweckmäßigere Verarbeitung der Nahrungsmittel hinzuwirken. An dieser Erziehungsarbeit beteiligen sich auch die privaten Konzessionsgesellschaften.

Vorbildliche Arbeit in der Nahrungsversorgung ihrer Lohnarbeiter haben die großen Bergbaugesellschaften des Belgischen Kongos geleistet[1]), so daß man wohl sagen kann, daß die Ernährungsprobleme der Lohnarbeiter in den Minengebieten des Belgischen Kongos bisher am besten gelöst worden sind. Demgegenüber sind die landwirtschaftlichen Distrikte dieser Kolonie etwas vernachlässigt worden.

Ergänzend muß noch auf die umfangreichen Analysen, die die Belgier schon seit 1915 über die einzelnen Nahrungsmittel der Eingeborenen angestellt haben, hingewiesen werden. Diese Untersuchungen sind hauptsächlich von den Laboratorien in Tervuren bei Brüssel, die dem Congo-Museum angeschlossen sind, vorgenommen worden.

Im großen ganzen ist gegen die Methode, afrikanische Landesprodukte nach Europa zu schicken, um sie dort auf ihren Nährwert hin untersuchen zu lassen, nichts einzuwenden. Jedoch muß beachtet werden, daß z. B., A- und C-Vitamine leicht zerstörbar sind, so daß eine Analyse von Nahrungsmitteln, die einen langen Transport hinter sich haben, nicht mehr die Vitaminhaltigkeit der betreffenden Produkte in frischem Zustande anzeigt. Daher wird man Nahrungsmittelanalysen in zunehmendem Ausmaß wohl in Afrika selbst vornehmen müssen. Solche Analysen an Ort und Stelle sind nicht so schwierig, wie es auf den ersten Blick scheinen mag, da die meisten der in Frage kommenden Vitamine durch chemische und chemikalische Methoden festgestellt werden können. Die Permanente Völkerbunds-Kommission hat offizielle Einheiten und Standards aufgestellt, durch die ein Vergleich des Vitamingehalts der Nahrungsmittel und der Mengen, die für die Gesunderhaltung des Menschen erforderlich sind, möglich werden[2]).

---

[1]) Siehe Anhang IVc. [2]) Worthington, (352) S. 580.

Daß Italien[1]) heute erst beginnt, auf dem Gebiete der Ernährungsfrage Erfahrungen zu sammeln, ist ohne weiteres verständlich, wenn man berücksichtigt, daß dieses Land eigentlich erst mit der Eroberung Abessiniens den nötigen Spielraum für umfangreiche koloniale Arbeiten und Untersuchungen erhalten hat. Es steht aber zu erwarten, daß Italien bei der Erforschung dieser wichtigen Frage das gleiche Tempo entwickeln wird, das es bisher allgemein in seinen kolonialpolitischen Maßnahmen gezeigt hat.

4. Die Stellung des Ernährungsproblems im Rahmen der übrigen Kolonialprobleme.

Der komplexe Charakter der Ernährungsfrage läßt dieses Problem besonders geeignet erscheinen, an ihm die engen Zusammenhänge der kolonialen Aufgaben und Spezialfragen zu verdeutlichen. Direkt oder indirekt klingen fast alle wichtigen Fragen der Kolonialerschließung bei der Erörterung dieses Problems an, und mit seiner Lösung hängen mittelbar oder unmittelbar die meisten Aufgaben der Kolonialwirtschaft zusammen. An der ernährungspolitischen Aufgabe und den Schwierigkeiten ihrer Lösung läßt sich daher gut die Vielfältigkeit und Ausdehnung der Sanierungsaufgaben zeigen, die Europa noch in Afrika zu leisten hat.

Da die Ernährungsfrage ganz unmittelbar das Wohlergehen des Eingeborenen betrifft, gehört sie vielleicht zusammen mit den Fragen der Erziehung und der sozialen Umgliederung des Eingeborenen zu den Zentralfragen der Kolonialpolitik, an denen sich alle anderen Fragen und Aufgaben ausrichten müssen. Das mag übertrieben klingen, ist es aber in Wirklichkeit keinesfalls.

Will man aus Afrika ein Rohstoffreservoir Europas machen, dessen Bestand von Dauer ist, so muß man zunächst für die gesunde Existenz des afrikanischen Produzenten, des Eingeborenen, Sorge tragen. So wie der Nationalsozialismus in Deutschland zunächst daran ging, die Grundwirtschaft, den agrarischen Sektor der deutschen Volkswirtschaft, zu sanieren und damit die Nahrungsversorgung des deutschen Volkes sicherzustellen, so muß auch jede Kolonialmacht in Afrika aus Rücksicht auf den Eingeborenen und auf den eigenen Vorteil unverzüglich daran gehen, die Nahrungswirtschaft zu einem befriedigenden Umfang zu entwickeln. Die alte wirtschaftspolitische Argumentation, daß man durch die Entwicklung der Ausfuhrkulturen den Lebensstandard der Eingeborenen heben müsse, zäumte das Pferd beim Schwanze auf und versuchte, auf einem völlig ungesicherten Fundament eine Wirtschaft aufzubauen, die durch die geringste Schwankung in der Weltwirtschaft erschüttert werden konnte.

Wenn man heute von seiten der Kolonialmächte dazu übergegangen ist, — mögen die Motive, die dazu geführt haben, noch so verschiedene sein[2]) — als erstes kolonialwirtschaftliches Ziel die Entwicklung der

[1]) Siehe Sabato Visco: "Alimentations dans les Colonies Italiennes" in "La science de l'alimentation en 1937", Alencon, C 137—163 (333).

[2]) Siehe Einleitung.

Binnenwirtschaft, d. h. praktisch der Nahrungsversorgung des Eingeborenen, anzusehen, so hat man damit erstmalig zu der einzig gesunden Methode gefunden, die Kolonialwirtschaft von unten her aufzubauen. An der Lösung der ernährungspolitischen Aufgabe wird sich zeigen müssen, ob diese kolonialwirtschaftliche Umstellung von Dauer ist und mit der Aktualisierung der Ernährungsfrage tatsächlich eine neue Epoche der europäischen Kolonialwirtschaft angebrochen ist.

8. Kapitel.

Die einzelnen Aufgaben und ihre Lösungsversuche.

Im vorigen Kapitel wurde gezeigt, welch umfangreiche Vorarbeiten noch geleistet werden müssen, nur um den erforderlichen Überblick zu beschaffen, der erst die europäischen Kolonialverwaltungen in den Stand setzen würde, das Problem der Eingeborenenernährung in Afrika in umfassender und auf die Dauer befriedigender Weise zu lösen. Es wurde ferner deutlich, daß die Durchführung dieser Vorarbeiten unter den gegebenen Verhältnissen auf erhebliche Schwierigkeiten stößt und demzufolge nicht so bald an ihre Beendigung zu denken ist.

Es ist natürlich unmöglich, die Ernährungsverhältnisse der Eingeborenen so zu belassen, wie sie sind, bis die dargestellten umfangreichen Vorarbeiten geleistet sind, da man sonst vielleicht überhaupt niemals zu einer praktischen Ernährungspolitik kommen würde.

Bei der Vielschichtigkeit des Ernährungsproblems und seiner engen Verbundenheit mit einer Unzahl anderer Probleme der Kolonialwirtschaft und Kolonialpolitik bieten sich dem Europäer und zwar vor allem dem Verwaltungsbeamten tagtäglich Möglichkeiten, auf die Ernährungsverhältnisse der Eingeborenen Einfluß zu nehmen. Auch dann, wenn solche Einflußnahme nur mittelbare und geringfügige Bedeutung auf die Ernährungslage hat oder wenn ihre Auswirkungen noch nicht bis ins Letzte geklärt sind, muß gehandelt werden, indem von jeder Möglichkeit, die Ernährungsbedingungen zu bessern, Gebrauch gemacht wird. Mißerfolge müssen in Kauf genommen werden. Wenn sie im Rahmen des Tragbaren bleiben und die Erfahrungen der verantwortlichen Kolonisatoren bereichern, sind sie eine wichtige Voraussetzung für jeden Fortschritt in der Ernährungspolitik.

I. Die vordringlichen Aufgaben.

1. Die Verbesserung der Ernährung des eingeborenen Lohnarbeiters.

Vor allem gestattet die Lösung der vordringlichen Ernährungsprobleme keine Verzögerung. Zu den wichtigsten Aufgaben der Ernährungspolitik gehört zunächst die Sicherstellung einer ausreichenden Ernährung des eingeborenen Lohnarbeiters. An den Eingeborenen in seiner Eigenschaft als Lohnarbeiter werden Anforderungen besonderer physischer Leistungsfähigkeit gestellt. Für die Auswirkungen, die solche Anforderungen auf den Gesundheitszustand des schlecht ernährten Eingeborenen haben, trägt der Europäer die volle Verantwortung. Beim Lohnarbeiter muß daher auch seine Ernährungspolitik in erster Linie einsetzen.

Die daraus sich ergebenden Aufgaben und Probleme sind im zweiten Teil der Arbeit schon behandelt worden. Hier seien nur noch einmal die Aufgaben, die sich dabei für die Kolonialverwaltungen ergeben, kurz herausgestellt[1]).

Einmal ist die Einhaltung einer quantitativ und qualitativ ausreichenden Ernährung des Lohnarbeiters zu kontrollieren, wobei die Erfüllung folgender Bedingungen beobachtet werden muß:

1. Die Ernährung muß mengenmäßig ausreichend sein.

2. Die Qualität der Lebensmittel, besonders ihre Konservierung, muß zufriedenstellend sein, da beschädigte, zerfressene oder Unreinheiten enthaltende Nahrungsmittel nicht den gleichen Nährwert wie gut erhaltene besitzen. Das gilt besonders für leicht verderbliche Artikel, wie Fleisch und Fisch.

3. Die physiologisch wichtigen, in Afrika aber verhältnismäßig seltenen Nahrungsbestandteile, wie Eiweiß, Mineralsalze und Vitamine müssen in der Nahrung reichlich vorhanden sein. D. h. die ausreichende Versorgung mit Nahrungsmitteln, wie Fleisch, Fisch, frischem Gemüse und Früchten, muß besondere Beachtung geschenkt werden.

Die europäischen Arbeitgeber sind heute meist selbst an der ausreichenden Ernährung ihrer Arbeiter interessiert, nicht nur, weil von einem schlechternährten Eingeborenen keine befriedigende Arbeitsleistung erwartet werden kann. Auch die Schwierigkeiten der Arbeiterbeschaffung legen es dem Europäer nahe, für eine gute Verpflegung und Unterbringung seiner Eingeborenen Sorge zu tragen. Der Erfolg der Arbeiteranwerbung ist häufig abhängig von dem Ruf, in dem das einzelne Unternehmen bei den Eingeborenen steht.

"Conditions of employment on the estates in the Moshi, Arusha and Mbulu districts varied considerably. Rations, housing, sanitation and medical facilities on some estates were of a commendably high order, while in the case of others, there was much room for improvement. It was hardly surprising, therefore, that some employers did not suffer so severely as others from the shortage of labour[2])."

Die Maßnahmen der Kolonialverwaltung können sich nicht darauf beschränken, lediglich kontrollierende Tätigkeit auszuüben. Soll die gesamte Ernährungspolitik nicht zu einem Hemmschuh der europäischen Ausfuhrproduktion werden, so darf die Kolonialverwaltung sich nicht damit begnügen, den europäischen Unternehmungen vorzuschreiben, wie sie ihre Arbeiter zu ernähren haben, sondern sie muß sich gleichfalls darum bemühen, die Voraussetzungen zu schaffen, die den europäischen Arbeit-

[1]) Siehe auch über die Entwicklung der Ernährungsverhältnisse des Lohnarbeiters und die Ernährungspolitik in Belgisch Kongo, Anhang IV.

[2]) Mandatsbericht Tanganyika 1937, S. 92.

geber in den Stand setzen, seine Arbeiter ausreichend zu ernähren. Die Versorgung mit ausreichenden Nahrungsmitteln ist, wie wir gesehen haben, für manchen europäischen Produzenten mit Schwierigkeiten verknüpft, die er allein nicht immer zu beseitigen vermag.

Zu solchen Bemühungen gehört vor allen Dingen die Sorge dafür, daß die umwohnenden Stämme einer Pflanzung über ihren eigenen Bedarf hinaus ausreichende Nahrungsmittel (besonders Obst und Gemüse) für die europäischen Unternehmen erzeugen, und daß die angeworbenen Arbeiter nicht wegen langer Wanderung zum Arbeitsplatz oder schlechter Stammesernährung halbverhungert bei der Arbeitsstätte ankommen.

Nicht nur, wo die Ernährungsfrage zum Versorgungsproblem wird, muß die Kolonialverwaltung also aktiv mithelfen, sondern auch dort, wo die Ernährungsgewohnheiten der Eingeborenen verbesserungsbedürftig sind, muß zur Umgewöhnung ein erzieherischer Einfluß auch von seiten der Kolonialverwaltung ausgeübt werden. Hier werden aber — sowohl mit dem Versorgungs- wie mit dem Erziehungsproblem — Fragen berührt, die nicht nur für die Ernährungsverhältnisse des Lohnarbeiters Bedeutung haben, sondern ebenfalls die Ernährungslage des selbständig im Stammesverband lebenden Eingeborenen bestimmen. Sie sind daher später zu behandeln; denn die Lösung dieser Fragen ist vielschichtiger und langwieriger Natur und daher nur langsam und Stück für Stück durchführbar und in ihrer Durchführbarkeit häufig von dem Ergebnis der orientierenden Vorarbeiten abhängig.

So lange sich die Maßnahmen einer langfristigen Ernährungspolitik noch nicht genügend auf die Versorgungslage und Ernährungsweise der eingeborenen Lohnarbeiterschaft auswirken, ist man gelegentlich gezwungen, zur Einfuhr der ernährungswichtigen Nahrungsmittel Zuflucht zu nehmen. Eine überspitzte Selbstversorgungspolitik, die etwa durch voreilige Prohibitionszölle die Nahrungsmitteleinfuhr verhindern wollte, dürfte wohl kaum mit dem Ziel einer Verbesserung der Eingeborenenernährung vereinbar sein.

Diesen Standpunkt vertritt das schon mehrfach zitierte Rundschreiben des englischen Kolonialministers[1]), wenn es im Absatz 17 sehr nachdrücklich und ausführlich auf die Notwendigkeit hinweist, auch in der Zollpolitik die ernährungspolitischen Ziele zu berücksichtigen: "The nature of the tariff can also have an important effect upon nutrition. Many other considerations, of course, must be given due weight in framing tariff policy, but I consider it of the greatest importance, that the tariffs of Colonial Dependencies should be framed in such a way as to encourage as much as possible the consumption of foodstuffs of high nutritive value. This is an aspect which has, I think, received little attention in the past so that often it happens that those articles which are of high nutritive value are among those contributing most highly to customs revenue. It should, of course, always be the policy to exempt from duty so far as practicable articles consumed only by the poorer classes, but I consider it important, that this policy should be extended to the greatest degree possible to cover all foodstuffs of high nutrive value by whatever class they are consumed."

---

[1]) S. Seite 1, Fußnote.

2. Verbesserung der Ernährung der sonst unter europäischer Aufsicht stehenden Eingeborenen.

Neben der eingeborenen Lohnarbeiterschaft sind es vor allem die militärischen Formationen und die Gefängnisse, durch die der Europäer einen direkten Einfluß auf die Ernährung des Eingeborenen besitzt. Nicht nur in Arbeitslagern, auch in den Eingeborenengefängnissen der Kolonialverwaltungen hatte die eintönige Ernährung zunächt zu sehr bedenklichen Gesundheitsverhältnissen geführt. Nachdem man die Zusammenhänge erkannt hatte, hatten sich die Verhältnisse, besonders im letzten Jahrzehnt, wesentlich verbessert. Die hohe Sterblichkeit der Gefangenen in Uganda ist beispielsweise durch Einführung einer wechselnden Diät, die besonders reich an A-Vitaminen ist, stark verringert worden[1]). Für Belgisch-Kongo stellt der Chefarzt der Kolonie, bezugnehmend auf Fälle von Beri-Beri und Rachitis, in seinem Jahresbericht 1931 fest, das Avitaminosen im wesentlichen Krankheiten der Arbeitslager und Gefängnisse sind. Wenn man den Arbeiten Trollis über den belgischen Kongo und Orensteins über den Witwatersrand folgen darf[2]), haben die Ernährungsverhältnisse sich auch in dieser Beziehung in Zentral- und Südafrika wesentlich gebessert.

Orde Browne sagt in seinem Buch über den afrikanischen Arbeiter[3]) ganz allgemein über die Gefangenenernährung: "It is common to hear that recruits have greatly improved in physique and health while at work and the reports of prison departments usually show the same effect of a generous diet."

Für den Strafvollzug hat sich aus den verbesserten Ernährungsverhältnissen allerdings eine besondere Schwierigkeit ergeben. Da die eingeborenen Gefangenen heute ausreichend ernährt werden, ergibt sich die paradoxe Lage, daß der Eingeborene im Gefängnis besser ernährt wird, als er es von Hause aus gewohnt ist, so daß die Gefängnishaft von ihm kaum als Strafe, eher als Belohnung empfunden wird. Ein Grund mehr, in der Gefängnisstrafe keine sehr sinnvolle Bestrafungsmethode für den Eingeborenen zu sehen.

Um die Ernährungsverhältnisse der eingeborenen Soldaten haben sich bezeichnenderweise die Franzosen besonders bemüht. Labouret[4]) weist darauf hin, daß die öffentlichen Reglementierungen der Rationen für Lohnarbeiter und Soldaten in A. O. F. für 190 000 Menschen (von einer Gesamtbevölkerung von $14^1/_2$ Millionen) eine ausreichende Ernährung bedeute. Was als Ausgangspunkt einer umfassenderen Ernährungspolitik sicher nicht zu unterschätzen ist.

---

[1]) H. B. Owen u. Mitchell: "Enquire into health conditions in prisons", Entebbe 1931. Siehe auch: Mitchell, Owen u. Löwenthal, "Observations on health in relation to diet in H. M. Centralprison Uganda", East Afr. Med. Jl. 1933, 10, 38—59.

[2]) (227) u. (323).

[3]) (222) S. 97.

[4]) „L'Afrique Francaise" 1937, S. 516.

3. Die Bekämpfung ausgesprochener Hungersnöte und die Methode des direkten Anbauzwanges.

Die dringlichste ernährungspolitische Aufgabe ist wohl die Vermeidung und Bekämpfung regelrechter Hungerepidemien, mit denen bei den natürlichen Verhältnissen in Afrika als eine regelmäßige Erscheinung zu rechnen ist. Die Gefahr der Hungersnöte wird sich zwar mit der Verbesserung der afrikanischen Wirtschaftsmethoden verringern. Soweit sie aber durch nicht berechenbare Naturerscheinungen und Katastrophen heraufbeschworen wird, ist sie indessen auch in Zukunft nicht immer zu vermeiden. Wirbelstürme, Springfluten, Überschwemmungen, unregelmäßiger Regenfall, Dürrezeiten und Heuschreckenüberfälle sind häufig nicht vorherzusehen. Hilfe ist in solchen Fällen gewöhnlich erst möglich, nachdem das Unglück geschehen ist. Hungersnöte als Folge solcher Naturereignisse werden also besondere Vorkehrungen notwendig machen, die neben der allgemeinen Verbesserung der Ernährungsverhältnisse besondere Probleme aufgeben.

Äußerst schwierig gestalten sich die Verhältnisse in dicht bevölkerten Gebieten, zumal wenn sie eine ungünstige Verkehrslage haben. So hat in Ruanda-Urundi die Bekämpfung der Hungersnöte der Kolonialverwaltung stets besondere Schwierigkeiten bereitet. Die Maßnahmen, die die belgische Mandatsverwaltung zur Bekämpfung der Hungersnöte getroffen hat, sind in mancherlei Hinsicht aufschlußreich und sollen daher im folgenden etwas eingehender behandelt werden.

a) Das Beispiel Ruanda-Urundis.

Ende der zwanziger Jahre wurde die belgische Verwaltung dieses Mandatsgebietes durch weit um sich greifende Hungersnöte dazu gezwungen, sich mit den Problemen zu beschäftigen, die sich aus der Nahrungsversorgung der Eingeborenenstämme ergaben. Ryckmans, der heutige Generalgouverneur von Belgisch-Kongo geht auf diese Fragen in einem Kapitel seines Buches „Dominer pour Servir"[1]) näher ein. Wir halten uns im folgenden hauptsächlich an seine Ausführungen.

Wie schon gesagt, lag die Hauptschwierigkeit, die von einer Hungersnot betroffenen Bevölkerungsteile Ruanda-Urundis mit Nahrungsmitteln zu versorgen, in der hohen Bevölkerungsdichte und den schlechten Verkehrsverhältnissen dieser Gebiete begründet. Hungersnöte konnten hier häufig genug gleichzeitig eine Bevölkerung von 200—300 Tausend Menschen befallen. Wie sollte man solche Menschenmassen in der Zeit der Not ausreichend mit Nahrungsmitteln versorgen, wenn sich diese Nahrungsmittel nur aus größerer Entfernung mit Hilfe von Trägertransporten herbeischaffen ließen? Um nachzuweisen, daß unter den gegebenen Verhältnissen häufig der Mandatsverwaltung nichts anderes übrig blieb, als einen Teil der davon betroffenen Bevölkerung dem Hungertode zu überlassen, führt Ryckmans folgendes Rechenexempel an.

---

[1]) Bruxelles 1931, S. 171ff. S. a. über die Erscheinung der Hungersnöte in Ruanda-Urundi Scaetta: „Les famines périodique dans le Ruanda", Bruxelles 1932. H. Schnee: Die Hungersnot in Ruanda und die belgische Mandatsverwaltung. Kol. Rsdch. 1929, S. 357—69.

Er nimmt den tatsächlichen Verhältnissen entsprechend an, daß ein Gebiet mit einem Durchmesser von 25 km von einer Hungersnot betroffen würde und daß in einem weiteren Umkreis von 25 km eine allgemeine Mangellage herrsche, die es den dort lebenden Eingeborenen nicht ermögliche, Nahrungsmittel für die vom Hungertode bedrohte Bevölkerung abzugeben. Unter diesen Bedingungen wäre man also gezwungen, aus dem von der Hungersnot betroffenen Gebiet vier Tagereisen weit zu marschieren, um auf verfügbare Nahrungsmittelmengen zu treffen. Sobald die dort vorhandenen Mengen erschöpft wären, sei man sogar gezwungen, noch weiter zu gehen. Rechnet man nun als Tagesration für drei Personen nur 1 kg Nahrungsmittel, so müßten 100 Tonnen Nahrungsmittel antransportiert werden, um die von der Hungersnot betroffene Bevölkerung von 300000 Menschen einen Tag zu ernähren. 100 Tonnen sind 4000 Trägerlasten, wenn die Träger gesunde, leistungsfähige Menschen sind und keine ausgehungerten Geschöpfe.

Weiter müßte beachtet werden, daß auch die Träger unterwegs ernährt werden müßten, daß sie also selbst einen Teil ihrer Last während des Transportes verbrauchten. Nimmt man eine durchschnittliche Marschlänge von 10 Tagen hin und zurück an, so werden für den Transport 40000 Trägertage nötig. Bei einer Trägerration von knapp 1 kg pro Tag würde etwa ein Drittel der Last von den Trägern unterwegs verbraucht werden. Von 100 abtransportierten Tonnen Nahrungsmitteln würden also nur 65 Tonnen ihrem eigentlichen Zwecke zugeführt werden können. Dabei handelt es sich, wohlgemerkt, nur um Mengen, die ausreichen würden, um die hungernde Bevölkerung einen Tag lang zu ernähren. Außerdem sind auch die Entfernungen des Antransportes in diesem Beispiel verhältnismäßig gering gerechnet. Auf die Dauer würde man zur Nahrungsbeschaffung in immer entferntere Gebiete gehen müssen, so daß über kurz oder lang die transportierten Lasten ausschließlich zur Ernährung der Träger selbst erforderlich würden.

Gegen dies Rechenexempel ist an sich nichts einzuwenden. Man darf aber doch wohl feststellen, daß es eben die Pflicht der Mandatsverwaltung gewesen wäre, rechtzeitig die latente Gefahr der Hungersnöte zu erkennen und Vorkehrungen zu treffen, die dieser Gefahr begegneten. Vor allem wäre es die Aufgabe der Verwaltung gewesen, durch großzügige Verkehrserschließung (Bau von Autostraßen) sich die Möglichkeit zu verschaffen, im Falle einer Hungersnot ausreichende Nahrungsmitteltransporte durchführen zu können. Da das versäumt wurde, konnte man den betreffenden Stämmen keine direkte Hilfe bringen. Von der Verantwortung für diese Versäumnisse kann sich die belgische Verwaltung aber auch durch solche Rechenexempel nicht befreien.

Der Ausbau eines verhältnismäßig guten Autostraßennetzes, das in den letzten Jahren in Ruanda-Urundi angelegt worden ist, dürfte ein wenig spät kommen.

Solange außer den Trägerkarawanen keine Transportmöglichkeiten bestanden, war den vom Hungertode bedrohten Stämmen nur dadurch zu helfen, daß man sie so schnell wie möglich in den Stand setzte und veranlaßte, neue Nahrungsmittelkulturen anzubauen, worauf Ryckmans, die

Maßnahmen der belgischen Verwaltung verteidigend, hinweist. Noch heute sind die Verkehrsverhältnisse in manchen Gebieten Innerafrikas ähnlich, wie sie seinerzeit in Ruanda Urundi waren, d. h. die Kolonialverwaltungen wären dort nicht in der Lage, die Eingeborenen im Falle einer Hungersnot ausreichend mit Nahrungsmitteln zu versorgen. Daher haben die folgenden Ausführungen Ryckmans auch heute noch aktuelle Bedeutung.

„Dans l'impossibilité où l'on est de nourrir et de sauver tout le monde, on sauvera plus de gens en distribuant des semences qu'en distribuant des vivres, en faisant travailler les indigènes qu'en les soutenant sans espoir pendant quelques jours[1]).“ „Les premières caravanes à envoyer en pays de famine, ce ne seront pas des caravanes de vivres, mais de houes[2]),“ meint Ryckmans. Außerdem empfiehlt er Stecklinge von Süßkartoffeln an die Eingeborenen zu verteilen, da diese nicht gegessen werden könnten. Es bliebe den hungernden Eingeborenen daher nichts anderes übrig, als die Stecklinge in die Erde zu pflanzen. Bohnen dürfe man in solchem Falle nicht verteilen, da sie doch nicht zur Aussaat verwendet werden würden; denn: „ventre affamé n'a point d'oreilles.“ Wenn man doch Bohnen zu Saatzwecken verwenden wolle, müsse man sie vorher keimen lassen.

Wenn die ersten Bataten reif würden, könne man auch Bohnen einführen, ohne Gefahr zu laufen, daß sie gegessen statt gesät würden. Mit dem Reifen der neuen Ernte wäre die Gefahr der Hungersnot aber noch keineswegs beseitigt, da dann meist die vor der Hungersnot geflüchteten Stammesgenossen nach Hause zurückzukehren pflegen und deren zusätzliche Nachfrage nach Nahrungsmitteln häufig die Ursache für eine neue Mangellage werden kann.

Schwierigkeiten, den Hungersnöten in Ruanda Urundi rechtzeitig vorzubeugen, ergaben sich aus den Ursachen, die zu solchen Krisen führten. Ruanda-Urundi ist zwar ein Land, in dem Hungersnöte immer wieder auftauchen. An sich brauchte das aber nicht zu sein; denn, wenn die Regenfälle auch unregelmäßig sind, so sind sie doch keineswegs spärlich, und es gibt sehr viele Gebiete (z. B. Südafrika), die bei geringeren Niederschlägen eine blühendere Landwirtschaft besitzen. Keine Gegend in Ruanda-Urundi verfügt nicht wenigstens über eine Niederschlagsmenge von 400 mm im Jahre. „Si donc la Ruanda-Urundi est un pays à famines c'est parce qu'on n'y cultive pas assez et que le genre de culture n'est pas adapté au climat[3]).“ Die Hungersnöte sind also weniger auf einen Mangel an Regenfällen als auf ihre Unregelmäßigkeit zurückzuführen. Denn fast alle Nahrungsmittelkulturen der Eingeborenen dieses Gebietes sind jahreszeitlich festgelegt und brauchen daher zu einem ganz bestimmten Zeitpunkt Regen. Ein Monat Trockenheit zur unrechten Zeit kann die ganze Ernte vernichten. Das läßt sich wiederum sehr häufig erst im letzten Augenblick voraussehen, so daß für rechtzeitige Gegenmaßnahmen keine Zeit mehr bleibt.

---

1) Ryckmans (258) S. 179.
2) (258) S. 178.
3) Ryckmans (258) S. 190.

"Entre le moment où une pluie pouvait encore tout rétablir et le moment où la famine devient inévitable, il ne s'écoule qu'une dizaine ou une quinzaine de jours. Et cela dans un temps où normalement les grenier sont vides[1])."

Daraus ergibt sich die Notwendigkeit, der Gefahr der Hungersnot durch eine bessere Anpassung der Anbauarten und Methoden vorzubeugen. Ryckmans empfiehlt zwei Wege[2]):

1. man müsse Kulturen einführen, die weniger jahreszeitlich bedingt wären, und
2. man müsse die ungenügenden Niederschläge durch künstliche Bewässerung zu ergänzen suchen.

Die am weitesten verbreitete Pflanze, die sich unabhängig von der Jahreszeit ernten läßt, ist der Maniok. Wo diese Pflanze die Grundlage der Ernährung bildet, meint Ryckmans, sei der Hunger unbekannt. Der Maniok kann von dem Augenblick an, wo seine Wurzeln eßbar werden, bis zu dem Zeitpunkt, wo sie verholzen, — das umschließt einen Zeitraum von 2—3 Jahren — geerntet werden. Das erleichtert die Vorratshaltung und enthebt den Eingeborenen der Schwierigkeit der Konservierung. Der Maniok war ursprünglich den Eingeborenen Ruanda-Urundis unbekannt und konnte nur sehr allmählich, teilweise nur unter Zwang, dort eingeführt werden.

Bei den saisongebundenen Kulturen empfiehlt Ryckmans eine Verbesserung des Saatgutes. Der Eingeborene müsse durch eine zweckmäßige Verwendung bestimmter Saatgutarten seine Kulturen besser an die jahreszeitlichen Verhältnisse anpassen. Da z. B. die erste Bohnenernte, die der Mangelzeit folgt, möglichst früh reifen soll, müsse bei ihrerAussaat eine frühe Bohnensorte Verwendung finden. Dagegen erfordere die zweite Aussaat, durch die für die künftigen Mangelmonate umfangreiche Reserven geschaffen werden sollen, eine besonders ergiebige Bohnenart.

Bei solchen Empfehlungen ist man aber in Ruanda-Urundi nicht stehen geblieben. Um die Bevölkerung vor periodisch wiederkehrender Nahrungsmittelknappheit zu schützen, hat die Verwaltung dieses Gebietes schon vor wenigen Jahren verfügt, daß jeder erwachsene Eingeborene mindestens 0,35 ha mit saisongebundenen und 0,15 ha mit nicht saisongebundenen Nahrungspflanzen zu bebauen habe[3]). Gleichzeitig sind die Eingeborenen verpflichtet, Saatgut- und Lebensmittelvorräte anzulegen. Leider fehlen Angaben darüber, wie sich diese Verordnungen[4]) durchführen ließen und welche Erfolge man mit ihnen gehabt hat.

Ähnliche Maßnahmen sind von seiten der französischen Mandatsverwaltung in Kamerun ergriffen worden[5]). „Um Hungersnöten rechtzeitig vorzubeugen, hat man durch eine Verordnung vom 4. Juni 1937 die Vorratshaltung bei den Eingeborenen obligatorisch gemacht. Bei den meisten Stämmen des Nordens besaß schon jede Familie ihren Speicher. Man konnte hier also mit der Verordnung an alte Gewohnheiten der Eingeborenen anknüpfen. Über die Vorrats-

[1]) (258) S. 187.
[2]) (258) S. 194.
[3]) Nach Angaben der Dépêche Coloniale Belge vom 29. 10. 38 (Nr. 950).
[4]) Bulletin Officiel du Congo Belge, Jan. 1928, Seite 28.
[5]) Siehe Mandatsbericht 1937.

haltung der einzelnen Familien hinaus hat man sich bemüht, auch für Dörfer und Bezirke Vorratshäuser anzulegen, in denen vor allem Saatreserven gehalten werden, für den Fall, daß die erste Aussaat von Heuschrecken oder durch Regenmangel vernichtet werden sollte. Außerdem halten auch alle Eingeborenen-Genossenschaften Nahrungsmittelreserven. „Man darf daher annehmen", so meint der Mandatsbericht, „daß diese Organisation in dreifacher Stufe fähig sein wird, jedem Risiko zu begegnen". Allerdings nur, möchte man hinzufügen, wenn diese dreifache Organisation auch tatsächlich durchgeführt wird und nicht, wie so oft in der französischen Kolonialverwaltung, auf dem Papier stehen bleibt[1])."

Für Mangelzeiten hat man in Ruanda-Urundi außerdem eine Kontrolle der Nahrungsmittelausfuhr vorgesehen und Trägerkarawanen, die durch ein von Hungersnot heimgesuchtes Gebiet marschieren, die Verpflichtung auferlegt, die für den Lebensunterhalt benötigten Nahrungsmittel selbst mitzuführen. Ryckmans weist mit Recht darauf hin[2]), daß ein direktes Ausfuhrverbot von Nahrungsmitteln nur mit großer Vorsicht gehandhabt werden sollte. „L'interdiction d'exportation crée et entretient la famine, parce qu'elle entrave l'extension des cultures." Denn, wenn der Eingeborene die angebauten Lebensmittel nur selbst aufessen kann, ist er wenig geneigt, den Anbau auszudehnen. Es hat sich erfahrungsgemäß immer wieder gezeigt, daß gerade diejenigen Gebiete, die für den Export Nahrungsmittel produzieren, immer zu essen haben. Wenn die drohenden und vom Eingeborenen am eigenen Körper immer wieder erfahrenen Hungersnöte den Eingeborenen nicht veranlassen konnten, seinen Nahrungsmittelanbau auszudehnen, so hat der Anreiz, Geld zu verdienen, es häufig vermocht.

Der zweite von Ryckmans empfohlene Weg zur Verhütung von Hungersnöten ist der Ausbau einer künstlichen Bewässerung. Von Bewässerungsfragen hat der Eingeborene Ruanda-Urundis noch kaum eine Vorstellung. Hier handelt es sich daher um Aufgaben, die völlig auf die Initiative der Europäer gestellt sind, bei denen also mit einer Selbsthilfe der Eingeborenen kaum zu rechnen ist. Ihre Lösung erfordert umfangreiche Kapitalaufwendungen, die eine größere Aktivität und wirtschaftliche Investierungsfreudigkeit zur Voraussetzung haben, als unter den gegebenen Verhältnissen von der belgischen Verwaltung erwartet werden kann. Im Rahmen der heutigen Wirtschaftspolitik der meisten Kolonialmächte, die sich im allgemeinen zu begnügen pflegen, mit Rücksicht auf die beschränkten Finanzkräfte der Kolonialgebiete durch Unterweisung der Eingeborenen und allmähliche Verbesserung ihrer Produktionsmethoden die Entwicklung der Kolonialwirtschaft zu fördern, wird die Bewässerungsfrage niemals gelöst werden. Wenn Ryckmans rät, den Eingeborenen dazu anzuhalten, die vorhandene Feuchtigkeit dadurch besser zu verwerten, daß er Talmulden, die auch in der Trockenzeit noch eine gewisse Feuchtigkeit enthalten, durch den Anbau von Süßkartoffeln besser als bisher ausnutzt, so ist das nur ein Notbehelf, dessen Empfehlung für den Geist der bisherigen kolonialen Wirtschaftspolitik bezeichnend ist.

---

[1]) H. D. Ortlieb: „Koloniale Selbstversorgung und Ausfuhrproduktion", Wirtschaftsdienst vom 12. Mai 1939, S. 653.

[2]) (258) S. 189.

b) Die Methode des Anbauzwanges.

Die Methode des Anbauzwanges ist auch über die Bekämpfung der Hungersnöte hinaus weitgehend von den Kolonialverwaltungen angewendet worden. Da sie eine verhältnismäßig kurzfristige Wirkung hat, sei sie schon an dieser Stelle behandelt[1]).

Die Notwendigkeit, zum direkten Zwange die Zuflucht zu nehmen, um die Gesamtheit der Eingeborenenbevölkerung zu veranlassen, neue Kulturen durchzuführen, den Nahrungsmittelanbau auszudehnen oder ganz allgemein ihre Anbaumethoden zu verbessern, ist in fast allen Gebieten erkannt worden, in denen man die wirtschaftliche und soziale Lage der Bevölkerung verbessern wollte.

Kapitän Stigand, ein englischer Verwaltungsbeamter, wies schon 1914 auf die Zweckmäßigkeit dieser Methode hin: "As regards developing a country by and for the natives alone, the difficulty arises of stirring them up to more scientific methods of agriculture, and planting produce new to them. Without a considerable amount of coercion, they will stick at the methods, which they have always practised. However much one may be against forcing his labour for the direct use of the white man, there can be no two views among farseeing persons as to wheter or not we should force the native, to improve his agricultural methods to his own advantage. For the great majority of Africans, if not forced to improve, will remain stationary. If they remain stationary, there is no chance of their government becoming sufficiently rich to administer their country on sound and orderly civilised lines[2])."

Neuerdings zeigen die Engländer — wenigstens in ihren offiziellen Stellungnahmen — eine grundsätzliche Abneigung allen Zwangsmethoden gegenüber. Worthington[3]) meint zwar auch: "In applying new or improved methods among native agriculturists, a major question is wether or not some form of compulsion is justified or even effective. As a rule, in British territories, every effort is made to avoid compulsion, but there are certain cases where it appears to be justified. For example, where a new crop of known value and suitability is to be introduced in an area, some compulsion in the initial stages may be the only way of demonstrating to the farmers the advantages which they themselves can derive from its cultivation. Again in the control of certain pests and diseases, measures may have to be enforced on all farmers, irrespective of race, in order to protect the careful farmer from his neighbour's neglect."

Er fügt aber, fast entschuldigend, dem gleich hinzu: "If it is possible to generalize about so complicated a question, it may be claimed that at least in British territories it is the aim to improve native methods by education and only to employ compulsion where all else has failed. In some Non-British territories direct compulsion is more often used, with the consequence that results are produced more rapidly and more cheaply they are not so satisfactory in the long run."

Beim Anbauzwang gibt der Verwaltungsbeamte direkt oder in manchen englischen Gebieten durch Vermittlung der Häuptlinge der Eingeborenen-

---

[1]) Die folgenden Ausführungen basieren hauptsächlich auf zwei Aufsätzen von Edmund Leplae: „Les cultures obligatoires dans les pays d'agriculture arrièrée", Bull. Agr. du Congo Belge, 20, 4, 449—478 (Dez. 1929) und 21, 2, 269—275 (Juni 1930).

[2]) "Administration in tropical Africa", London 1914. Zitiert nach Leplae (174) S. 467/68.

[3]) (352) S. 303.

bevölkerung die Anweisung, bestimmte Kulturen anzulegen. Einige Wochen später überzeugt er sich davon, ob seine Anweisungen befolgt sind und ob man sich bei der Anlage der Kulturen an die Unterweisung der Landwirtschaftsbeamten gehalten hat. In den meisten Fällen sollen solche Befehle tatsächlich befolgt werden[1]). Selten sind Bestrafungen erforderlich, etwa in Form von Zwangsarbeit für öffentliche Zwecke oder in den englischen Kolonien in Form von Geld- und Gefängnisstrafen.

Der Vorteil dieser Methode liegt darin, daß nicht nur einige besonders gehorsame oder intelligente Eingeborene veranlaßt werden, ihre Kulturen zu verbessern oder zu vergrößern, sondern die ganze Bevölkerung. Es fragt sich allerdings doch wohl — und darin hat Worthington fraglos Recht —, ob auf diese Weise wirklich entscheidende Wandlungen in der Anbaumethode herbeigeführt werden können, da für eine ausreichende Belehrung und Unterrichtung der gesamten Bevölkerung der jeweils vorhandene Stab an landwirtschaftlichen Beamten nicht ausreichen dürfte.

Vom Anbauzwang haben gelegentlich wohl alle Kolonialverwaltungen Gebrauch gemacht.

In Uganda kann die Verwaltung dort, wo die Nahrungsmittelquellen besonders schlecht entwickelt sind, und eine Hungersnot zu befürchten ist, eine bestimmte Bodenfläche vorschreiben, die von den Eingeborenen zu bestellen ist und deren Umfang vom Häuptling im Einzelfalle festgesetzt wird. Die Ernte aus solchen Kulturen muß Eigentum des einzelnen Eingeborenen bleiben. Die Baumwolle, die Hauptkultur, die etwa 90% der Ausfuhr dieses Landes ausmacht, ist ebenfalls in der Form einer Zwangskultur eingeführt worden. Sie wurde auf Verlangen der Verwaltung von den Häuptlingen der Eingeborenenbevölkerung auferlegt. Das ist besonders interessant, weil sich die Engländer heute gern von solchen Zwangsmaßnahmen distanzieren. Die Politik, die in dieser Hinsicht in Uganda befolgt wurde, findet ihren Niederschlag in dem Bericht der Kommission von Ostafrika. Dieser Bericht bringt auf S. 142 die Instruktionen des Chief Secretary an den Provinzialkommissar von Fort Portal:[2]) "Le gouverneur n'invite à préciser que la politique à suivre ne doit pas être une pression caractérisée en faveur de la production du coton. Les indigènes doivent être informés qu'ils peuvent choisir entre trois travaux: la cultur du coton, les travaux pour le gouvernement et les travaux pour les planteurs, mais rien ne peut être fait pour les décider à choisir un de ces travaux plutôt qu'un autre. Cependant, il faut leur expliquer clairement qu'on ne peut les autoriser à ne rien faire et à n'être utiles ni à eux-mêmes ni à leur pays." Der Bericht fügt dem hinzu: "Il fût cependant affirmé que dans un ou deux cas, des chefs indigènes avaient obligé les paysans à cultiver du coton. Après enquête nous avons constaté que fort peu de cas de ce genre d'action furent établis, mais on ne peut guère douter, que l'opinion indigène a généralement considéré comme un ordre le désir qu'exprimait le gouvernement de voir augmenter la surface ensemencée de coton."

Diese Bemerkung des Berichtes ist vor allem auch deswegen interessant, weil sie in Widerspruch zu einer Meinung steht, die auf der Konferenz in Genf 1929 häufig vertreten wurde und nach der bei der Einführung der Baumwolle in Uganda kein Zwang ausgeübt sein sollte. Leplae stellt demgegenüber nochmals fest, daß bei seinem Besuch 1916 in Uganda ein Zwang offensichtlich angewandt wurde und die Häuptlinge für die Anlage von Baumwollkulturen verantwortlich waren.

---

[1]) Leplae (174) S. 467.

[2]) Zitiert nach Leplae (174) S. 272.

In Tanganyika kann die Verwaltung dem Eingeborenen den Anbau einer Bodenfläche mit geeigneten Nahrungspflanzen auferlegen, soweit dieser dadurch in den Stand gesetzt wird, die erforderlichen Nahrungsmittel für sich und diejenigen, für die er zu sorgen hat, zu beschaffen. Bei Gefahr einer Hungersnot kann die Verwaltung darüber hinaus eine Fläche bestimmen, die von dem einzelnen Eingeborenen zu bepflanzen ist. Ähnliche Bestimmungen existieren in Kenya, Nyassaland und Nord-Rhodesien. Über die Maßnahmen in Ruanda-Urundi wurde schon berichtet.

Im belgischen Kongo kann die Bezirksverwaltung seit 1917 den Eingeborenen die Anlage von Nahrungsmitteln und Ausfuhrkulturen auferlegen. Aber die Kultivierung darf nur durchgeführt werden auf Stammesland (dans la chefferie ?) und ausschließlich zugunsten der Eingeborenen. Der Kultivierung soll im allgemeinen eine Untersuchung vorausgehen, die sich über die Möglichkeiten eines Anbaues, die Zahl der männlichen gesunden und erwachsenen Bevölkerung, die Transportmittel usw. orientiert (1924).

Die auf diese Weise eingeführten Kulturen wechseln mit den natürlichen Bedingungen und Bedürfnissen der einzelnen Gebiete. Es handelt sich meist um Nahrungsmittelkulturen (Maniok, Reis, Sorghum, Mais oder Bananen), um Ölpalmpflanzungen (10—15 Bäume pro Person), oder um Baumwolle und Sesam (von 5—10 bis zu 50 ar), die mit Nahrungsmittelkulturen abwechseln (Mais u. a.).

In Angola ist die Verwaltung auf Grund der neuen Bestimmungen über die Eingeborenenarbeit (Dez. 1928) berechtigt, die Kultivierung des um die Dörfer belegenen Landes unter der Bedingung zu veranlassen, daß die Anbauprodukte den Eingeborenen gehören und daß die Behörden diese mit Geräten und Saatgut versorgen, soweit sich die Eingeborenen damit nicht selbst zu versorgen vermögen.

In Französisch-Westafrika sind im Gebiet des Oberen Volta die Wälder selten und verringern sich von Jahr zu Jahr immer mehr. Um diese Entwicklung, durch die sich auch die Regenverhältnisse verschlechtern, aufzuhalten, können in diesem Gebiet die Eingeborenen zur Aufforstung herangezogen werden (1923). An der Elfenbeinküste werden Nahrungsmittel- und Baumwollkulturen in gemischter Form durchgeführt.

Um einen Mißbrauch solcher Zwangsverordnungen zu vermeiden, sind von den Kolonialverwaltungen eine Reihe von Maßnahmen getroffen worden, die die Möglichkeiten eines Mißbrauches oder einer ungünstigen Wirkung des Anbauzwanges auszuschalten suchen. Im allgemeinen sind mit diesen Maßnahmen folgende Punkte berücksichtigt worden, die vor allem in Belgisch-Kongo, meist auch in Gesetzen und Verordnungen, ihren Niederschlag gefunden haben:

„1. L'obligation est, en principe, temporaire, dès que les indigènes auront prouvé qu'ils apprécient les avantages des cultures et méthodes nouvelles, l'obligation pourra disparaître;
2. Les cultures imposées sont toujours des cultures faciles, que les indigènes connaissent ou qu'ils aprennent aisément, et qui réussissent sans peine dans la région où elles doivent être exécutées;
3. La superficie à cultiver par chaque cultivateur ou le nombre d'arbre qu'ils doivent planter ou entretenir sont toujours très réduits;
4. L'achat de la récolte est généralement garanti, le Gouvernement s'en gageant à acheter le produit, si le commerce local s'abstenait d'acheter, par exemple à la suite d'une baisse de la valeur du produit sur les marchés européens ou autres;
5. Le Gouvernement fixe ordinairement le prix minimum auquel le produit peut être acheté aux indigènes et prend des mesures pour que celui-ci ne puisse être trompé ni sur le poids ni hors du paiement;

6. Des dispositions sont prises pour favoriser la construction dans le pays d'usines mécaniques pour la préparation du produit; par exemple des usines d'égrenage (cotton ginneries), des huileries pour le travail des fruits d'élaeis (palm oil mills) etc. Ces installations fort couteuses sont ordinairement indispensables au développement d'une culture. Le Gouvernement de la Nigérie accord même des primes aux industriels qui risquent leur capitaux dans la construction d'une huilerie de palmes;
7. Des routes, des services de transports automobiles, des bateaux à vapeur, des barges ou des chemins de fer sont construits pour évacuer les récoltes sans recourir au portage. Celui-ci est d'ailleurs ordinairement interdit dès qu'il existe un autre moyen de transport.

Ces précautions seraient certes déjà de nature à dissiper les craintes d'abus, mais on pourrait les compléter encore en prévoyant des enquêtes préalables, analogues à celles qui sont recommandées par le questionnaire pour le travail forcé d' intérêt public, et qui détermineraient notamment:

1. qu'il n'est, en pratique, pas possible d'obtenir l'exécution de la culture où de l'élevage sans recourir à l'obligation;
2. que la culture où l'élevage est d'intérêt important et immédiat pour les individus appelés à l'exécuter;
3. qu'il ne résultera pas de l'exécution de ces cultures ou l'élevage un fardeau trop lourd pour la population."[1])

Diese Ausführungen lassen erkennen, daß der direkte Anbauzwang allein nicht geeignet ist, die Probleme der Nahrungsversorgung und der landwirtschaftlichen Erzeugung zu lösen, sondern daß darüber hinaus eine Vielzahl von ergänzenden und ausgleichenden Aufgaben übrig bleibt, die nur durch langfristige Sanierungs-, Erziehungs- und Erschließungsarbeiten gelöst werden können. Immerhin haben durch den direkten Anbauzwang meist die unmittelbaren Gefahren der Hungersnöte und Ernährungsmängel bekämpft werden können.

II. Die langfristigen Aufgaben.

Sind in der ausreichenden Nahrungsversorgung des Eingeborenenlohnarbeiters und in der Bekämpfung von ausgesprochenen Hungersnöten ernährungspolitische Aufgaben zu sehen, die in der einen oder anderen Form unbedingt kurzfristig gelöst werden können und müssen, so sind die allgemeinen Verbesserungen der Ernährungsverhältnisse des selbständig lebenden Eingeborenen ebenso wie die koloniale Selbstversorgung mit Lebensmitteln Ziele, die sich nur auf lange Sicht anstreben lassen.

Es ist schon gezeigt worden, wie vielseitig das Arbeitsfeld ist, das sich dem europäischen Kolonisator eröffnet, will er die Wirtschaftsmethode und Ernährungsweise des Eingeborenen auf eine andere Grundlage stellen. Die einzelnen Probleme können in den verschiedenen afrikanischen Gebieten mit ihren unterschiedlichen Bedingungen sehr ungleichartig sein. Was im Einzelfalle zu tun ist, kann nur unter Berücksichtigung der besonderen Verhältnisse des betreffenden Gebietes gesagt werden. Im folgenden können daher nur einige Grundfragen erörtert werden, die in

[1]) Leplae, (174) S. 274/75

abgewandelter Form für die Verhältnisse in den meisten afrikanischen Gebieten gültig sind.

1. Die Verbesserung der Anbaumethoden.

a) Einführung neuer Pflanzen und Kulturen.

Eine der wichtigsten Aufgaben ist die Bekämpfung der Einseitigkeit in der landwirtschaftlichen Erzeugung der Eingeborenen, einmal weil durch diese Einseitigkeit die Nahrungsversorgung allgemein zu sehr gefährdert wird, zum anderen weil ein einseitiger Anbau meist auch eine einseitige Ernährungsweise zur Folge hat. Die Einführung bisher unbekannter Nahrungsmittelkulturen bei den einzelnen Eingeborenenstämmen ist daher praktisch die wichtigste Maßnahme gewesen, die in den letzten Jahren wohl in allen Kolonien von der Verwaltung versucht worden ist. Mit Hilfe des direkten Anbauzwanges konnten solche Kulturen nur eingeführt werden, wenn sie entweder in geringerem Umfang den Eingeborenen schon bekannt waren oder wenn sich ihr Anbau verhältnismäßig einfach gestaltete. Die größte Beachtung fanden daher der Maniok und die Süßkartoffel, die den meisten Stämmen bekannt sind, wenn auch viele Eingeborene besonders Maniok nur ungerne genießen und meist nur in Mangelzeiten zu dieser Nahrungspflanze ihre Zuflucht nehmen. So bedenklich die einseitige Ernährung mit Knollenfrüchten im Urwaldgebiet ist, so groß ist ihre Bedeutung als Ausgleich und Ergänzung bei Stämmen, die überwiegend von Getreide leben. Denn die Knollenfrüchte gedeihen auch unter Bedingungen, die für Getreide ungünstig sind, ihr Anbau ist daher geeignet, den schlechten Ausfall einer Getreideernte auszugleichen. Die besondere Bedeutung der Süßkartoffel und des Maniok liegt darin, daß diese Früchten fast während des ganzen Jahres geerntet werden können. Allerdings sprechen die chronischen Vergiftungserscheinungen, die man neuerdings bei Cassava essenden Völkern festzustellen glaubt, gegen eine zunehmende Verwendung des Maniok als Nahrungspflanze, so daß also die Verbreitung dieser Kultur nicht gerade eine ideale Lösung der Nahrungsfrage zu sein scheint.

Besonders wichtig ist die Einführung unbekannter Gemüsearten und Fruchtbäume in Gebieten, bei deren Bevölkerung sich ein Vitaminmangel bemerkbar macht. Vor allem in den Bergbaudistrikten, wo sich durch die Konzentrierung größerer Arbeitermengen ein besonders starker Bedarf an frischem Obst und Gemüse entwickelt hat, haben die Kolonialverwaltungen ebenso wie die großen Privatgesellschaften sich um die Anpflanzung von Obstbäumen bemüht. Aber auch in landwirtschaftlichen Gebieten z. B. Ruanda-Urundis hat die Verwaltung gelegentlich an den Landstraßen Apfelsinen- und andere Obstbäume anpflanzen lassen.

Besondere Aufmerksamkeit seitens der Kolonialverwaltung findet neuerdings auch der Anbau der Erdnuß, die wegen ihres hohen Fett- und Eiweißgehaltes eine wichtige Ergänzung der Eingeborenenernährung darstellt und in den nächsten Jahren wahrscheinlich noch weitere Verbreitung finden wird. Auch Jerrard[1]) empfiehlt in seiner Zusammenstellung über die

[1]) (149).

Ernährungsverhältnisse der Eingeborenenstämme Deutsch-Ost-Afrikas immer wieder, den Verbrauch von Erdnüssen zu erhöhen.

Immer wieder empfohlen wird auch der Anbau der Sojabohne, die neben reichlichem Fett noch mehr Eiweiß enthält, und zwar vollständiges Eiweiß, das vollwertigen Ersatz für tierisches Eiweiß bieten kann. Gleichzeitig ist diese Frucht vitaminhaltig (Vitamine A, B, C). „Ihr reicher Nährwert und sonstiger Gehalt erklärt uns ohne weiteres die ungeheure Wertschätzung und die große Bedeutung, die diese einzigartige Bohne für den Südosten und Osten Asiens genießt, wo sie in manchen Gebieten die Ernährung zumal der ärmeren Bevölkerung fast allein gewährleistet", schreibt Seyffert[1]). Aber da die Sojabohne eben ursprünglich nicht in tropischen Gebieten beheimatet ist, stellen sich ihrem Anbau in Tropisch-Afrika besondere Schwierigkeiten entgegen. Es ist bisher noch nicht recht geglückt, diese Frucht in Afrika anzubauen, wobei es offen bleibt, ob weitere Anbau- und Zuchtversuche bessere Ergebnisse als bisher zeitigen werden. Ein 1938 erschienener Bericht über die Ernährungsverhältnisse Nigerias[2]) stellt im Hinblick auf die Sojabohne fest: "This crop has only been grown experimentally in Nigeria, but it is hoped that some of the many varieties available prove successful." Das wäre insofern sehr wünschenswert, als die Sojabohne auch als Ausfuhrartikel Verwendung finden könnte, womit für den Eingeborenen ein wesentlich stärkerer Anreiz, diese Frucht anzubauen, gegeben wäre.

A. D. Hall nimmt in ähnlicher Weise zur Frage der Sojabohnenkultur Stellung[3]) "The soya bean is not of tropical origin and the varieties that have been tried do not crop well in Africa. But as yet the introductions have been made only on a limited scale and there has been no serious selection and breeding work such as has within a few years produced in America new varieties suited to their conditions .... The plant has indeed proved so adaptable to varied conditions of climate and soil that breeding for African conditions ought to be taken up on a large scale with full power and not treated as a side issue in the already overcharged programms of the agricultural experimentations. A good bean that can either be consumed or sold is essential to both native and plantation farming in Africa, and it is not to be expected that a ready-made one is likely to be found."

b) Verbindung von Export- und Nahrungsmittelkulturen.

Auf die Beziehungen zwischen Export- und Nahrungsmittelanbau muß aber noch etwas näher eingegangen werden. Eine gemeinsame Förderung von Ausfuhr- und Nahrungsmittelkulturen ist unter bestimmten Voraussetzungen durchaus wünschenswert. Gegen die Exportproduktion ist der Einwand erhoben worden, daß ihre Entwicklung die ausreichende Ernährung der Eingeborenen gefährde, besonders in Gebieten, wo wie im Belgischen Kongo den Stämmen ein Teil ihrer männlichen Arbeitskräfte durch Lohnarbeit entzogen ist. Das trifft für die betreffenden Gebiete zweifellos zu.

Wir haben ebenfalls im 4. und 6. Kapitel gezeigt, daß sich die steigende Ausfuhrproduktion nicht in jeder Beziehung günstig auf die Ernährungs-

[1]) (279) S. 67. [2]) "Food in relation to health" (216), S 5.
[3]) (127) S. 78.

weise der Eingeborenen auswirkt und daß sie bei einer übertriebenen Entwicklung unheilvolle Folgen für die Nahrungsmittelselbstversorgung mancher Gebiete gehabt hat. Solche Feststellungen dürfen aber nicht zu einer grundsätzlichen Ablehnung der Ausfuhrerzeugung führen. Die Entwicklung der Ausfuhrproduktion und besonders der Ausfuhrkulturen der Eingeborenen kann durchaus im Sinne der Ernährungspolitik liegen. Das sei hier noch einmal deutlich herausgestellt.

Da sich durch die Ausfuhrerzeugung — vor allem in der Form der Eingeborenen-Kulturen — Kaufkraft und Lebensstandard der Eingeborenen wesentlich erhöhen, können diese sich meist auch besser ernähren. Ihre erhöhte Kaufkraft kann sich aber vor allem mittelbar auch den anderen Eingeborenen mitteilen, wenn diese Nahrungsmittel an die für die Ausfuhr arbeitenden Stammesgenossen verkaufen. Warum soll sich nicht — um ein Beispiel zu geben — der eingeborene Kakaoproduzent ausschließlich der Kakaoerzeugung widmen und die Aberntung von Ölpalmbeständen und den Anbau von Erdnüssen und Kassawa anderen Stammesgenossen überlassen? — Eine solche Spezialisierung wird, wenn sie den landwirtschaftlichen Anbauverhältnissen Rechnung trägt, in wirtschaftlicher Hinsicht vorteilhaft sein. Gegen eine solche Arbeitsteilung innerhalb der Eingeborenenwirtschaft ist auch vom Standpunkte der kolonialen Selbstversorgung nichts einzuwenden, wenn eine Bedingung erfüllt ist, wenn die Erzeugungssteigerung der nahrungsmittelanbauenden Eingeborenen mit der Spezialisierung der übrigen auf Exportprodukte Schritt hält, wie schon im 6. Kapitel nachdrücklich betont wurde.

Eine Arbeitsteilung innerhalb der Eingeborenenwirtschaft kann der Ausdehnung der Nahrungsmittelerzeugung sogar dienlich sein. Dadurch eine Spezialisierung in den Produktionen die Nahrungsmittel zu einem Markterzeugnis werden, so daß der Eingeborene Geld bekommen kann, wird er häufig eher bereit sein, die Anlage von Nahrungsmittelkulturen auszudehnen, als wenn er nur für den eigenen Bedarf zu produzieren hätte. Der Nahrungsmittelanbau bildet heute schon in vielen Gebieten genau so wie die Ausfuhrproduktion für den Eingeborenen eine Verdienstmöglichkeit.

Ein Beispiel dafür bringt der Mandatsbericht 1937 von Tanganyika (S. 94) aus dem Bukobadistrikt: "... The Nyambo of Karagwe will not seek work on the tin-mines as their monetary requirements are at present very small and have been largely met by the sale of native beer to the mine employees and of foodstuffs to approximately 90000 natives from the Belgian Congo who passed through Kargwe on their way to work in Uganda."

Bei der Förderung der eingeborenen Ausfuhrproduktion handelte es sich in den letzten Jahren übrigens in vielen Fällen gar nicht um eine Begünstigung solcher Spezialisierungen. Wenn man im Belgischen Kongo beispielsweise den Baumwollanbau der Eingeborenen gefördert hat, so führte das in den seltensten Fällen zu einer Vernachlässigung des Nahrungsmittelanbaus. Man hielt nämlich den Eingeborenen dazu an, die Baumwollpflanze im Fruchtwechsel mit Nahrungspflanzen anzubauen. Da gleichzeitig meist auch die Anbaufläche zunahm, wirkte sich der Baumwollanbau in keiner Weise vermindernd auf die Nahrungsversorgung aus. Mit der allmählichen Gewöhnung an einen regelmäßigen Fruchtwechsel wird der Baumwollanbau den Eingeborenen veranlassen, auch bei größeren Geldeinnahmen aus der Ausfuhrerzeugung den Anbau von Nahrungsmittelkulturen doch nicht aufzugeben.

Soweit die Spezialisierung auf einzelne Kulturen zu einer einseitigen Beanspruchung des Bodens führt und sich aus produktionstechnischen Gründen als unzweckmäßig erweist — was im Rahmen der eingeborenen Bauernwirtschaft häufig der Fall ist, — wird eine solche Spezialisierung natürlich nicht im Sinne einer allgemeinen Produktivitätssteigerung der Kolonialwirtschaft liegen.

c) Fruchtwechsel und Düngung.

Die Kombination von Nahrungsmittel- und Exportkulturen läßt sich natürlich nur durchführen, wenn der Eingeborene allmählich zu einer entwickelteren Anbaumethode übergeht. Den Fruchtwechsel hatten die Europäer schon bei vielen Stämmen vorgefunden. Manche Stämme verfügen bereits über ein ziemlich kompliziertes Anbausystem.

So geben Faulkner und Mackie[1]) für die Eingeborenen in der Nachbarschaft von Ibadan (Südnigerien) folgenden Fruchtwechsel an:

"1st year: Bush cleared and burnt in July and late maize planted on the flat in September. Hills for yams made in November and yams planted in the same month.

2nd year: Early maize planted through the yams in March, cotton planted through the yams and maize in early August, maize harvested late in August. In addition, edible beans and gourds also grown in the cotton.

3rd year: Early maize with cassava planted through it.

4th year: Cassava.

5th year: Reverted to bush."

Ein solcher Fruchtwechsel, der mehrere Fruchtfolgen im gleichen Jahre vorsieht, ist nur unter ganz bestimmten klimatischen Verhältnissen möglich. Ibadan liegt in einem regenreichen Gebiet. Dagegen ist das Klima Nord-Nigeriens ziemlich trocken, so daß die Anbauverhältnisse dort ganz anders liegen. Über die nördlichen Gebiete Nigeriens berichten Faulkner und Mackie: "Owing to the shortness of the season there is no possibility of getting two crops in the same year. Mixed cropping is generally practised only with the two cereals, millet (gero) and guinea corn. These crops are usually grown on the same land, but cotton, groundnuts, rice, beniseed, etc. are all as a rule grown as sole crops. A few rows of gero may be grown through groundnuts and gourds and edible beans are often sparsely sown in the cotton and guinea corn fields respectively; but, in the sence in which it is practised by the southern farmer, mixed cropping is not seen in the north."

Häufig versucht also der Eingeborene, eine einseitige Beanspruchung des Bodens dadurch zu verhüten, daß er gemischte Kulturen anlegt, das Nacheinander der verschiedenen Pflanzen beim Fruchtwechsel also in ein Nebeneinander verwandelt.

Worthington[2]) faßt die Vorteile und Probleme des gemischten Anbaus (mixed cropping) recht gut zusammen, wenn er sagt: "One advantage of the system is

---

[1]) (84) S. 36/37 u. 38. [2]) (352), S. 385/86.

that it may enable an export crop to be grown without unduly extending the area of cultivation or increasing the amount of labour involved in tilling. The Nigerian agricultural department has found that the native methods of growing Ishan cotton and other cottons of this type as a mixed crop are more profitable than growing it as a pure crop...

The native plants his crops at successive intervals, in accordance with the length of the growing period of each, so that the crops are not necessarily harvested in the rotation in which they were planted. Also ripening periods vary, so that the labour of harvesting is well distributed. Trials carried out at Tamale in 1929 showed that one acre of land under mixed cropping yielded the same quantity of produce as nearly two and a half acres cultivated on the single crop system. It was therefore conclused provisionally that mixed cropping was the superior of the two methods, but further trials were considered necessary....

Mixed cropping is usually looked upon as an insurance against adverse seasons; some parts of the mixture may succeed or fail according to the vagaries of the season. Difficulties may arise from lack of water when two crops are competing on the same soil, so research is advisable find out to what extent and in what form mixed cropping should be developed in any area."

Der größte Teil der Eingeborenenstämme verharrt aber noch bei der primitiven Anbaumethode des wandernden Hackbaus, also einer Art Feldgraswirtschaft.

Mit der Einführung neuer Nahrungsmittelkulturen werden die Anbaumethoden bei den einzelnen Stämmen einem Wandel unterworfen werden müssen, sei es, daß eine Fruchtwechselwirtschaft völlig neu eingeführt wird, sei es, daß der bestehende Fruchtwechsel entsprechend geändert wird. Dabei liegt die Schwierigkeit darin, daß dem Europäer, der den Eingeborenen zu neuen Anbaukombinationen veranlassen will, meist die notwendigen Anbauerfahrungen in Afrika noch fehlen. Wir können mit unseren europäischen Erfahrungen unter den völlig anderen Klima- und Bodenverhältnissen Afrikas meist wenig oder gar nichts anfangen. Gerade hinsichtlich der verbesserten Anbaumethoden ist daher ohne die erforderlichen wissenschaftlichen und experimentellen Vorarbeiten kein wesentlicher Erfolg zu erzielen. Ohne gesicherte Erfahrungen sollte man sich wohl davor hüten, den Eingeborenen zu neuen Fruchtfolgen zu veranlassen. Der Eingeborene kann nur durch Erfolge überzeugt werden. Erstmalige Mißerfolge schädigen allzu leicht das Ansehen des europäischen Landwirtschaftsbeamten und erschweren für lange Zeit die Einführung auch wirklich erprobter neuer Praktiken.

Mag der wandernde Hackbau noch so angreifbar sein, da durch ihn Wälder zerstört, große Bodenflächen beansprucht werden und die Bodenfruchtbarkeit sich vermindert, so kann man doch vom Eingeborenen nur dann erwarten, daß er diese Anbaumethode aufgibt, wenn man eine bessere Methode weiß, durch die schon bei gleichem oder geringerem Arbeitsaufwand ein größerer Ertrag erzielt wird. Der Eingeborene ist zwar kein „homo oeconomicus", aber er wird sehr schnell herausbekommen, ob die neue, vom Europäer propagierte Methode ihm mehr Mühe verursacht, und er wird dann wenig geneigt sein, diese neue Methode nur dem Europäer zu Gefallen oder um einen Raubbau zu vermeiden, anzuwenden. Daher wird sich die Fruchtwechselwirtschaft nur dort leicht einführen lassen, wo sich mit ihr auch eine Verminderung des Arbeitsaufwandes verbindet — was von Fall zu Fall verschieden sein kann — oder wo ein erhöhter Arbeitsaufwand auch zu einem handgreiflichen geldlichen Vorteil führt. Die Anwendung des Fruchtwechsels allein genügt natürlich nicht, die Verarmung der Böden zu vermeiden. Im Fruchtwechsel angebaute Kulturen erschöpfen auf die Dauer die Bodenfruchtbarkeit ebenfalls, wenn auch nicht so schnell wie der wiederholte Anbau der gleichen Kultur. Die Düngungsfrage, die Frage, wie dem Boden die entzogenen Nährstoffe wieder zugeführt werden müssen, bleibt also auch für die Fruchtwechselwirtschaft akut. Die Verwendung von künstlichem Dünger scheidet in den allermeisten Fällen aus Kostengründen von vornherein aus.

"The use of 'artificial' manures has been studied to some extent in Nigeria by means of field experiments on a considerable scale. It might be expected in view of the high cost of purchase and transport of such manures, and of the low scale of profit and loss on the farms, that it would be hardly possible for such manures, to be profitable[1])."

Auch eine stärkere Ausnutzung der tieferen Bodenschichten scheint in Afrika durch Tiefenkultivierung nicht den erwünschten Erfolg zu haben, schiebt im übrigen die Lösung des Problems, die Bodenfruchtbarkeit zu erhalten, nur hinaus.

"It may be mentioned here that experiments on the Government experimental farms in Southern Nigeria, while they have not yet indicated exactly for how long it is possible to continue to raise good crops without any deep cultivation, have shown that annual deep cultivation is not essential, nor does it give the increase of crop that might be expected[2])."

Hall[3]) schlägt vor, vor allem den für die menschliche Ernährung besonders unzuträglichen Mangel an Kalk und Phosphor in den afrikanischen Böden durch die Verwendung von menschlichem Dünger und von Kompost auszugleichen. Das wird aber nur möglich sein, solange die von Eingeborenen angebauten Flächen klein bleiben. Es liegt aber gerade im Interesse einer besseren Nahrungsversorgung, auch die Anbauflächen allmählich auszudehnen, zu deren Versorgung man dann auch größere Düngermengen benötigt. Immerhin wird die Verwendung von Kompost (Indore-Methode) weitgehend empfohlen und stellt auch sicherlich ein wichtiges Hilfsmittel dar, den Düngermangel auszugleichen. Die Hauptschwierigkeit liegt darin, den Eingeborenen zu dem zusätzlichen und regelmäßigen Arbeitsaufwand zu veranlassen, den die Herstellung des Komposts erfordert.

"... The composting of vegetable waste materials or even of crops, such as elephant grass, grown for this special purpose, may come to be widely used as a substitute for green manuring. Composting consists in using fungi and bacteria to break down suitable mixtures of vegetable and animal wastes. In the so-called Indore-process, by arranging these mixtures in the proper way and by watering and turning them, to supply moisture and air, the waste materials are transformed in about ninety days into a finely divided humus rich in the foods required by growing crops .....

---

1) Faulkner und Mackie (84) S. 47. 2) (84) S. 37.
3) (127) S. 80.

The application of composting to African agriculture, was directly due to the remarkable success obtained by Sir Albert Howard at the Institute of Plant Industry, Indore. Confronted with the problem of obtaining a continuous and adaquate supply of manure for the small Indian cultivator, in a region where cattle dung is generally used as fuel, the involved the so called Indore method ... The difficulty with the average native cultivator in Africa is that, so long as shifting cultivation is possible, he will not take the trouble to carry out the regular watering and turning required in the Indore process; more over, in many areas the lack of water renders the operations difficult or impossible. The method has, therefore, had to be modified to suit local conditions[1])."

Ein wichtiges Mittel, den Düngermangel zu kompensieren, ist weiterhin in der Gründüngung gegeben. „Die Gründüngungspflanzen holen nicht nur, wenn die für ihre Entwicklung unerläßlichen Knöllchen-Bakterien im Boden vorhanden oder, wo es nottut, künstlich zugeführt sind, große, bei guter Pflege für die meisten Kulturpflanzen genügende Stickstoffmengen aus der Luft, so daß man die direkte Stickstoffdüngung in der Regel auf eine stimulierende Gabe wenigstens bei den Dauerkulturen, wenn auch durchaus nicht bei den kurzlebigen Gewächsen beschränken kann, die für intensive Gründüngung nur in Rotation in Frage kommen. Sie holen auch Phosphorsäure und Kali aus tieferen Bodenschichten und reichern diese beiden Stoffe, wie auch Kalk und Magnesia, in ihren Resten an der Bodenoberfläche an. Durch Niederschläge und Bewässerungswasser verteilen sich diese von dort wieder in der Wurzelzone.

Sachgemäße Gründüngung bedeutet also gewissermaßen die Vervielfachung des Wurzelraumes der Kulturgewächse und die chemische Ausnutzung des Profils bis in große Tiefen....

Gute Bodenbedeckung zur Vermeidung der Humuszerstörung, Bepflanzung aller Brachflächen mit Leguminosenvegetation, wofür sich in regenreichen Klimaten auf mehrjährigen Brachen besonders Mimosa invisa eignet, sind Maßnahmen, die an den Böden nicht nur physikalisch, sondern auch chemisch Wunder tun und sich in Ersparnissen an künstlicher Düngung schnellstens rentieren[2])."

Je nach der Bodenart und den sonstigen Vegetationsbedingungen hat man mit den einzelnen Gründüngungspflanzen ganz verschiedene Erfahrungen gemacht. Die einzelnen Leguminosenarten zeigen sich für Gründüngungszwecke jeweils ganz verschieden geeignet.

Worthington[3]) berichtet über Erfahrungen in Nigeria: "In essence the system worked out at Ibadan consists of one green manuring with a leguminous crop, usually Mucuna a terrina or Calopogonium mucunoides, and a deep cultivation every three years. During the intervening period one or two cover crops

---

[1]) Worthington (352) S. 386/87. Siehe nähere Angaben bei A. Howard und J. D. Wad: "The waste producte of agriculture. Their utilisation as humus", Oxford 1931, S. 180ff. und bei A. Howard: "The manufacture of humus by the Indore process", Jl. R. Soc. Arts, 84, 26—59, 1935. Über die praktische Anwendung dieser Methode in Afrika siehe V. A. Beckley: "Organic manures with special reference to composts", Bull. Dep. Agric., Kenya, 9, S. 47ff.; Report Dep. Agric. Kenya 1933 S. 109; Rep. Agric. Dep. Nyasaland 1935; Rep. Agric. Dep. Nigeria 1935, S. 114; Rep. Dep. Agric. Gold Coast 1935, S. 229/30.

[2]) P. Vageler (330) S. 240.

[3]) (352) S. 382.

are interpersed between the normal food crops, arranged at times when the soil is otherwise bare of vegetation. By such methods the proportion of cropping years to fallow years can be reduced from 1:7 to 1:2."

Faulkner and Mackie[1]) stellen für die tropischen Verhältnisse und die leichten Böden Nigerias fest, daß die Verbesserung des Bodens durch besonders lang anhaltende Bestellung mit Leguminosen oder durch öfter widerholte Gründüngung sich von einem gewissen Punkte an nicht mehr steigern ließe. Ebenso sei die positive Wirkung dort nur kurzfristig. "It is evident that a permanent system of farming based on green manuring will require that manure are grown with considerable frequency, but not each occupy the soil of any long period."

Die Verhältnisse können auch für die Gründüngung in Afrika äußerst verschieden liegen. Nicht in jeder Form wird diese Methode daher im einzelnen Falle zum gewünschten Ziele führen.

„Wie bereits oben betont, kommt die volle Ausnutzung der in der Gründüngung vorliegenden Möglichkeiten in erster Linie für die tropischen Dauerkulturen in Frage. Daß auch hier bei dauerndem Entzuge durch die Ernten nicht ganz auf Zufuhr von Nährstoffen in Form von künstlicher Düngung verzichtet werden kann, liegt bei der immerhin bestehenden Beschränktheit des im günstigsten Falle ausgenutzten Bodenvolumens auf der Hand[2])."

Auch die Gründüngung stellt also nur ein allerdings sehr wichtiges Hilfsmittel dar, den fehlenden Viehdünger zu ersetzen. Bei den viehbesitzenden Eingeborenenstämmen sollte dieser Dünger eigentlich in ausreichendem Maße vorhanden sein. Die Aufgabe ist hier nur, die Eingeborenen zu einer systematischen Verwendung des Düngers zu veranlassen. Hailey[3]) berichtet, daß bei den viehbesitzenden Stämmen Nigerias über $^2/_3$ des Düngers nutzlos im Busch verloren gingen. Wir berichteten im dritten Kapitel schon von den Digo im Hinterland von Tanga, bei denen sich der Mist in den Viehkraalen aufstapelt, ohne daß die Eingeborenen auf den Gedanken kommen, ihn für ihren Ackerbau zu verwenden.

Über die weniger bedeutungsvolle Frage, Tierkadaver für Düngungszwecke zu verwenden, sagt Worthington[4]): "With the slaughter of stock, blood and bonemeal become available as fertilizing material. Preliminary experiments with such material from the Mwanza meat factory have been made on partly exhausted land in the Lake-Province of Tanganyika. The results were similar to those with very small applications. The agricultural department has, however, advised against the deliberate production of fertilizers from the desiccated remains of animals slaughtered for the purpose, since it is held that a live animal producing manure daily from crop residues is a better fertilizing agent than the same animal dead, dried and pulverized. Where stock must be killed, the cultivator will eat the flesh, and his added energy will do more for the land than the sacrifice of the ox to a desiccator."

Vielen afrikanischen Stämmen ist aber die Haltung zumindestens von Großvieh unbekannt. Dort wird überhaupt erst die Viehhaltung eingeführt oder möglich gemacht werden müssen, um für einen ausreichenden Düngeranfall zu sorgen.

---

[1]) (84) S. 59.
[2]) P. Vageler (330) S. 242.
[3]) (126) S. 883.
[4]) (352) S. 392/93.

d) Pflugbau (mixed farming).

Die Verbreitung der Viehhaltung, besonders der Großviehhaltung, unter den afrikanischen Stämmen ist zweifellos eine der wichtigsten zukünftigen Aufgaben in Afrika, deren Lösung die ganze afrikanische Landwirtschaft auf eine neue Grundlage stellen und ihre Anbaumethoden völlig revolutionieren könnte. Wie bei so vielen wirtschaftlichen Fragen in Afrika sind aber auch hier sehr große Schwierigkeiten zu überwinden. Das Haupthindernis für die Viehhaltung bildet die Tsetsefliege. Die Befreiung ganzer afrikanischer Landstriche von dieser Landplage wäre erst erforderlich, ehe man daran gehen könnte, viele afrikanische Ackerbauvölker mit der Großviehhaltung vertraut zu machen. Erst dann wäre es den Eingeborenen möglich, die Anbauflächen wesentlich zu erweitern. Nicht nur weil ihm die für größere Flächen erforderlichen Düngermengen zur Verfügung stünden, sondern auch, weil er erst durch den Besitz von Großvieh, das er auch für Spanndienste verwenden kann, in den Stand gesetzt würde, von der bei der Feldbestellung viel Zeit beanspruchenden Methode des Hackbaues zum Pflugbau überzugehen. Allerdings liegt in der Düngerversorgung die Hauptbedeutung, die die Viehhaltung für den Ackerbau hat. Da die Erhaltung der Bodenfruchtbarkeit das wichtigste Ackerbauproblem ist und die Verwendung des Pfluges auch noch von anderen Dingen als der Viehhaltung abhängt.

Über die Verbindung von Ackerbau und Viehzucht (mixed farming) sagt Worthington[1]): "The combination of animal husbandry with cultivation at the same time opens the way for that revolutionary change, the replacement of the hoe by the plough drawn by cattle. It must, however, be borne in mind that the basis of mixed farming is the use of the manure supplied by cattle to maintain soil fertility. Thus the area to be farmed or to be limited by the amount of available, rather than by the area that can be ploughed."

In Nord-Nigeria "the whole agricultural system depends on the short rainy season. Irrigation appears to be impracticable, except on a small scale, and ... green manure cannot be used. It is suspected that phosphate deficiency is the most important cause of infertility. Imported superphosphates have caused big increases of crops at experimental stations, but are far too expensive for general use. Phosphates for local deposits have been tried with satisfactory results in the southern provinces, but they are not sufficiently soluble to be of much use in the dry northern climate. All conclusions, therefore, point to the use of animal manure and hence the agricultural department has concentrated on the development of systems of mixed farming."

Wo sich heute im tropischen Afrika der Pflug durchgesetzt hat, ist es, abgesehen von den Galla in Abessinien, wohl ausschließlich dem europäischen Einfluß zu verdanken gewesen. Die Pflugkultur ist bisher allerdings noch relativ selten. Sie hat sich vornehmlich dort entwickelt, wo unter den erforderlichen Voraussetzungen die Europäersiedlung beispielgebend wirkte. So berichtet Jessen[2]) aus Angola: „In der Nähe von Europäer-Siedlungen beginnen einzelne Eingeborene neuerdings damit, in den Talgründen mittels künstlicher Bewässerung Weizen anzubauen.

[1]) (352) S. 389. [2]) (150).

Sogar der von Ochsen gezogene Pflug wird schon mitunter von ihnen verwendet, wie mir die Missionare erzählten. Er kann allerdings nur auf baumfreien Feldern benutzt werden."

Im übrigen sind, wo dazu die Möglichkeit vorlag, in Gebieten mit entwickelten Ausfuhrkulturen die Eingeborenen zur Verwendung des Pfluges übergegangen. In diesem Zusammenhang sind Nord-Nigerien und Uganda zu nennen.

In Nigerien sollen 3000 Pflüge in Gebrauch sein. Das ist in einem Lande mit einer Bevölkerung von 20 Millionen Einwohnern nur ein schwacher Anfang. Der erste Versuch mit der Methode des mixed farming wurde dort 1928 mit drei eingeborenen Bauern in der Nähe der landwirtschaftlichen Versuchsstation in Samura (Zaria) gemacht. Die folgenden Ziffern zeigen den Fortschritt dieses Versuches in den letzten Jahren:

Zahl der angesetzten Farmer am Ende des Jahres[1]):

1932	1933	1934	1935	1936
112	173	286	692	1103

Alle Farmer hatten zu Beginn von der Eingeborenenverwaltung für die erstmalige Anschaffung der Zugtiere und Geräte einen Zuschuß von 5 £ erhalten. Die relativ geringe Zahl der angesetzten Farmer verdeutlicht die Schwierigkeit, auf die die Propagierung einer neuen Anbaumethode bei den Eingeborenen stößt.

Das Beispiel des Siedlungsplanes in Kingolvira (Dtsch.O.A.).

Ähnliche Versuche sind in Tanganyika unternommen worden. Ein besonders gutes Beispiel bietet der Siedlungsplan für Eingeborene in Kingolvira (Morogoro Distrikt). Der Mandatsbericht von 1937[2]) macht über diesen Plan nähere Angaben. Danach ist dieser Plan ursprünglich gefaßt worden, um der Übersetzung des Landes in diesem Distrikt zu begegnen. Später haben dann noch andere Gründe für diesen Plan gesprochen. Die Regierung, die zusammen mit der Empire Cotton Growing Corporation in diesem Gebiet den Baumwollanbau der Eingeborenen eifrig fördert, sucht ergänzend darauf hinzuwirken, daß der Eingeborene neben der Baumwollproduktion den Nahrungsmittelanbau nicht vernachlässigt. Wenn dazu das Kingolviragebiet nutzbar gemacht werden soll, so will man gleichzeitig durch diesen Siedlungsplan dem Eingeborenen zeigen, daß ein planvoller Landbau ertragreicher für den Bauern und besser für den Boden ist als die primitiven Kultivierungsmethoden.

Die Ziele des Siedlungsplanes sind im allgemeinen folgende:

1. Den Typus einer Bauernstelle zu schaffen, die genügend Vieh aufnehmen kann, um den Besitzer in den Stand zu setzen, die Fruchtbarkeit des Bodens durch regelmäßige Düngung aufrechtzuerhalten und durch Zugvieh bei der Feldbestellung die Handarbeit zu verringern.

2. Systematische Kultivierungsmethoden einzuführen, indem man eine geeignete Größe der Siedlungen festlegt, die es erlaubt, den Besitz bequem zu bearbeiten, die zu dauernden Verbesserungen ermutigt, wie da sind: Verbesserte Behausung, Obstgärten und Antierosionsmaßnahmen, und die es einer Reihe der Besitzungen erleichtert, die Ernten vor Wild- und Ungezieferschäden zu bewahren.

---

[1]) Colonial Report 1938.

[2]) S. 213—216. S. auch Afrika-Rundschau, November 1938, S. 167/68.

3. Ein Fruchtwechselsystem einzuführen, einmal mit Rücksicht auf den Boden und um die unerwünschte Ausdehnung einer einzelnen Frucht zu verhindern, aber auch um für eine abwechslungsreiche Ernährung zu sorgen.
4. Den Landbesitz in seinem festgelegten Umfang zu sichern und seine Aufteilung zu verhindern.

Selbstverständlich wird die geeignete Größe der Bauernstelle je nach Klima und Bodenverhältnissen verschieden sein. In Kingolvira beträgt sie 16 acres (1 acre = 0,4047 ha). 4 acres jeder Stelle werden für Weidefläche und Waldung, für Brenn- und Bauholz beansprucht. Die übrigen 10 acres sind für den Anbau bestimmt. Der Fruchtwechsel besteht im allgemeinen aus Sorghum, Baumwolle, Mais und Erdnüssen. Dazu werden als ergänzende Nahrungsmittel Cassava, Süßkartoffeln, Gemüse und Früchte angebaut. Die Bauernstellen werden so angelegt, daß einzelne Antierosionsmaßnahmen die der ganzen Siedlung mit berücksichtigen können. Z. B. laufen deshalb die Grasflächen der einzelnen Besitzungen ineinander über. Je mehr Siedlungsstellen eingerichtet werden, desto weiter wird die Tsetsefliege zurückgedrängt, und so weit es angängig ist, kann dann der eingeborene Bauer Vieh vom Agricultural Department, das eine besondere Herde hält, kaufen.

Als erster Schritt wurden im Rahmen des Planes ähnlich wie in Nigeria drei besonders bestimmte Eingeborene auf Musterstellen angesetzt. Sie empfingen ganz besonders sorgfältige Überwachung und Unterstützung, damit ihre Stellen und ihre befolgten Methoden möglichst beispielgebend zum Fortschritt des Siedlungsplanes beitrüge. Im zweiten Jahre haben sie mit einer Kuh und zwei Ochsen, die sie nach einem Jahre bezahlen sollten, angefangen. Diese Musterstellen werden als ein wichtiger erzieherischer Faktor angesehen und haben viel dazu beigetragen, den Siedlungsplan zu popularisieren.

Die hohen Einkünfte, die die ersten Siedler sowohl aus ihrer Nahrungsmittelernte wie aus ihrer Marktproduktion bezogen, führten dazu, daß sich auch andere Eingeborene um Bauernstellen in Kongolvira bewarben, und es wurde deutlich, daß durch eine Art von Vertrag eine Kontrolle ausgeübt werden mußte. Ein Kontrollplan wurde entwickelt, nach dem genehmigten Bewerbern eine Probezeit von einem Jahr gewährt wird, nach deren Beendigung sie aufgefordert werden, einen schriftlichen Vertrag einzugehen. Dieser Vertrag wird in Suaheli übersetzt und wird im übrigen in einem Anschlagbrett mitten in der Siedlung ausgehängt. Eine der wichtigsten vertraglichen Verpflichtungen besteht darin, daß der Bewerber die örtliche Eingeborenenautorität als unmittelbares Werkzeug der Regierung anerkennen muß; da nicht wenige der neuen Siedler Gebietsfremde sind, kommt dieser Verpflichtung besondere Bedeutung zu.

Während der letzten zwei Jahre (1936/37) haben über 40 genehmigte Bewerber Land erhalten, und die Zahl nimmt weiter zu. Damit der Kern einer Modellsiedlung schneller wächst, sind die Eingeborenen so weit unterstützt worden, daß ihr Land teilweise vom Buschbestand gesäubert wurde (mit Hilfe von Strafgefangenenarbeit) und daß ihnen ein provisorisches Haus gebaut wurde. Außerdem wurden ihnen die notwendigsten Nahrungsmittel bis zur ersten Ernte gestellt. Eine der niedergelegten Bedingungen bestand darin, daß jeder erfolgreiche Bewerber seinen Bebauungsplan unter der Aufsicht eines landwirtschaftlichen Beamten aufstellen und zu allererst einen Acker mit Cassava zur Sicherstellung seiner Ernährung bepflanzen sollte.

In Uganda wurde die Zahl der benutzten Pflüge 1930 auf 9000 geschätzt[1]). Worthington[2]) spricht sogar von 15000 Pflügen, die in den

[1]) L. Waibel.
[2]) (352) S. 391.

Ost- und Nordprovinzen des Protektorats 1933 in Gebrauch gewesen seien. Im Französischen Sudan (Bezirk Ségou) sollen 1000 Pflüge (1936), im Eingeborenenprotektorat Swaziland fast 6000 Pflüge (1931) Verwendung finden. Das sind noch sehr geringe Ziffern. Man darf dabei aber nicht übersehen, daß der Pflugbau nicht nur das Vorhandensein von Großvieh voraussetzt, sondern auch an bestimmte Landschaftsformen gebunden ist. Etwas dichterer Baumbestand und steile Abhänge erschweren oder verhindern die Verwendung des Pfluges. Auch hat sich seine Einführung durchaus nicht immer günstig ausgewirkt. Wo der Pflugbau nur dazu führt, daß nunmehr ein größeres Stück Land durch die sonst noch genau so primitive Bodenpflege des Eingeborenen ruiniert wird, kann er nicht als förderlich angesehen werden.

Stockdale[1]) berichtet über die Wirkung des Pflugbaus in Deutsch-Ost: "It was realized in Tanganyika several years ago that the introduction of ploughs based purely on a desire by the cultivators to increase production would result in failure. It was clear that such a policy meant that a larger area of land would be submitted to the system of shifting cultivation, and that a larger area of land was likely rapidly to become ruinate".

Die Vergrößerung der Anbauflächen darf auf keinen Fall zu einer extensiveren Bodenbearbeitung führen. Im Gegenteil besteht ja die eigentliche Aufgabe des Pflugbaues gerade darin, Arbeitskräfte für eine intensivere Bodenpflege frei zu machen.

Die Einführung des Pflugbaues trifft in Afrika auf besondere Schwierigkeiten, weil sie nicht nur den Viehbesitz und eine geeignete Landschaft voraussetzt, sondern außerdem eine andere wirtschaftliche Technik und eine andere Einstellung des Eingeborenen als der altgewohnte Hackbau erfordert. Der Hackbau führt bei einer Intensivierung der Feldbestellung nicht zum Pflugbau, sondern zum intensiven Gartenbau. Das zeigt sich in fast allen dichter besiedelten Gebieten Afrikas, wo der Eingeborene auch dann, wenn er Großvieh besaß, nicht zum Pflugbau sondern zu einem intensiveren Hackbau, zu einer Art Gartenbau überging. Das lag zum Teil daran, daß in diesen Gebieten der Boden knapp zu werden begann, für einen Pflugbau also nicht genügend Raum war. Es sind aber fraglos auch noch andere Gründe maßgebend gewesen. Die Einführung des Pflugbaus erfordert eine technische Verbindung von Pflanzenbau und Viehzucht, die den afrikanischen Ackerbaustämmen ungewohnt ist, und die, was wichtiger ist, eine gesellschaftliche Umwälzung nach sich ziehen muß. Alles, was mit dem Vieh zusammenhängt, ist nicht nur bei der afrikanischen Rasse ursprünglich Männerarbeit gewesen, Pflanzenlese und Hackbau Frauenarbeit. Die Verwendung des Pfluges bedeutet also die Beteiligung des Mannes an der Frauenarbeit, die gemeinsame Feldbestellung. Das bringt einen beachtlichen Wandel in der gesellschaftlichen Ordnung der Arbeit mit sich, dem verständlicherweise besondere Hemmungen seitens der Eingeborenen entgegenstehen.

---

[1]) (295) S. 44.

e) Erhöhung des Arbeitsaufwandes des Eingeborenen.

Auch wo die Hackkultur bestehen bleibt, muß der Mann im höheren Maße als bisher zur Feldbestellung mit herangezogen werden. Die zunehmende Lohnarbeit und die immer mehr sich entwickelnden Ausfuhrkulturen der Eingeborenen haben ihn vielfach schon veranlaßt, seine Arbeitskraft stärker als bisher für wirtschaftliche Aufgaben einzusetzen. Das hat in vielen Fällen die alte Auffassung, daß die Stammeswirtschaft hauptsächlich eine Angelegenheit der Frauen sei, aufgelockert. Der Eingeborene, der in den Plantagen des weißen Mannes eine intensivere und rationellere Arbeits- und Wirtschaftsweise kennengelernt hat, wird gelegentlich dazu neigen, nun auch zu Hause mitzuhelfen und das eigene Feld besser als bisher zu bestellen. Allerdings darf eine solche Wirkung der Lohnarbeit nicht überschätzt werden. Bisher hat man meist die Erfahrung machen können, daß derselbe Eingeborene, der unter der Aufsicht des weißen Mannes gelernt hat, regelmäßiger und rationell zu arbeiten, in der eigenen Wirtschaft wieder in seine alten Arbeitsmethoden verfällt. Auch wo er allmählich der Frau die Feldarbeit abnimmt, braucht es nicht immer zu einer Vermehrung des Arbeitsaufwandes zu kommen, da die Frau die Befreiung von der Feldarbeit häufig nur dazu benutzt, um sich nun völlig unproduktiven Dingen zuzuwenden.

„Ganz allgemein nimmt auch unter der rein ländlichen Bevölkerung die Gewohnheit zu“, schreibt Westermann[1]), „daß der Mann mehr als früher an der Feldarbeit teilnimmt und die Frau öfter zu Hause bleiben kann. Man möchte dies als Fortschritt begrüßen in der Annahme, die Frau werde sich nunmehr um ihren Haushalt und die Erziehung der Kinder kümmern. Das trifft aber nur teilweise zu ... In Westafrika sitzen selbst Frauen wohlhabender Männer stundenlang täglich auf dem Markt, wo es nie an angenehmer Unterhaltung fehlt, und tun weniger für ihren Haushalt und ihre Familie als früher, wenn sie am späten Nachmittag vom Felde heimkamen und die ganze Hausarbeit noch auf sie wartete.“

Trotz dieser unerwünschten Begleiterscheinungen wird sich eine Verbesserung der Anbaumethoden nur durchführen lassen, wenn der Mann stärker zur Feldarbeit herangezogen wird und die Leitung dieser Arbeiten übernimmt. Das ist wie gesagt in Gebieten mit stark entwickelter Außenwirtschaft auch bereits der Fall. Der Zwang (Kopfsteuer) oder der Anreiz Geld zu verdienen, hat ihn dazu veranlaßt. Es ist schon verschiedentlich darauf aufmerksam gemacht worden, daß auch die Nahrungsmittelerzeugung sich dort am stärksten entwickeln läßt, wo der Eingeborene für den Markt, also für Geld, erzeugen kann. Die Möglichkeit Geld zu verdienen ist wohl das stärkste Stimulans gewesen, das den Eingeborenen zu einer Umstellung in seiner Arbeitsmethode und Arbeitsintensität hat bewegen können. Auf die Frage, Eigennutz und Gewinnstreben des Eingeborenen als Mittel zu benutzen, um ihn zu einer besseren Arbeits- und Wirtschaftsweise zu erziehen, wird noch später einzugehen sein. Hier sei aber schon ein anderes Problem behandelt, das mit jener

[1]) Der Afrikaner heute und morgen S. 150/51.

Frage in engem Zusammenhang steht: die Entwicklung des Einzeleigentums am Boden.

f) Förderung des Individualbesitzes am Boden[1]).

Im allgemeinen kennt der Eingeborene kein persönliches Eigentum am Boden. Das Land gehört dem Stamm, der Sippe oder Großfamilie, wobei allerdings dem einzelnen Eingeborenen das Nutzungsrecht des von ihm bebauten Bodens zusteht. Solange genügend Land vorhanden ist und der Eingeborene seine primitive Bebauungsmethode beibehält, entstehen aus dieser Eigentumsform keine besonderen Schwierigkeiten. Das Kollektiveigentum wird zum Problem erst, wo Landmangel sich bemerkbar macht und vor allem dort, wo der Eingeborene zu einer intensiveren Bodenpflege übergeht. Sobald er sich um die Erhaltung der Bodenfruchtbarkeit bemüht, ist er natürlich auch an dem Besitz dieses ganz bestimmten Stück Landes, in das er seine persönliche Arbeit und vielleicht sogar Kapital gesteckt hat, interessiert. Daraus ergibt sich für die Kolonialverwaltungen die Aufgabe, in Zusammenhang mit der Verbesserung der Kultivationsmethoden allmählich auch eine Überführung des Kollektiveigentums in Individualeigentum des Eingeborenen durchzusetzen.

Besonders die Franzosen und Belgier haben sich mit besonderer Intensität dieses Problems angenommen und sich bemüht, die Bildung eines individuellen Eigentums am Boden unter den Eingeborenen zu fördern. Das französische Kolonisationsziel ist ja in viel stärkerem Maße auf die Zivilisierung und Individualisierung der eingeborenen Bevölkerung ausgerichtet als etwa das englische. Dem entspricht in der Eingeborenenwirtschaft als Ziel das „paysannat intégral, permettant à l'indigène d'acceder à la propriété personnelle du sol, et de jouir de la liberté économique[2])." Dagegen stehen die Engländer einer solchen Politik wesentlich reservierter gegenüber und bemühen sich bei allem Interesse an der Förderung der Eingeborenenwirtschaft mehr darum, die wirtschaftliche Entwicklung unter Wahrung der stammesmäßigen Bindungen der Eingeborenen voranzutreiben.

Bezeichnend für die unterschiedliche Einstellung der Engländer einerseits, der Belgier und Franzosen andererseits zu der Frage der Privatisierung der Eingeborenenwirtschaft sind zwei Äußerungen von belgischer und englischer Seite:

„La création de la propriété indigène privée et individuelle serait le levier le plus efficace pour ammener l'extension des cultures et de l'élevage chez les indigènes et en même temps pour travailler au progrès et à l'évolution des noirs, ainsi qu'à l'amélioration de leurs conditions d'existence, car le comfort des habitations et de l'alimentation se perfectionnera surtout dans les propriétés privées, tandis que, dans les chefferies qui sont sous le régime collectif, l'intérêt particulier de chaque indigène n'est pas sollicité. C'est pourquoi il faut faciliter la création de la propriété indigène privée, dans les environs des stations européennes, par la cession de lopins de terre situés à peu de distance les uns des autres, de manière à pouvoir former assez rapidement des aglomérations[3])."

---

[1]) S. über diese Frage E. Leplae: „Les avantages et les modalités d'introduction du paysannat intégral au Congo Belge", Congo, Avril 1934, S. 504—28; sowie Lord Hailey (126) S. 829—878.

[2]) Leplae (181) S. 504. [3]) Wildeman (343) S. 52.

"It has already been pointed out that in parts both of East and West Africa the custom of communal land tenure is beginning to yield to one of individual holding, and some suggestions have been made regarding the form which title might take, if and when economic and social conditions render it advisable to recognize it. But it need not follow from this that individual tenure is the only solution. If for example the tribal unit could become an economic as well as an political unit, raising capital against the value of the tribal lands, acting as a cooperative bank and selling organisation, and taxing individuals through a rent upon their holdings, a rapid transition to individual ownership of land might possibly be avoided. But any such development assumes a roughly parallel progress of all the individuals in a given community. Some form of individual title is in any case necessary, as has been seen in Southern Rhodesia, where the rate of progress is not uniform, and individuals wish to break away and use more improved methods than their neighbours[1])."

Zweifellos wird sich die Entwicklung zum Individualeigentum mit der fortschreitenden Verbesserung der Anbaumethoden durchsetzen müssen. Das Problem ist aber von den Engländern richtiger erkannt, wenn sie diese Entwicklung nicht zu überstürzen suchen und sich um eine weitgehende Einschaltung der Institutionen des Stammeslebens auch dort, wo es um wirtschaftliche Dinge geht, bemühen. Ein verstärkter Appell an den Eigennutz des Negers und eine beschleunigte Individualisierung seiner Wirtschafts- und Lebensformen würden ihn zwar schneller zu einer Verbesserung seiner Anbau- und Wirtschaftsmethoden bringen können, ob sie aber einem stetigen Verlauf der sozialen, politischen und damit schließlich auch der wirtschaftlichen Entwicklung der Eingeborenenbevölkerung dienlich sein würden, darf wohl bezweifelt werden.

2. Die Verbesserung der Viehwirtschaft.

Um die Nahrungsversorgung der Hirtenvölker zu verbessern, müßte man diese nomadisierenden Stämme seßhaft zu machen suchen, damit sie wenigstens als Ergänzung zum Anbau einiger Nahrungspflanzen übergingen. Das dürfte allerdings noch schwieriger sein als die Einführung der Pflugkultur bei Hackbau treibenden Stämmen. Denn der nomadisierende Hirte neigt dazu, den wenn nicht mit mehr, so doch mit konzentrierterer Arbeit verbundenen Ackerbau als eine minderwertige Beschäftigung ihm unterlegener Negerstämme anzusehen. Es sind hier also soziale Vorurteile zu überwinden, die im Selbstbewußtsein meist kriegerischer hamitischer Völker wurzeln und daher schwer auszurotten sind. Es sind zwar Fälle bekannt, daß ostafrikanische Hirtenstämme, nachdem sie durch Seuchen ihren gesamten Viehbestand verloren hatten, unter dem Zwang der Verhältnisse zum Ackerbau übergingen. Diese Stämme sollen sich aber sehr schlecht den neuen Verhältnissen angepaßt haben und sozial und wirtschaftlich einen recht heruntergekommenen Eindruck machen.

Ohne härtesten Zwang ehemalige Herrenvölker zu einer Lebensweise zu bekehren, die sie als minderwertig empfinden, ist gewöhnlich ein hoffnungsloses Unternehmen. Ob die Amharen, das bisherige Herrenvolk Abessiniens, jemals bereit und in der Lage sein werden, unter italienischer

---

[1]) Lord Hailey (126) S. 1429/30.

Herrschaft nun auch einmal selbst produktive Arbeit zu leisten, wird von manchem Kenner dieses Volkes bezweifelt. Aber die Verhältnisse ändern sich in Afrika, und so wird den afrikanischen Herrenvölkern nichts anderes übrig bleiben, als sich an die neuen Lebensbedingungen anzupassen oder zugrunde zu gehen. Allein der Raummangel muß die Hirtenstämme allmählich dazu zwingen, den Ackerbau als ergänzenden Wirtschaftszweig auszubilden. Die heutige Form ihrer Viehwirtschaft ist auf jeden Fall viel zu extensiv, als daß sie sich auf die Dauer aufrecht erhalten ließe[1]).

Schon heute ist bei den meisten ost- und südafrikanischen Hirtenvölkern eine Überstockung der Weideflächen eingetreten, die den Fortschritt der Bodenerosion begünstigt und dadurch die Bodenqualität verschlechtert. Wie im dritten Kapitel schon ausgeführt, liegt der Grund für diese Verhältnisse in der großen Zahl und schlechten Qualität des Eingeborenenviehs. An diesen Verhältnissen wird sich erst dann etwas ändern, wenn es gelingt, den Eingeborenen zu veranlassen, aus seiner Viehhaltung tatsächlich eine wirtschaftliche Angelegenheit zu machen, deren Hauptaufgabe es ist, sich und wenn möglich auch noch Angehörige anderer Stämme mit tierischen Nahrungsmitteln zu versorgen. Soll es dazu kommen, so muß der Eingeborene seinem Vieh gegenüber eine andere Einstellung gewinnen.

Wie schwer es ist, selbst Eingeborene, die mit der Geldwirtschaft schon recht gut vertraut sind, zu einer wirtschaftlichen Einstellung ihrem Vieh gegenüber zu erziehen, zeigt ein Beispiel, das Worthington[2]) aus dem Bukobabezirk (Deutsch-Ostafrika) bringt. Es handelt sich dabei allerdings um keine reine Hirtenbevölkerung. Vieh besitzende Ackerbaustämme scheinen überhaupt noch schwerer als reine Hirtenvölker zu einer wirtschaftlich orientierten Viehzucht anzuhalten sein. Sie können sich allerdings eine unökonomische Einstellung in dieser Beziehung eher leisten als die Hirtenvölker.

"This custom (Zahlung des Brautpreises durch Vieh) persists in the face of many social changes, and although there are tribes where cash has largely replaced cattle for this purpose, there are also many in which it is still held that only the transfer of cattle can validate a marriage. The striking instance of the attachment of natives to their stock is shown in the Bukoba district of Tanganyika, where the people have become comparatively worthy as a result of the extensive growing of coffee. As a consequence, they have begun to eat meat in considerable quantities but although they possess large numbers of cattle of the long horned type associated with Ankole, they will not sell these animals except at an absurdly high price, and indeed they import large quantities of cattle for slaughter every year from Mwanza, at the South of Lake Victoria."

Bei den Masai und einigen anderen ostafrikanischen Hirtenstämmen beginnt sich allmählich ein Wandel in der Einstellung zu Fragen der Viehzucht bemerkbar zu machen. Die Masai zeigen immerhin ein gewisses Verständnis für Zuchtfragen nach wirtschaftlichen Gesichtspunkten. Eine Schulfarm, die im Masaireservat in Kenya eingerichtet worden ist, hat daher mit ihren Bemühungen schon einige Erfolge erzielt. Auf dieser Farm werden junge Eingeborene in der Viehpflege unterwiesen, unter anderem in der Behandlung der Milch; denn bei der Art, wie der Masai

[1]) S. die Angaben über die von den Masai beanspruchte Bodenfläche im 3. Kapitel.
[2]) (352) S. 411.

bisher die Milch zu behandeln pflegte, war sie fast immer verschmutzt und höchst geeignet, zur Verbreitung von Krankheiten beizutragen[1]).

In Südafrika hat sich bei den Bakxatla (Mochodi) ein regelmäßiger Verkauf von Schlachtvieh durchgesetzt. Es handelt sich hier wohl um den aufgeschlossensten Stamm der Betschuanen, der von einem sehr tüchtigen Häuptling geführt wird[2]). Da ein starker Preisunterschied für Schlachtvieh zwischen der südafrikanischen Union und Betschuanaland bestand, hat dieser Stamm durch einen gut organisierten Viehschmuggel viel Geld verdienen können, was wohl der Hauptgrund war, daß dieser Stamm sich schnell bereit fand, auch aus den eigenen Viehbeständen zu verkaufen. Hat sich bei einem Stamm erst einmal der Viehverkauf als eine regelmäßige Geldeinkommensquelle durchgesetzt, dann ist es auch leichter, dem Eingeborenen begreiflich zu machen, daß Vieh einer besseren Qualität auch mehr Geld einbringt, und damit sein Interesse für Zuchtfragen zu gewinnen.

Solange das Vieh allerdings noch seine besonders religiös fundierte Stellung im Leben des Eingeborenen behält, wird es schwer halten, es zum Gegenstand einer nüchternen wirtschaftlichen Betrachtungsweise zu degradieren. Um die psychologischen Hemmungen des Eingeborenen beim Viehverkauf zu überwinden, rät die Kenya Agricultural Commission (Report 1929 § 129), "That purchases of cattle might be met by the issue of a large coin or plaque of some bright bronze alloy, stamped with the image of a bull, numbered and registered against the man to whom it was issued. The tokens would be of the value of £ 2 and transfer would need to be registered, but they could be redeemed for their cash value on demand. They could be made so that they could be seen on to a belt or cloak for purposes of display. Smaller tokens of the value of 10 sh would be issued for cheep and goats." Hall[3]) meint zu diesem Vorschlag: "We have precedents for supposing that tokens, actual coins in fact, have attained a psychological value, something apart from their exchange rate as currency." Und er führt Thurnwald an, der darauf hingewiesen habe, daß auch die Wertschätzung des Maria Theresia Thalers weniger auf seine Kaufkraft als darauf zurückzuführen sei, daß man dieses Geldstück für einen wirkungsvollen Talisman halte. Mit der von der Kommission empfohlenen Methode würde auch der Gewohnheit der Eingeborenen Rechnung getragen, Vieh als Zahlungsmittel zu benutzen.

Als dringlichste Aufgabe aber muß es eine Kolonialverwaltung ansehen, übermäßig anwachsende Viehbestände zu vermindern und für eine bessere Pflege und Zucht der restlichen Herden Sorge zu tragen. Vor allem muß die Bodenerosion vermieden werden, da sie die zukünftige Viehwirtschaft gefährdet. Diese Gefahr ist sehr vielen Häuptlingen der Hirtenstämme durchaus bekannt, da ihre Macht aber meist nicht ausreicht, die Viehherden ihres Stammes einzuschränken, ändert sich nichts an der Überstockung der Weideflächen.

---

[1]) Hall (127) S. 80.
[2]) Nach Angaben von P. L. Breutz.
[3]) (127) S. 58.

So vertraten Eingeborenenhäuptlinge der Kenya Agricultural Commission gegenüber die Ansicht, "that the older members of the tribe were conscious of the degeneration of the grazing grounds and would understand the need for a compulsory reduction of stock. But they insisted that it must proceed by order of the Central Government; the Chief's own authority would probably not be able to get the Native Counsel to carry such a matter[1])."

In Kenya ist im vorigen Jahr allerdings die Kolonialverwaltung gegen diese Zustände eingeschritten, indem kurzerhand verfügt wurde, die Viehbestände der Eingeborenen zu verringern. Da es den Verwaltungsbeamten offenbar nicht gelang, die Notwendigkeit dieser Aktion den Eingeborenen klarzumachen, kam es dabei zu einer Protestkundgebung von 2000 Wakambanegern, die sich indessen schnell wieder beruhigten, als auf einer einberufenen Stammesversammlung der Gouverneur Sir Robert Brooke-Popham selbst ihnen die Gründe dieser Maßnahmen auseinandersetzte. Der Gouverneur verglich auf dieser Versammlung die Verwaltung mit einem Arzt, der einen Patienten operieren muß, um ihn zu heilen, und verdeutlichte so die Notwendigkeit, den Stämmen Opfer auferlegen zu müssen, um größere Schäden zu vermeiden. Auf diese Weise ist es der Verwaltung von Kenya offenbar gelungen, das Verständnis der Eingeborenen für den „kranken Boden" zu gewinnen.

Die Verminderung des Viehbestandes hat man zweckmäßigerweise gleich mit einer Verwertung des anfallenden Schlachtviehs verbunden. 1936 hat die Firma Liebig die Konzession erhalten, am Athi-River am Rande des Masaireservats eine Fleischfabrik einzurichten. Die Firma hat das Recht, jährlich 30000 Stück Rindvieh von den Masai zu kaufen[2]).

Das Überstockungsproblem hängt in manchen Gebieten übrigens eng mit der Wasserfrage zusammen. Nur wo Trinkwasser während des ganzen Jahres vorkommt, kann Vieh dauernd gehalten werden. In den halbtrocknen Gebieten, zu denen ein großer Teil der Viehzuchtgebiete Afrikas gehört, kann sich das Vieh während der Regenmonate zwar über ein weites Gebiet ausbreiten, muß aber in der Trockenzeit stets wieder zu den Weideflächen mit dauerndem Wasservorkommen zurückkehren. Hier kommt es dann leicht in der Trockenzeit zur Überstockung der Weideflächen und zur Vernichtung der Grasnarbe. Die Verbesserung und Ausweitung der Viehwirtschaft läuft wie so viele andere landwirtschaftliche Probleme in Afrika unter anderem auch auf die Frage der Wasserversorgung hinaus.

Der Verminderung der Viehbestände muß möglichst eine Verbesserung ihrer Qualität parallel gehen. Dem steht aber nicht nur die Einstellung der Eingeborenen hinderlich im Wege. Auch die Zuchtergebnisse der europäischen Versuche sind durchaus noch nicht dazu angetan, Klarheit in die Frage zu bringen, welche Rasse oder Kreuzung sich für die tropisch afrikanischen Verhältnisse am besten eignen würde.

Es bestehen an sich drei Möglichkeiten: 1. entweder man versucht aus den einheimischen Rassen eine wirtschaftlich leistungsfähige Art zu züchten, oder 2. man führt fremde europäische oder asiatische Rassen ein. oder 3. man sucht durch Kreuzung fremder und afrikanischer Rassen das

[1]) Hall (127) S. 56/57.
[2]) Worthington: (352) S. 422.

geeignete Zuchtergebnis zu erreichen. Die einheimischen Rinderrassen lassen sich auf drei Haupttypen zurückführen: das kleine kurzhornige Rind, das Zebu oder Buckelrind und das hamitische Langhorn[1]).

"It appears that three foundation types of African cattle, the hamitic longhorn, the oldest African bovine, the Brachyceros or dwarf shorthorn type imported from Asia many years ago, and the zebu or humpid cattle, imported more recently from Asia, have given rise to the very numerous races which exist to-day[2])."

Ob aus den einheimischen Rassen sich ein brauchbares Milch- und Fleischrind züchten läßt, darüber liegen bei der Einstellung der Eingeborenen augenscheinlich noch keine ausreichende Erfahrungen vor. Besonders bemüht man sich in Nigeria um diese Frage.

"In Nigeria experiments are in progress at Shika, near Zaria, for the improvement of three types of native zebu the white Fulani, Godali, and Shuwa, in order to evolve 'dual purpose' cattle, namely milking cows and working bullox for the mixed farming areas. At a stock farm established at Ilorin in 1936 with the assistance of a grant from the Colonial Development Fund, work is in progress on the breeding of a West African shorthorn type suitable for the forest belt; resistance to trypanosomiasis and utility for mixed farming are the main desiderata[3])."

Europäische Arten erweisen sich als dem tropischen Klima nicht genügend angepaßt. Sie zeigen sich außerdem als zu anfällig den afrikanischen Viehseuchen gegenüber. Die Versuche, die man bisher mit der Einführung europäischen Viehs gemacht hat, haben auf die Dauer stets zu Mißerfolgen geführt[4]).

Die erfolgversprechendste Methode scheint in der Kreuzung von europäischen und afrikanischen Rindern zu liegen. Aber auch hier sind die Versuche über Anfänge kaum hinausgekommen. In Kamerun hat man vor dem Kriege solche Kreuzungsversuche unternommen, die aber durch den Krieg unterbrochen wurden und später von den Mandatsmächten nicht wieder aufgenommen worden sind. In Tanganyika hat man Eingeborenenvieh mit englischen und indischen Rassen aufgekreuzt[5]). Das Ergebnis ist eine Rinderart, die leistungsfähiger ist als das einheimische Vieh, aber auch wesentlich mehr Futter braucht, so daß sich für diese Rinderart sehr bald Ernährungsschwierigkeiten ergeben haben.

"The main consideration in all African stock breedings is that the degree of improvement must always be dictated by the plane of nutrition; neglect of this

---

[1]) S. über afrikanische Viehrassen: H. H. Curson: "The native cattle types of Africa, with particular reference to South-Africa", J. S. Afr. Vet. Med. Ass. 1937 u. Curson und Epstein: "A Comparison of Hamitic Longhorn, Westafrican Shorthorn and Africander cattle, particularly with regard to the skull", Onderstpoert, J. Vet. Sci. 3, 487—504, 1934.

[2]) Worthington (352) S. 412.

[3]) Lord Hailey (126) S. 976.

[4]) Etwas anders liegen die Verhältnisse im subtropischen Deutsch-Südwestafrika. Über die Möglichkeiten in dieser alten deutschen Kolonie liegt eine ausgezeichnete Vorkriegsarbeit vor: J. Neumann-Hamburg, „Die Verwendung von deutschem Zuchtvieh in Deutsch-Südwestafrika in Reinzucht und zur Veredelung der dortigen Rindviehbestände." Abhandlungen des Hamburgischen Kolonialinstituts, Bd. XXVI. Hamb. 1914.

[5]) Erwähnenswert ist, daß bei Ausbruch des Krieges von deutscher Seite Hagenbeck sich mit dem Gedanken trug, Vieh aus dem tropischen Indien nach Afrika einzuführen.

has sometimes led to disappointment in attempts to grade up high-class imported stock[1]).''

Von der Möglichkeit, in Afrika ein leistungsfähiges Milchrind zu züchten oder einzuführen, hängt nicht zuletzt die Frage ab, ob es gelingt, unter den Eingeborenen eine Milchwirtschaft zu entwickeln. Die Aussichten dazu sind in den einzelnen Gebieten sehr verschieden.

Der schon zitierte englische Ernährungsbericht von 1939, der sich mit den Verhältnissen im britischen Colonial Empire beschäftigt, meint dazu (§ 154): "There are few parts of the Colonial Empire which can be regarded as well suited for dairy farming according to Western standards. Kenya, Jamaica and Northern Rhodesia offer the most promising possibilities, and in one or two other dependencies the production of milk for supply to urban areas is making some progress, but with these exceptions dairy farming as it is understood in Europe is unlikely to be profitable in the Colonial Empire."

Die Erhöhung des Milchkonsums unter der Eingeborenenbevölkerung ist eines der wichtigsten Mittel, die Ernährungsverhältnisse zu verbessern. Leider ist aber Frischmilch gerade in tropischen Gegenden häufig eine Überträgerin von Krankheitskeimen.

"Unfortunately fresh whole milk, besides being the most valuable of all foods, may also be one of the most dangerous. It is at all times a medium through which disease may be conveyed to man either through the transference of disease from the animal itself or through the introduction of impurities into the milk between the time it leaves the animal and the time it is consumed. Even in European conditions it is a matter of great difficulty to ensure purity of the milk supply, and in many primitive communities it would be almost impossible." So der Ernährungsbericht (§ 167).

Staffe[2]) meint, daß es bei der Kalk- und Mineralsalzarmut des afrikanischen Futters durchaus noch eine offene Frage sei, ob sich Milchtiere überhaupt halten ließen.

Über die Möglichkeiten einer verbesserten Kleinviehhaltung stecken die Forschungen und Versuche ebenfalls in den allerersten Anfängen. Fest steht, daß vor allem die Ziegenbestände vermindert werden müssen, da ihre übermäßige und völlig sinnlose Vermehrung die Hauptschuld an der Überstockung der Weideflächen trägt. Wie weit sie sich durch Fleisch- oder Wollschafe ersetzen lassen, darüber kann im Augenblick wohl noch nichts Zuverlässiges gesagt werden.

Die Vermehrung der Geflügelhaltung wäre als Ergänzung für die Nahrungsversorgung des Eingeborenen sehr erwünscht. "Eggs would form a valuable addition to the native dietary", meint Hall[3]), "but the danger is that they will be produced only for sale." Das um so mehr, als ja bei vielen

---

[1]) Worthinton (352) S. 420/21.

[2]) „Milchviehhaltung im tropischen Urwald? Dtsch. Molk. Ztg. v. 4. 3. 1937: „Zwerghaustiere im Kameruner Urwald. Aussehen, Zweck und Art der Haltung". Dtsch. landw. Presse v. 2. 1. 37. S. auch Adolf Staffe in Ztschr. f. Züchtung. Februar, April 1937 und April 1938, sowie in „Forschungen und Fortschritte", Nachrichtenbl. d. Dtsch. Wissensch. u. Technik 6, 13, 20/21.

[3]) (127) S. 81.

Eingeborenen eine Voreingenommenheit dem Genuß von Eiern und Hühnerfleisch gegenüber besteht.

Stockdale[1]) berichtete über Bemühungen der Verwaltung von Sansibar, die Geflügelzucht zu fördern: "The department has, during recent years, taken steps to encourage the development of poultry keeping and the section of Kizimbani Experiment Station devoted to poultry has aroused considerable interest. Trials with different types of housing, suited to the conditions of the Protectorate, have been made and information as to the requirements for successful poultry husbandry is now available. Tests of varying diets have also been made and an attempt has been made to work out the most economic diet for poultry from supplies most readily available."

3. Tsetsebekämpfung, Bodenerosion und Wasserfrage.

Auf die Bedeutung der Tsetsebekämpfung, der Bodenerosion und Wasserfrage für die Ernährungs- und Wirtschaftsverhältnisse des Eingeborenen ist schon des öfteren hingewiesen worden. Wenn das eine große Problem der Verbesserung der Eingeborenenwirtschaft in der Erhaltung der Bodenfruchtbarkeit liegt, so besteht das andere in einer Vermehrung der landwirtschaftlich nutzbaren Bodenfläche. Trotz der geringen Bevölkerungsdichte Afrikas (4,5 Menschen pro qkm) macht sich in vielen Gebieten schon heute ein Bodenmangel deutlich fühlbar. Das liegt neben der primitiven Wirtschaftsweise des Eingeborenen vor allem daran, daß weite Gebiete wegen ungenügender Wasserversorgung oder wegen des Vorkommens der Tsetsefliege als Überträgerin der trypanosomiasis für ackerbauliche Nutzung bzw. Viehzucht unbrauchbar sind. Daraus ergeben sich für die europäischen Kolonialmächte sehr weitläufige und vor allem kostspielige Sanierungsaufgaben, aber auch bedeutende Verbesserungsmöglichkeiten.

Um kostspieligen Aufwendungen zu entgehen, haben die Kolonialmächte sich bisher in der Hauptsache darauf beschränkt die Eingeborenen durch Propaganda, Erziehung und Belehrung dazu anzuhalten, soweit es sich im Rahmen ihrer landwirtschaftlichen Arbeiten ergibt, die erforderlichen Verhütungs- und Bekämpfungsmaßnahmen selbst vorzunehmen. Das gilt jedenfalls für die Bekämpfung der Bodenerosion und der Tsetse. Diese Methode ist an sich richtig; denn ohne die aktive Mitarbeit der Eingeborenen wird der Europäer die großen Sanierungsarbeiten in Afrika niemals erfolgreich durchführen können. Doch darf man sich mit dieser häufig nur punktförmig ansetzenden Kleinarbeit nicht begnügen. Großzügige Brunnenbohrungen, Errichtung von Staudämmen, systematische Aufforstungen und Buschsäuberungsaktionen gegen die Tsetse werden mit Hilfe öffentlicher Mittel auf die Dauer unbedingt erforderlich, will man mit diesen Aufgaben wirklich einen Schritt vorwärts kommen.

Auf die zahlreichen wirtschaftlichen und technischen Probleme dieser drei großen Sanierungsaufgaben kann im Rahmen unserer Ausführungen nicht näher eingegangen werden. Aber es war doch wohl notwendig, auf die Bedeutung dieser Arbeiten und ihre Kostspieligkeit nochmals nachdrücklich hinzuweisen.

[1]) (295) S. 19/20.

4. Die verbesserte Ausnutzung der vorhandenen Nahrungsquellen, besonders des Fischreichtums, und die entsprechende Umstellung in der Ernährungsweise des Eingeborenen.

Da einer Produktionssteigerung in der Eingeborenenwirtschaft bei den vielfältigen Schwierigkeiten, die sich ihr entgegenstellen, schon sehr bald Grenzen gesetzt sind, die sich nur allmählich unter dem Einsatz großer Mittel ausweiten ließen, muß die Kolonialverwaltung dafür Sorge tragen, daß die Eingeborenen den jeweils gegebenen Nahrungsspielraum auch möglichst vollständig ausnutzen. Kann die Nahrungsmittelerzeugung den Konsumgewohnheiten der Eingeborenen nicht genügend angepaßt werden, dann muß sich eben die Ernährungsweise den gegebenen Möglichkeiten der Nahrungsversorgung anpassen. In diesem Zusammenhang gilt es einmal, die Vorurteile des Negers gegen so viele Nahrungsmittel zu bekämpfen, um dadurch eine stärkere Ausnutzung der wild wachsenden Pflanzen, wie auch des Vieh- und Fischreichtums, soweit ein solcher in den einzelnen Gebieten vorhanden ist, zu erreichen. Daneben muß aber auch dafür gesorgt werden, daß die zweckmäßigen Bräuche der Eingeborenen — wie etwa sich durch ein vitaminhaltiges Dörrgemüse die Vitaminversorgung für die dürren Monate sicherzustellen — nicht etwa zugunsten einer Konservennahrung verloren gehen. Darüber hinaus muß man sich bemühen, für nicht zu beschaffende Nahrungsmittel brauchbare Ersatzmittel zu finden.

Die fehlende Kuhmilch für Säuglingsernährung, mit der viele Gebiete Afrikas sobald nicht zu versorgen sein werden, muß beispielsweise durch eine zweckmäßige Suppenernährung oder durch andere brauchbare Nahrungsmittel ersetzt werden. “It is interesting to notice in this connection the use by the Methodist Episcopal Congo Mission, Wembo Nyama, of groundnut milk and plantain water for babies in an area where cows milk is not obtainable[1]).”
Der weitverbreitete Kalkmangel in der afrikanischen Nahrung wird z. B., solange die Ernährungsweise sich nicht entsprechend vielseitig gestalten läßt und der Kalkgehalt des Bodens nicht durch geeignete Düngermethoden gesteigert werden kann, nur durch Verteilung von Kalkpräparaten ausgeglichen werden können. Darauf weist Dumont[2]) in seinen Schriften hin, und auch Ziemann[3]) empfiehlt — er denkt dabei allerdings wohl hauptsächlich an die weiße Bevölkerung —, „eine kleine Menge von Kalkpräparaten mit den Mahlzeiten zusammen täglich einzunehmen, z. B. zweimal täglich eine Tablette Calcipot oder ein anderes Kalkpräparat, Kinder, je nach Alter, eine halbe oder eine Tablette.” Wie weit sich eine solche Verteilung, wenn sie sich auch für den Eingeborenen als zweckdienlich erweisen sollte, aus technischen und kostenmäßigen Gründen durchführen lassen wird, ist eine Frage für sich.

Eine vom Eingeborenen besonders wenig ausgenutzte Nahrungsquelle ist der Fischreichtum Afrikas. Fisch enthält nicht nur Eiweiß, sondern auch Calcium und Jod mit einer für den menschlichen Organismus leicht assimilierbaren Form und wäre daher für die Verbesserung der Eingeborenenernährung eine wichtige Ergänzung. Dort, wo die Eingeborenen den Fischfang betreiben, hat sich auch meist ein lebhafter Eingeborenen-

[1]) Firth (88) S. 402 Fußnote.
[2]) S. Literaturangabe.
[3]) (362) 2. Aufl. Nachtrag III.

markt entwickelt. Aber in weiten Gebieten stehen dem Fischkonsum doch Voreingenommenheiten des Eingeborenen entgegen.

Unter europäischem Einfluß hat sich in Gebieten mit besonders starker Nachfrage ein reger Fischfang entwickelt:

"In Tanganyika, Lake Rukwa presents a special problem, since it is highly productive of fish and lies within easy reach of the Lupa Goldfields; a commercial fishery has been established there to supply the mine workers[1])."

"... several of the rift valley lakes lying between Belgian and British territory have been exploited in order to provide food for labourers in the mines nearby. On Lake Albert, which is near the Kilo Moto Goldmines, there has been a fishery for some twelve years and motor-boats, nets and other gear have been imported[2])"

Die rationellste Ausnutzung von Fischen für Nahrungszwecke ist durch ihre Verarbeitung zu Fischmehl möglich. Es wäre daher erwünscht, wenn gerade Fischmehl stärker als bisher in den Eingeborenenhandel käme. Das trifft auf Schwierigkeiten, da die Eingeborenen Fischmehl meist nicht kennen und als Nahrungsmittel ablehnen. Immerhin beginnt sich in einzelnen Gebieten dieses Nahrungsmittel bei den Eingeborenen durchzusetzen. In Französisch Westafrika ist die Herstellung von Fischmehl für den kolonialen Bedarf seit einigen Jahren im Zunehmen begriffen, was darauf schließen läßt, daß sich ein erfolgreicher Handel in diesem Artikel bereits unter den Eingeborenen entwickelt hat. Das wird von Worthington[3]) bestätigt, der feststellt, daß in Französisch Guinea und bei einem einzelnen Stamme in Nigeria Fischmehl als Nahrungsmittel Verwendung findet. Auch in Angola, dessen Küsten besonders fischreich sind, nimmt der Verbrauch von Fischmehl unter den Eingeborenen zu. Um die afrikanische Fischerei als Nahrungsquelle für den Eingeborenen hat sich bisher wohl am meisten die französische Kolonialverwaltung bemüht[4]). Sie hat vor allem auch die Erzeugung und Verbreitung von Fischmehl zu fördern gesucht.

"Port Etienne on the coast of Mauritania is the principle centre of development of fishery on modern lines. Much attention is given to the improvement of curing methods and value of oil as a by-product ...

A research station has recently been established in the French Cameroons for the development of marine fisheries. The manufacture of fish-meal as a native food, originally tried with great success in Indo-China, has recently been introduced to French West Africa where it is made at Conakry and finds a ready sale[5])."

Viel ist aber auch von der französischen Verwaltung auf diesem Gebiet noch nicht geschehen.

An sich ist der Fischreichtum Afrikas nicht so groß wie man vielleicht meinen möchte. Bekanntlich sind die kalten Meeresregionen fischreicher als die warmen. Daher sind die tropisch afrikanischen Küstengewässer

---

[1]) Worthington (352) S. 244.
[2]) (352) S. 249.
[3]) (352) S. 237/38.
[4]) S. A. Druvel u. G. Petit: „Développement de la pêche coloniale indigène au point de vue de l'alimentation", Paris 1931.
[5]) Worthington (352) S. 248.

verhältnismäßig fischarm. Die einzige Ausnahme bildet Angola, dessen Küste von einem kalten Meeresstrom bespült wird[1]).

In den afrikanischen Binnengewässern hat sich die unter den Eingeborenen weitverbreitete Methode, Fische in flachen Gewässern durch Streuen von Gift zu fangen, verheerend auf die Fischbestände ausgewirkt.

Die Aufgabe der Kolonialverwaltung ist also eine doppelte: Einmal durch Überwachung der Fangmethoden eine Verminderung oder gar Vernichtung der Bestände zu verhindern, zum anderen durch Aussetzen geeigneter Fischarten den Fischreichtum Afrikas zu steigern, was wohl weniger kostspielig sein dürfte als die Lösung der großen landwirtschaftlichen Aufgaben.

5. Die Einführung europäischer Konservierungsmethoden.

Eine verbesserte Ausnutzung der vorhandenen Nahrungsquellen erfordert eine bessere Vorsorgewirtschaft, als sie der Eingeborene bisher betrieben hat. Das ist zum Teil ein Erziehungsproblem, macht aber auch eine Verbesserung der Konservierungstechnik erforderlich. Für die Aufbewahrung pflanzlicher Produkte dürfte die Technik, die manche Stämme schon selbständig entwickelt haben, wohl ausreichen. Es käme nur darauf an, diese Technik in dem einen oder anderen Punkte noch zu verbessern, und sie möglichst bei allen afrikanischen Völkern einzuführen. Besondere Probleme gibt aber die Konservierung tierischer Produkte, wie die Aufbewahrung von Fleisch und Fisch, im tropischen Afrika auf.

Allerdings kann die Haltbarkeit dieser Nahrungsmittel innerhalb der tropischen Zone in den einzelnen Gebieten je nach dem Klima, der Luftfeuchtigkeit usw. sehr verschieden sein.

"In most of Africa, the problems of fish preservation are to a large extent localized, and depend on climatic conditions, which vary so enormously from place to place. In the West for instance, a lightly cured fish, which would remain good almost indefinitely in the intensely dry atmosphere near the Saharan border, would be useless within a few days if transported a few hundred miles South to the humid regions of the Guinea Coast[2])."

In den meisten tropischen Gebieten werden Fleisch und Fisch sich aber ohne besondere Vorkehrungen nicht lange aufbewahren lassen. Hier kann wirkungsvolle Abhilfe nur die europäische Konservierungstechnik schaffen. Von den Fischmehlfabriken in Angola und Französisch Westafrika wurde schon berichtet. In anderen Gebieten hat man Fleisch- und Fischkonservenfabriken errichtet oder ist dazu übergegangen, Schlachtvieh zu Salz- und Pökelfleisch zu verarbeiten.

"In Nigeria, where the principal markets in the south are so far from the cattle breeding areas of the north, Captain Henderson, chief veterinary officer, is trying to establish a market for dried or salted beef, the transit of which would be so much easier than cattle on the hoof. At present the Africans do not appreciate dried meat; salted beef has better prospects, but the process of curing is not yet perfected."

---

[1]) A. v. Duisburg: „Die Seefischerei an den afrikanischen Küsten". Kol. Rdsch. 1929, S. 105—110 (65).

[2]) Worthington (352) S. 255.

"The necessity for opening markets for native grown beef in many parts of Africa, has let several authorities to stress the desirability of meat factories. In Tanganyika one such factory was started at Mwanza, but after a few years it had to be closed down. In 1937, Messrs. Liebig started a meat factory at Athi River in Kenya. The extension of such activities will naturally raise fresh problems for a search in the best methods of making and canning meat extracts in tropical countries[1])."

Eine ausreichende Konservierung von Fleisch- und Fischmengen ist notwendig, weniger um zeitliche als um örtliche Versorgungsunterschiede ausgleichen zu können. Besonders beim Fischfang sind zwar auch starke jahreszeitliche Versorgungsschwankungen festzustellen. Wichtiger sind aber die regionalen Unterschiede in Afrika, die es erforderlich machen, große Mengen von Fleisch und Fisch in Gebiete mit ungenügender Versorgung zu transportieren. In Gegenden, die von der Tsetse verseucht sind, kann man kein Schlachtvieh treiben, sondern man muß solche Regionen mit konserviertem Fleisch versorgen. Eine wichtige Aufgabe der Fleischfabrik in Mwanza (s. oben) sollte darin liegen, daß Tsetse verseuchte Gebiet um Lindi mit Fleisch zu beliefern.

Auch aus hygienischen Gründen ist die Verbreitung der Fleisch- und Fischkonserve zu begrüßen, wenn sie auch die Vitaminhaltigkeit von Frischfleisch nicht ersetzen kann. Bei vielen Stämmen ist der Fleischkonserve gegenüber zur Zeit noch ein starkes Vorurteil zu überwinden. Die Erfahrungen mit den eingeborenen Arbeitern und den enger mit der Zivilisation in Berührung gekommenen Küstenstämmen haben gezeigt, daß dieses Vorurteil auf die Dauer sehr wohl zu überwinden ist.

Die Errichtung von Konservenfabriken ist allerdings in hohem Maße von der lokalen Ergiebigkeit des Fischfanges und der Viehzucht abhängig. Fischkonserven oder Fischmehlfabriken können nur dort entstehen, wo eine ausreichende Fischmenge aus der lokalen Fischerei angeliefert werden kann. An kleineren Binnengewässern ist das unmöglich. Entsprechendes gilt für die Fleischfabriken. Sollen solche Einrichtungen in größerer Zahl durchgeführt werden, so müßten sich erst Fischfang und Viehzucht um ein Beträchtliches fortentwickelt haben.

6. Die Verbesserung der Verkehrs- und Transportverhältnisse.

Um interlokale Versorgungsunterschiede auszugleichen und damit auch eine vielseitigere Ernährungsweise zu ermöglichen, ist eine weitgehende verkehrsmäßige Erschließung der einzelnen Gebiete erforderlich. Durch die verbesserten Transportmöglichkeiten in Nigeria ist es beispielsweise zu einem bedeutenden Nahrungsmittelaustausch zwischen dem Norden und Süden der Kolonie gekommen. Der Norden liefert Fleisch, der Süden Palmöl. Ähnliches gilt für die Goldküste.

"In Uganda the recent establishment of recognized cattle routes and of a satisfactory marketing system has resulted in a reduction of the price of meat in the principal towns from 1 s. per pound ten years ago to 25—30 shilling-cents per pound now[2])."

[1]) Worthington (352) S. 455/56.
[2]) Britischer Ernährungsbericht (78) § 246.

Es genügt natürlich nicht, die technischen Transportmöglichkeiten zu schaffen. Vor allem müssen sich die Transportkosten in einer tragbaren Grenze halten. Was Leplae[1]) vom Belgischen Kongo sagt, gilt in gleicher Weise für die meisten anderen Kolonialgebiete: „Le coût élevé des transports est encore, dans notre colonie, un très grand obstacle au progrès de l'agriculture, et le plus difficile à éliminer, plus difficile même que le défaut d'activité agricole des noirs. On ne saurait assez le répéter." Die hohen Transportkosten wirken sich besonders hinderlich für den interlokalen Nahrungsmittelhandel aus; denn die Nahrungsmittelpreise auf den Eingeborenenmärkten sind äußerst niedrig und bleiben es meistens auch in Zeiten günstiger Weltkonjunktur.

Die Transportkosten werden sich nur senken lassen, wenn auch in Afrika ein Massentransport sich immer mehr durchsetzt, der sich in erster Linie natürlich nur von der Ausfuhrproduktion her entwickeln kann. Hier zeigt sich wieder einmal die enge Verbundenheit der Nahrungsversorgung mit den übrigen wirtschaftlichen Problemen.

Die verkehrswirtschaftliche Erschließung wird in der Hauptsache von der Ausfuhrproduktion her finanziert werden müssen, obwohl die Kolonialverwaltungen sich nicht von einer lediglich von Ausfuhrinteressen diktierten Verkehrspolitik leiten lassen sollten. Mit einer Erhöhung der Ausfuhrerzeugung wird sich auch von dieser Seite eine Ausweitung der binnenwirtschaftlichen Beziehungen und eine Verbesserung der Nahrungsversorgung ergeben.

Die Nahrungsversorgung sollte immer der erste Gesichtspunkt im Rahmen der Förderungsmaßnahmen für die Eingeborenenwirtschaft sein. Es darf aber niemals übersehen werden, daß auch die Entwicklung der Außenwirtschaft, in richtigen Grenzen gehalten und in geeignete Richtung gelenkt, sich auf die Nahrungsversorgung günstig auswirken muß. So kann eine Verbesserung der Nahrungsversorgung auf die Dauer niemals auf Kosten der Ausfuhrproduktion durchgeführt werden. Vielmehr liegt die richtige Lösung des Ernährungsproblems, auch von der Verkehrsfrage her gesehen, darin, Ausgleich und Ergänzung beider Produktionszweige zu finden, und mit der sinnvollen Ergänzung des einen gleichzeitig den andern zu fördern.

7. Die Erziehung des Eingeborenen zu einer rationellen Einstellung bei seinen wirtschaftlichen Handlungen.

Die aktive Mitarbeit des Eingeborenen ist die wichtigste Voraussetzung für die Verbesserung seiner Ernährungs- und Wirtschaftsverhältnisse. Den Eingeborenen aus seiner „passiven Introvertiertheit" herauszuholen und zu einer rationelleren Wirtschaftsweise anzuhalten, muß als wichtigstes Ziel der Ernährungspolitik betrachtet werden, — wie hier überhaupt die Kernfrage aller modernen Kolonial-

[1]) E. Leplae, Bull. Agric. Congo Belge, Juin 1930 (176), S. 264. S. auch J. Ghilain: "L'Organisation des transports des produits agricoles au Congo Belge", Bull. Agric. C. B. 29. 2, 338—342 (Juin 1938) (107).

wirtschaft und Kolonialpolitik liegt. Damit wird die Ernährungsfrage in erster Linie zu einem Erziehungsproblem.

Es ist nicht einfach, eine Bevölkerung von etwa 100 Millionen aus einer Jahrtausende alten Einstellung herauszuholen, die noch heute in unzähligen religiösen und sozialen Bräuchen verankert ist. Es ist das eine um so schwierigere Aufgabe für den Europäer, als er im eigenen Interesse dafür Sorge tragen muß, daß dieser Sprung über Jahrtausende hinweg dem Eingeborenen gelingt, ohne daß dieser dabei sich selbst verliert und zu einem halt- und wurzellosen Wesen wird. Darin liegt das Zivilisationsproblem des Eingeborenen: sich aus den Hemmungen und Fesseln seiner alten Kulturformen und seiner Lebensart zu lösen und doch gleichzeitig seine Wesenssubstanz aus den alten Formen mit in das Neue hinüberzuretten, ohne die eine eigenständige neue Lebensform unter Schutz und Führung des Europäers sich für ihn niemals finden lassen würde. Den Eingeborenen aus den alten Fesseln zu lösen, bedeutet, ihn von all dem Wust des Zauberglaubens, der Magie und der Voreingenommenheiten zu befreien, die seinen Blick gefangen halten und seine Kräfte für Dinge verbrauchen, die heute sinnlos geworden sind. Ihm seine Wesenssubstanz erhalten, heißt, all das seiner eigenen Kultur bewahren, was den neuen Aufgaben und Zielen nicht im Wege steht, aber für die Erhaltung des Selbstbewußtseins des Eingeborenen, für die Erhaltung seiner Lebenssicherheit und inneren Ausgeglichenheit unbedingt erforderlich ist. Dazu gehört sein Gemeinschaftsleben, sein soziales Gebunden- und Verpflichtetsein, ohne daß er zum Proleten oder Intellektuellen im schlechten Sinne entwurzeln würde.

Die Schwierigkeit dieser doppelten Erziehungsaufgabe des gleichzeitigen Erhaltens und Zerstörens liegt darin, daß das sozial-religiöse System des Eingeborenen eine geschlossene Einheit bildet, aus der man nicht einen Bestandteil entfernen kann, ohne auch ernstlich das übrige in Gefahr zu bringen. Der Ahnenkult ist die Grundlage dieses Systems. Er liegt dem sozialen Gefüge zugrunde und ist ebenfalls verantwortlich für viele schädliche und hemmende Einrichtungen des sozialen und religiösen Lebens. Ihn in seiner einen Äußerungsform erhalten, um ihn in seiner anderen zu bekämpfen, ist vielleicht keine unlösbare Aufgabe, aber doch eine Aufgabe, die sehr viel Einfühlungsvermögen und sehr viel Zeit erfordert. Bei keiner Aufgabe der europäischen Kolonisationsarbeit ist daher Übereiltheit des Handelns weniger am Platze, bei keiner Aufgabe aber auch ein ernsthaftes Bemühen dringender geboten.

Wir haben im dritten Kapitel gezeigt, daß die entscheidenden Fortschrittshemmungen in der Eingeborenenwirtschaft dem Ahnenglauben des Eingeborenen entspringen. Die Ahnenfurcht veranlaßt auch denjenigen Neger, der mit europäischen Wirtschaftsmethoden schon in nähere Berührung gekommen ist, auf dem eigenen Felde immer wieder in die alten Anbauformen zurückzufallen, so daß die intensivsten Schulungsversuche des Europäers häufig vergebene Liebesmüh sind.

„Man kann beobachten, daß Schüler, die auf Musterfarmen oder in einer Ackerbauschule eine ausgezeichnete Ausbildung erfahren haben, daheim wieder nach altem Stil ihre Felder bestellen. Für sie gibt es zwei Systeme, die zueinander in keiner Beziehung stehen: das des Europäers und das eingeborene, beide sind gut, aber nicht übertragbar. Teilweise mag dahinter die Meinung stecken, der Europäer verfüge über magische Kräfte, die dem Afrikaner versagt seien; es spricht aber auch der Hintergrund einer Jahrhunderte alten Erfahrung und Übung mit, die man nicht mit Unrecht dem Europäer abspricht. ... Dazu kommt, daß dem europäischen Ackerbau eine Masse wissenschaftlicher Erkenntnis zugrunde liegt, die dem Schwarzen nicht zugänglich ist ... Die vom Weißen gelehrten Methoden verlangen mehr Konzentration, Genauigkeit und Sorgfalt, auch eine größere Planung, als dem Neger gewohnt und erträglich ist[1]."

Am ehesten zeigt sich der Eingeborene noch bereit, bei neuen Kulturen, die er vom Europäer und nicht von seinen Ahnen übernommen hat, eine fortschrittliche Methode anzuwenden. Hier fehlt die traditionelle Hemmung. Hier wirkt sich überdies als neuer Anreiz meist gleichzeitig die Möglichkeit, Geld zu erwerben, aus. Der private Wirtschaftsegoismus, der als stärkste Triebkraft bei der Entfaltung des europäischen Kapitalismus mitgewirkt hat, zeigt sich auch in Afrika als radikalstes Mittel, neue Wirtschafts- und Lebensformen beim Eingeborenen einzuführen. Er fördert aber nicht nur den wirtschaftlichen Fortschritt, sondern zerstört gleichzeitig das Gemeinschaftsleben des Eingeborenen und führt damit zu einer sozialen Entwurzelung, die in Afrika vielleicht noch gefährlicher ist als in Europa.

So hat der den einzelnen Eingeborenen aufsuggerierte Erwerbssinn schon in vielen afrikanischen Gebieten die Eingeborenenwirtschaft zu einem Träger des Verfalls gemacht.

„Es kommt bei den Dschagga z. B. schon nicht mehr zu selten vor, daß Mann und Frau ihre Äcker gesondert anlegen, damit keines die Erträgnisse des anderen kontrollieren könne. Die wirtschaftlichen Erträgnisse werden in so weit gehendem Maße in Geld umgesetzt, daß die Kinder an Unterernährung leiden und körperlich und geistig den Durchschnitt ihrer Rasse nicht erreichen, einfach deshalb, weil alle Milch und die für die Kinderaufzucht geeignetsten Bodenerzeugnisse restlos verkauft werden[2]."

Das aber ist eine Entwicklung, die weder im Interesse des Europäers noch des Eingeborenen auf die Dauer liegen kann. „Gerade um die Steigerung und Individualisierung ihres Erwerbsinnes und den Anschluß ihrer Ackerwirtschaft an den Weltmarkt in den Wirkungen auf die Volksstruktur so weit als nur möglich zu entgiften, ist es dringend geboten, die urtümlichen Formen der Gemeinschaft von Mensch mit Menschen hingebend und vorgeordnet zu pflegen, damit das erworbene Geld nicht in öden und schädlichen Genuß umgesetzt würde, sondern in Dienst aneinander und miteinander zur Entfaltung ihres Menschsein im Verbande. Der Vorsteher des Verbandes eingeborener Kaffeepflanzer am Kilimandscharo, dem 14000 Mitglieder angehören, ist seinerseits der eifrigste Förderer des Zusammenschlusses seiner Sippe gewesen und hat sie auch zur

[1] Westermann: „Der Afrikaner heute und morgen" S. 70.

[2] Gutmann: „Aufgaben der Gemeinschaftsbildung in Afrika", Africa, 1, 4 (122), S. 439/40.

Einrichtung einer Unterstützungskasse angeregt. Man sieht also, daß sich auch die modernsten Aufgaben und Stellungen sehr wohl mit den urtümlichen Gesellungsformen vertragen[1]).“

Die Rücksicht auf die Aufgaben neuer Gemeinschafts- und Lebensformen in Afrika erfordert es also, den wirtschaftlichen Fortschritt in der Eingeborenenwirtschaft nicht zu stark durch das Radikalmittel des Erwerbsmotives voranzutreiben, da sonst die Bildung neuer gesunder Gemeinschaftsformen mit dem Zerstörungsprozeß nicht Schritt halten könnte. Das Problem des afrikanischen Kulturwandels kann nicht negativ, sondern nur positiv gelöst werden.

Soll der Eingeborene von seinen religiösen Wahnvorstellungen befreit werden, so muß man ihm für seine Religion etwas anderes zu bieten haben, so kann das nur mit Hilfe einer anderen Religion geschehen. Damit wird die sehr heikle und vielschichtige Frage der Missionen berührt.

Es kann hier nicht der Ort sein, diese sehr aktuelle und dringliche Frage eingehender zu behandeln. Nur soviel sei gesagt: Wegen der Bedeutung der sinngemäßen Zivilisierung und Erziehung des Eingeborenen darf Europa allein aus praktischen Gründen die entscheidende Möglichkeit, von der religiösen Seite her Einfluß auf den Eingeborenen zu gewinnen, niemals aus der Hand geben. Deshalb sollten alle Religionen für die Eingeborenenmissionierung von vornherein ausscheiden, die dem europäischen Einfluß entzogen sind. Die viel empfohlene Mohamedanisierung des afrikanischen Eingeborenen dürfte daher keinesfalls im Interesse Europas liegen.

Es wird hier nicht verkannt, daß der richtige Einsatz der christlichen Mission im Rahmen einer planvollen Kolonialpolitik ein sehr schwieriges Problem ist. Fest steht auch, daß die Arbeit der Missionen künftig sich der kolonialpolitischen Zielsetzung anpassen muß, und nicht umgekehrt. Die Missionen aber gänzlich ausschalten, hieße, auf das wirkungsvollste Mittel, den afrikanischen Menschen zu formen, verzichten.

---

1) Gutmann (122) 440.

Schluß.

Das Ernährungsproblem und das bisher gültige System der Kolonialpolitik[1]).

Mit dieser Schrift glauben wir nicht, die Probleme der Eingeborenenernährung und Ernährungspolitik in Tropisch-Afrika erschöpft zu haben. Aber es ist doch vielleicht möglich gewesen, die ganze Vielfältigkeit dieses Problemkomplexes zu verdeutlichen und an ihm die Kompliziertheit der modernen kolonialpolitischen Aufgabe Europas zu zeigen. Mit der Inangriffnahme der ernährungspolitischen Aufgabe scheint auch in der Praxis der europäischen Kolonialmächte die Erkenntnis Raum zu gewinnen, daß Europa mit der Kolonisation Afrikas eine Verantwortung übernommen hat, eine Verantwortung sich selbst und dem afrikanischen Eingeborenen gegenüber. Mit der Lösung dieser Aufgabe könnte deshalb eine neue kolonialpolitische Epoche sich einleiten, in der endlich die alte raubwirtschaftliche Methode überwunden ist. Allein wir zweifeln, ob eine Lösung des Ernährungsproblems überhaupt möglich ist, ohne daß ein grundsätzlicher Wandel in der heutigen Kolonialpolitik und der Kolonialverteilung eintritt. So wie die Dinge heute liegen, sind die augenblicklich besitzenden Kolonialmächte gar nicht in der Lage, sich um jedes einzelne Gebiet ihrer Kolonialreiche so zu kümmern, wie es im Interesse der betreffenden Kolonie erforderlich wäre. Es liegt für sie dazu auch kein wirtschaftlicher Zwang vor. Es erklärt sich damit auch, weshalb man z. Zt. auf eine wirklich aktive Kolonialpolitik verzichtet. Fest steht indessen, daß ohne eine solche Politik sich Probleme wie das ernährungspolitische nicht lösen lassen, und daß die besitzenden Kolonialmächte sich damit jedes moralischen Rechtes begeben, im Interesse der Eingeborenenbeölkerungen eine großzügige Revision in der Verteilung der kolonialen Territorien zu verweigern.

Aber nicht nur die heutige Raumverteilung, sondern auch die herrschende kolonialpolitische Methode, vor allem diejenige Englands, steht einem notwendigen Wandel in der heutigen Kolonialpolitik im Wege. Es sei gerne anerkannt, daß gerade von englischer Seite in den letzten Jahrzehnten die Bedeutung des Eingeborenen im Rahmen der Kolonialpolitik in Wort und Schrift immer wieder betont herausgestellt worden ist. Leider hat nur die Art, wie man in der Praxis das Interesse des Eingeborenen zu verfolgen suchte, nicht sehr überzeugend gewirkt. Abgesehen von zahlreichen Fällen, in denen man den Eingeborenen gegenüber bei der alten raubwirtschaftlichen Methode stehen blieb (Kenya), hat man im übrigen im Namen

---

[1]) Die folgenden Ausführungen sind bis auf geringe Abänderungen einem in der Kolonialen Rundschau veröffentlichten Aufsatze des Verfassers entnommen. Siehe „Die Ernährungsverhältnisse der Eingeborenen in den britischen Kolonien", Kol. Rdsch. Dezember 1939.

der Freiheit des Eingeborenen eine derartig lasche Eingeborenen- und Kolonialpolitik geführt, daß nicht nur das Prestige des weißen Mannes in Gefahr geriet, sondern überdies auch die Interessen des Eingeborenen sehr schlecht vertreten wurden. Man kann den Eingeborenen, auch wenn man ihm zur Mündigkeit erziehen will, nicht so weitgehend sich selbst überlassen, wie es in manchen Mandatsgebieten und westafrikanischen Kolonien Englands geschieht. Schon gar nicht, wo der Eingeborene in so unzulänglichen Verhältnissen lebt, in einer Umwelt, die noch eine weitgehende Umgestaltung verlangt, um einen Lebensraum im wirklichen Sinne des Wortes zu bieten. Der Eingeborene, der mit derartig viel Widerwärtigkeiten seiner Umwelt zu kämpfen hat und überdies durch den zu raschen Einbruch der europäischen Zivilisation in seinen Seinsgrundlagen erschüttert ist, ist keinesfalls in der Lage, selbst zu erkennen, wo sein Vorteil liegt und wie dieser am besten zu erreichen ist. Er bedarf der energischen Führung und Initiative des Weißen. Das will der Engländer nicht wahr haben, weil es nicht in seinem wirtschaftlichen und politischen Interesse liegt und ihm überdies zu unbequem und kostspielig ist.

In dem britischen Ernährungsbericht, der im Sommer 1939 veröffentlicht wurde[1]), wird wiederholt betont, daß die wichtigste Voraussetzung einer verbesserten Ernährung die Hebung des Lebensstandards des Eingeborenen ist. Für England gibt es aber im Augenblick keine andere Möglichkeit, dies zu erreichen als durch eine Ankurbelung der Weltwirtschaft, was unter den gegebenen Verhältnissen wohl eine etwas fragwürdige Methode sein dürfte. England kann heute seinen Kolonien nicht den Absatz ihrer Waren garantieren. Seine koloniale Produktion ist auf den Weltmarkt angewiesen. Damit wird der Wohlstand seiner Besitzungen von Kräften abhängig, auf die es selbst keinen entscheidenden Einfluß mehr besitzt. Im übrigen übersieht jener Bericht die Tatsache, daß es gar nicht einmal so sehr auf eine Steigerung als auf eine Stabilisierung des Lebensstandards ankommt. Der Eingeborene muß vor den verhängnisvollen weltwirtschaftlichen Konjunkturschwankungen geschützt werden. Das Beispiel der Goldküste hat gezeigt, daß es auch auf die Ernährungsverhältnisse ungünstig wirkt, wenn das Einkommen der Eingeborenen in Jahren guter Konjunktur ins Maßlose steigt, um bei der nächsten Krise wieder katastrophal abzusinken. Der intelligente aufgeschlossene Eingeborene ist dann zu leicht geneigt, seine selbstgenügsame Wirtschaftsmethode, die in gewissem Umfange durchaus ihren Sinn hat, zu verlassen, um sich ohne europäische Führung auf das gefährliche Gebiet der kapitalistischen Marktwirtschaft zu begeben.

Die englische Regierung weiß übrigens um dieses Problem. Vor einigen Jahren hat der damalige Kolonialminister Ormsby Gore davon gesprochen, daß England seinen kolonialen Eingeborenenproduzenten gegenüber eine Preisgarantie übernehmen müsse. Diese Garantie ist im wesentlichen Theorie geblieben. Ihre Verwirklichung hätte weitere Eingriffe in die freie Marktwirtschaft nach sich ziehen und schließlich zu einer planmäßigen

[1]) (78).

Kolonialwirtschaft führen müssen. Einer solchen Entwicklung steht aber die englische Welt- und Lebensanschauung im Wege. Man ist gewohnt zu improvosieren, aber nicht — planmäßig zu arbeiten. Deshalb ist der Engländer auch nicht in der Lage, die Lösung der großen kolonialpolitischen Aufgaben mit wirklichem Erfolg voranzutreiben. Deshalb kann auch die Ernährungspolitik, obwohl sie im Grundgedanken richtig ist, so wie die Engländer es anfangen, nie zu einem guten Ende führen. Das gleiche gilt im großen ganzen auch für die übrigen afrikanischen Kolonialmächte, soweit sie sich — abgesehen von Italien — trotz mancher Unterschiede im ideologischen Schlepptau Englands befinden. Weil bei der Lösung des Ernährungsproblems an hundert Stellen gleichzeitig angesetzt werden muß, genügt hier ein Improvisieren nicht mehr. Man muß schon planmäßig — um nicht zu sagen planwirtschaftlich — vorgehen. Man kann auch eine solche Aufgabe nicht aus Mitteln der einzelnen Kolonialgebiete selbst lösen. Das heißt, sich wie Münchhausen am eigenen Zopf aus dem Sumpf ziehen wollen. Es müssen schon größere Opfer gebracht werden.

England ist zu einer konstruktiven Kolonialpolitik nicht mehr fähig, weil ihm seine eigene Weltanschauung im Wege steht. Die liberalistischen Prinzipien haben heute keine Gültigkeit mehr: Die Zeit des Freihandels ist vorbei, die demokratische Verfassung scheint vom nationalpolitischen Standpunkt nicht mehr eine so durchaus zweckmäßige staatliche Organisationsform zu sein, und die großen Aufgaben der Weltpolitik und Weltwirtschaft verlangen immer mehr einen planmäßigen Einsatz von Menschen und Mitteln. England aber kann sich nicht entschließen, den Sprung in die neue Welt einer planmäßigen und autoritären Lebensführung zu wagen. Deshalb muß es die Vertreter dieser neuen Welt- und Lebensanschauung bekämpfen. Das zeigt der Verzweiflungskrieg, den es im September vorigen Jahres vom Zaune gebrochen hat. In diesem Krieg geht es um mehr als um die Existenz zweier Nationen. Es geht um nichts anderes als um eine neue Weltordnung und damit nicht zuletzt um eine neue Kolonialpolitik.

Anhang.

I. Nahrungsmittel einzelner Stämme.

a) Ernährungstypus des afrikanischen Urwaldbewohners.

(nach Oberdörffer, Archiv für Schiffs- und Tropenhygiene, 1938, S. 248 und 252).

„Schema des diätetischen und klimatischen Jahreslaufs eines Ibostammes, der Isukwatos, die in den Ostklüften des Udiplateaus leben":

Hauptnahrungsmittel:

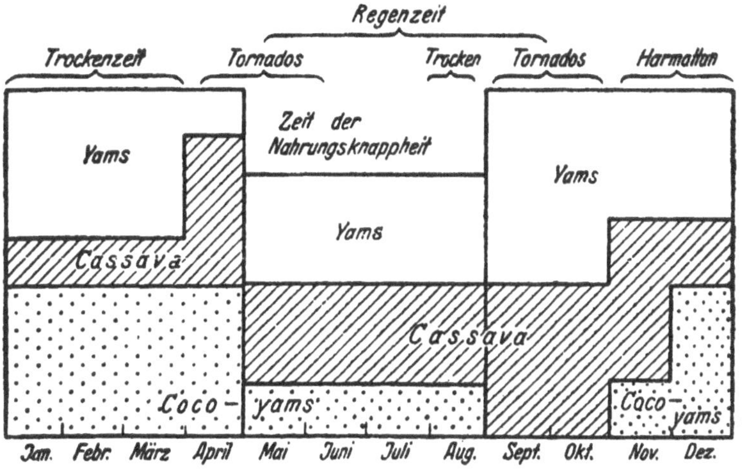

Als akzessorische Nahrungspflanzen werden angegeben:

„1. Bananen: werden nur während des Festmonats in größeren Mengen gegessen.
2. Erdnüsse: dienen in einzelnen Dörfern als Suppengrundlage.
3. Hirse: ist in Nordnigeria in verschiedensten Abarten Hauptnahrungsmittel. In Iboland so gut wie nie angebaut oder angewandt.
4. Kürbisartige Früchte: werden in verschiedenen Arten angebaut und als Beinahrung verwandt.
5. Hülsenfrüchte: verschiedene Bohnenarten werden angebaut und fehlen als Beilage selten in der täglichen Mahlzeit.
6. Blattfrüchte und Schleimbildner: Hier sind verschiedene Arten spinatartiger Pflanzen in Gebrauch, besondere Erwähnung verdient Hibiscus esculentus (Okro), das reichlich Schleim enthält und meiner Ansicht nach die Bekömmlichkeit der Mahlzeiten fördert.
7. Apfelsinen und Zitronen: kommen reichlich vor, werden aber eigentlich nur zur Zeit der Feste in den Mahlzeiten verwandt.
8. Kokosnüsse und Kokosmilch: sind seltener, werden aber gern als Beispeise genommen.
9. Zwiebeln in mannigfachen Arten: fehlen selten als Suppengrundlage."

b) Ernährungstypus eines savannen- und steppenbewohnenden Ackerbaustammes, der Bemba in Nordost-Rhodesien

(nach A. J. Richards und E. M. Widdowson: "A dietary study in North-Eastern Rhodesia", Africa, Bd. 9 S. 166ff.).

Bemba: Bantustamm von ca. 150000 Köpfen, lebt auf Tanganyika-Plateau in N.-O.-Rhodesien. Das zwischentropische Klima dieses Gebietes mit jahreszeitlichem Regenfall läßt 3 Perioden deutlich unterscheiden: Vier Monate kalt und trocken, vier Monate heiß und trocken und vier Monate Regen.

Der Stamm treibt Ackerbau, wegen des Fehlens einer Hirtentradition und dem Vorhandensein der Tsetsefliege ist ihm Viehzucht unbekannt. 40—60% der erwachsenen männlichen Bevölkerung ist jährlich auf Lohnarbeit abwesend.

Die Hauptnahrungsmittel:

Cerealien: Fingermillet oder Eleusinium Cerecana (Mala) ist die Hauptnahrung. Aus dieser Hirse wird Mehl und Bier hergestellt.

Sorghum oder Kaffernkorn (masaka), das wegen Bebauungsschwierigkeiten nicht so weit verbreitet ist, wird zur Mehlbereitung verwendet.

Mais (nyanje) wird im allgemeinen nicht wie bei anderen Bantustämmen zu Mehl verarbeitet, sondern, in geringeren Mengen angebaut, die Maiskolben werden in den Hungermonaten, ehe die Haupthirseernte beginnt, gegessen.

Knollenfrüchte:

Cassava (kalundwe), dessen Wurzeln und Blätter gegessen werden, ist keine typische Nahrungspflanze der Bemba, obwohl sie die Hauptnahrung des Nachbarstammes, der Bisa, ausmacht. Auf Wunsch der Regierung ist in letzter Zeit Maniok häufiger gepflanzt worden, da er eine der Kulturen ist, die gegen Heuschreckeneinfälle gefeit sind.

Aus demselben Grunde sind Süßkartoffeln (fyumbu) stärker angepflanzt worden.

Zukost:

Jeder Eingeborene pflanzt Erdnüsse (balala) an, die einen wichtigen Bestandteil der Ernährung bilden.

Erdbohnen (ground-beans = ntoyo) werden nur stellenweise angebaut, da ihre Kultivierung mit größeren Schwierigkeiten verknüpft ist.

Samen und Blätter der verschiedensten Pflanzen bilden die Zukost der Eingeborenen. Am häufigsten wird eine Bohnenart angewandt (cilemba). Weniger häufig ist die Kuherbse (lilanda) und die Zuckererbse (ntongwe).

Kürbisarten und Gurken werden während der Hungermonate am Ende der Regenzeit angebaut und bilden in dieser Zeit einen wesentlichen Nahrungsmittelbeitrag.

Nicht angebaute Nahrungsmittel sind zahlreiche wilde Pflanzen und Pilze (über 30 eßbare Arten sind bekannt). Außerdem Früchte des parinarium monola (mpundu) und der uapaca kirkiana (musuku). Bananenbäume sind neuerdings von Europäern eingeführt worden und haben sich ziemlich schnell verbreitet.

Fleisch und Fisch:

Wild ist seltener als früher vorhanden. Die Jagdgesetze beschränken diese Nahrungsquelle weitgehend für den Eingeborenen. In besonders günstig gelegenen Gebieten kommt in einem Dorf auf etwa 42 Erwachsene und 22 Kinder im Jahre 43 Duikers von der Größe einer kleinen Ziege. In anderen Dörfern ist die Fleischversorgung aber weit geringer.

Fisch ist leichter erhältlich, da das Gebiet reichlich mit Flüssen und Seen durchsetzt ist. Die Fische werden in der heißen Zeit, wenn das Wasser flach ist, mit Gift gefangen. Sie werden im allgemeinen frisch gegessen. Nur an den größeren Strömen, wie am Sambesi, werden sie getrocknet und verkauft. Der größte Teil der Fische vom Banguelosee wird jetzt an das Kupfergebiet verkauft, was sich auf die Versorgung des Stammesgebietes ungünstig auswirkt.

Raupen, Heuschrecken und fliegende Ameisen werden als Nahrung verwertet. Besonders die ersteren spielen eine wichtige Rolle für die Stammesernährung.

Salz: Drei Arten sind zu unterscheiden:

a) Europäisches Salz (Natriumchlorid), das eingeführt wird.

b) Einheimisches Salz aus dem Mpika-Gebiet, das im Stammesgebiet in einigem Umfang gehandelt wird. Es enthält hauptsächlich Natriumchlorid und Natriumsulphat sowie etwas Potasche und Calciumsalze.

c) Ein bitter schmeckendes Salz. Es wird durch Verdampfung einer Flüssigkeit, die durch Auslaugung der Asche von Ufergräsern gewonnen wird, hergestellt. Es besteht wahrscheinlich aus wenig Natriumchlorid, mehr Potasche und etwas Calcium und Eisen.

Da die Nahrungsmittel reich an Mineralien sind, wird Erde nicht gegessen. Schwangere Frauen pflegen Lehm von den Hüttenwänden zu essen. Das entspringt aber wohl mehr einer alten Gewohnheit, als einem wirklichen Bedürfnis.

Da Mehl entweder aus Hirse oder Cassava ungefähr 90% der Nahrung ausmacht, ist die chemische Zusammensetzung der Nahrung zum größten Teil von der verwendeten Mehlsorte abhängig. Hirse enthält 5 bis 6 mal soviel Eiweiß, Fett, Calcium und Phosphor wie Cassava und 2 mal soviel Eisen. Hirseessende Dörfer werden daher wesentlich mehr von diesen wichtigen Nahrungsbestandteilen bekommen, als cassavaessende.

Jahreszeitliche Schwankungen in der Ernährung:

Das Jahr kann hinsichtlich des Ernährungsstandes in folgende Perioden eingeteilt werden:

1. Die heißen Monate: August, September, Oktober; (in der folgenden Tabelle dargestellt durch das Dorf Kasaka): Hirse ist noch ziemlich reichlich vorhanden. Grüne Zukost fehlt aber schon, so daß der Eingeborene auf seinen Vorrat an getrockneten Bohnen und Blättern angewiesen ist. Süßkartoffeln sind reichlich vorhanden und können zur Ergänzung der Nahrung herangezogen werden. In einigen Teilen des Gebietes sind Fleisch und Fisch erhältlich. Waldfrüchte reifen im Oktober. Auch Honig kann gesammelt werden.

2. Die nasse Jahreszeit: November, Dezember, Januar (dargestellt durch das Dorf Kampamba):

   Der Hirsevorrat wird knapp oder erschöpft sich sogar völlig. Versorgung mit Fisch fällt aus, Fleisch ist schwer zu bekommen. Aber der Regen bringt reichlich Pilze, die zusammen mit Raupen in diesen Monaten fast ausschließlich die Ersatznahrung darstellen. Die Nahrung kann nicht durch Süßkartoffeln ergänzt werden, da diese in den betreffenden Monaten erst langsam heranreifen.

3. Die Hungerzeit: Februar, März und Anfang April (dargestellt durch das Dorf Kungu):

   Die Hirsevorräte sind aufgebraucht, die Ersatzmittel ebenfalls erschöpft. Gelegentlich ist eine Nachernte an Pilzen möglich. Ende Februar, Anfang März ist die Reife der ersten Gurken und Kürbisse fällig. Ende März die der ersten Maiskolben, die roh gegessen werden.

4. Die kalten Monate: April, Mai, Juni, Juli (für diese Zeit sind keine Untersuchungen angestellt):

   Das sind die Erntemonate. Die Hirse reift Ende April und wird daher im Monat Mai reichlich. In die gleiche Zeit fällt die Erdnußernte. Ebenfalls sind frische Gemüse aller Sorten, Erbsen, Bohnen, Blattgemüse, erhältlich.
   Fleisch ist nicht reichlich, da das hohe Gras die Jagd schwierig gestaltet.
   Im Juni und Juli beginnt die Zufuhr von Fischen von den großen Strömen und Wasserfällen.

Chemische Zusammensetzung der Nahrung von drei Dörfern des Bemba-Stammes (pro Person und Tag):

Dorf	Familie	Eiweißgehalt, gesamt in g	Tierisch. Eiweiß in g	Fette in g	Kohlehydrate in g	Kalorien pro Tag	Kalzium in g	Phosphor in g	Eisen in mg
Kasaka	A	67,0	16,9	16,7	426	2293	1,96	2,20	20,7
(heiße Zeit: Aug.,	B	90,0	22,4	21,8	591	3164	2,56	2,92	28,1
Sept., Okt.)	C	52,0	14,3	14,4	304	1685	1,43	1,62	15,8
	D	50,8	20,3	13,7	270	1440	0,97	1,31	15,4
	E	57,6	21,1	19,3	314	1725	1,27	1,55	17,2
Mittel:		63,5	19,0	17,2	381	2061	1,64	1,92	19,4
Kampamba	A	32,0	—	16,7	160	941	0,76	1,33	10,6
(nasse Zeit: Nov.,	B	64,6	—	17,8	506	2510	2,20	3,00	22,6
Dez., Jan.)	C	52,0	—	11,6	455	2181	1,83	2,14	17,9
	D	38,5	—	9,3	316	1544	1,38	1,77	13,6
	E	39,0	—	13,7	296	1508	1,29	1,68	12,8
	F	61,0	—	15,0	521	2642	2,20	2,80	20,9
Mittel:		47,9	—	14,0	376	1888	1,61	2,12	16,4
Kungu	A	18,6	—	2,2	144	686	0,79	0,69	7,6
(Hungerzeit: Febr.,	B	35,0	8,4	5,8	194	993	1,20	1,11	12,7
März)	C	11,8	—	0,4	57	286	0,60	0,37	7,0
	D	26,6	7,9	2,1	220	1029	0,78	0,88	9,4
	E	37,0	—	5,4	320	1512	1,52	1,46	14,2
	F	10,9	0,6	1,5	80	388	0,46	0,45	5,3
Mittel		23,3	2,8	2,9	169	816	0,89	0,83	9,4
Durchschnitt der drei Dörfer für acht Monate des Jahres		50,9	10,2	13,0	327	1706	1,45	1,70	16,1
Chemische Zusammensetzung der typischen europäischen und amerikanischen Nahrung:		100,0	50,0	100,0	400	3000	0,68	1,32	15,0

Gegenüberstellung des zugeführten und des erforderlichen Kaloriengehalts (pro Person und Tag):

Dorf	Familie	Zugeführter Kaloriengehalt	Erforderlicher Kaloriengehalt	Zugeführte Nahrung in % der erford. Nahrung
Kasaka	A	2293	3200	72
	B	3164	3300	96
	C	1685	3460	49
	D	1440	3280	44
	E	1725	3350	52
Kampamba	A	941	3190	30
	B	2510	3160	79
	C	2181	3010	73
	D	1544	2970	52
	E	1508	2960	51
	F	2642	3120	85

Abschließende Zusammenfassung über die Ernährungsverhältnisse der Bemba:

"Nutritional. 1. There is a striking seasonal variation in the diet of the Bemba, and during 2 months a real shortage occurs.

2. The records taken during a year admittedly unusual food shortage show that an eight-months' period the diet of the Bemba is in three respects inferior to that of Europeans:

a) The calorie value is little more than half.

b) The diets are in every case strikingly deficient in fat. There is little information available as to the effect of a low intake of fat on human beings, but it is hoped to investigate this matter more fully.

c) The amount of animal protein is very small, and may be entirely absent. The amount of total protein in the diet is lower than European standards, but many authorities consider that 70 grams a day is an ample allowance and that 50 grams is probably sufficient.

3. The intakes of calcium and phosphorus are considerably higher than they are in this country, while the intake of iron is approximately the same. An excess of these minerals will be in no way harmful.

4. Vitamins A and B are well represented in the diets. Vitamin C is present so long as fresh plant foods are eaten. Vitamin D appears to be entirely absent.

5. As judged by American standards, the calorie intake was insufficient to provide energy for the work done.

6. The nutritive values of millet and of kassava have been compared. Kassava is deficient in protein, fat, calcium, phosphorus, and iron, while the millet grown by the Bemba supplies adequate amounts of most of these essential dietary constituents.

Sociological. Bemba diet is determined in part by such environmental limitations as a poor soil, the lack of game available to the natives, and the impossibility of keeping stock in a tsetse fly area; but its character also depends on a number of economic and sociological factors. These it has been impossible to discuss exhaustively. But from the descriptive account of the dietetic variations in five different Bemba villages the following conclusions can be drawn.

1. The supply of millet, the most important constituent of the Bemba diet, depends on the male labour available in any community, and therefore varies from village to village according to the proportion of men away at work. Substitutes for millet are not at present appreciated by the native owing to his preference for the heavy millet porridge, and his determination to make millet beer.

2. The diet at any particular season of the year depends, not only on the actual supply available, but on difficulties in the preparation of the food during the months of heavy agricultural work for the women, and also in procuring the additional relishes without which the native refuses to eat his staple food (millet). Daily variations in diet can also be accounted for in the same way.

3. Seasonal changes in the food supply determine the whole character of social activities. Severe shortage during the rainy season affects the native's power of work at a time when much hoeing work is to be done. At such times he fails to organize his garden work intelligently, and lacks foresight in using his existing food supplies.

4. The social system and household economy of the natives is based on the sharing of food according to kinship obligation and the rules of hospitality. The break-down of the kinship unit in communities near white settlements, without a corresponding adoption of European concepts of foresight and individual saving, leads to cases of serious hardship in such villages during the hunger months of the year.

5. The position of the urban native in this area is in many ways less secure than that of the country villager, although his diet is more varied. His employment is often temporary. He lacks knowledge of the intensive methods of agriculture necessary in such conditions, and where he has been able to make gardens, he is tempted to sell his food for money during the plentiful season of the year.

6. The Bemba make little attempt to overcome the recurrent food shortage by organized marketing or intervillage trade. They are unaccustomed to commerce of this kind, and the lack of a regular market is particularly disastrous in the case natives congregated near a white town.

A. I. Richards and E. M. Widdowson."

c) Ernährungs-Typus eines Hirtenstammes (Masai).

(Nach J. B. Orr und J. L. Gilks: "The physique and health of two African tribes", London 1931, S. 29.)

Durchschnittliche tägliche Nahrung:

des Masai-Mannes (der Kriegerkaste):		der Masai-Frau:	
Fleisch	1135 g	Fleisch	450 g
Milch	2000 ccm	Milch	1400 ccm
Blut	50 ccm	Maismehl	250 g

Zusammensetzung der Nahrung der Masai:

Bestandteil:	Männer:	Frauen:
Eiweiß	300 g	165 g
Fette	160 g	90 g
Kohlenhydrate	100 g	245 g
Ca.	2,94 g	2,03 g
P.	4,36 g	3,10 g
Na	1,8 g	0,94 g

II. Nährwert und Zusammensetzung der wichtigsten afrikanischen Nahrungsmittel.

(Nach Hardy und Richet: „L'alimentation indigène dans les colonies francaise", Paris 1933, S. 100.)

Koloniale Nahrungsmittel	Wasser %	Kohle-hydrate %	Ei-weiß %	Fette %	Cellu-lose %	Mine-ralsalze %	Kalo-rien p. 100 g
Reis: Afrika (Kongo, Elfenbeinküste, Guinea)	12,90	75,80	8,67	1,50	0,85	0,65	350
Madagaskar (Min.)	8,40	72,37	7,71	0,25	0,20	0,20	—
Madagaskar (Max.)	15,10	79,42	10,2	2,65	3,75	2,10	—
Italien	14,50	77,20	7,45	0,40	0,21	0,44	342
Sorghumhirse: Algier	11,50	73,32	10,16	2,96	6,35	2,73	360
Guinea	12,86	71,18	11,68	2,80	2,27	1,46	356
Sudan	13,78	69,74	11,81	2,42	2,50	2,25	348
Verschied. Herk. (Min.)	10,40	63,71	7,28	2,25	1,20	0,80	—
Verschied. Herk. (Max.)	14,70	79,37	12,18	3,80	6,60	3,50	—
Pennisetumhirse: (millet à chandelles)	13,10	67,41	11,65	4,25	2,16	1,47	354
Ananas	75,70	18,40	0,68	0,06	4,92	0,42	77
Bananen: (Fruchtfleisch)	72,40	21,90	1,44	0,09	3,25	0,92	98
(Mehl) (Lecoq)	3,18	85,82	4,25	0,67	—	1,18	366
(Mehl) (Balland)	11,90	78,61	3,99	0,60	2,50	2,40	335
Datteln	24,41	51,91	2,12	0,32	19,60	1,58	248
Feigen: (frisch)	82,53	0,51	0,91	0,28	5,26	0,50	48
Affenbrotbaum	14,30	67,50	3,52	0,72	4,30	2,25	290
Zuckerrohr: (frisches)	70-77	12-19	—	—	10-12	0,35-0,90	—
Maniok: Trock. Knollen	13,26	78,46	2,31	0,88	2,84	1,65	330
Maniokmehl	9,55	85,54	1,13	0,27	2,15	1,30	349
Tapioka	12,30	85,80	1,01	0,40	—	0,43	350
Kassavabrot	8,10	84,80	2,00	0,57	2,75	1,50	352
Arrow root	13,65	84,47	1,05	0,20	0,16	0,31	344
Yams	13,73	78,98	4,71	0,32	0,53	1,70	337
Bataten: getrock. Scheib.	12,43	80,93	2,78	0,70	1,50	1,46	341
Stärkemehl	12,05	84,93	2,32	0,25	—	0,45	351
Soja: (nach Steuf)	7,55	31,37	33,50	17,37	4,95	4,86	415
(nach Pellet)	9,63	23,00	31,70	15,70	11,65	4,96	360
(nach Giljarenski)	7,93	29,01	33,80	15,33	9,79	4,35	409
(nach König)	10,88	29,20	33,51	16,76	4,85	4,79	403
Erdnüsse: Afrik. Kontin.	5,82	16,38	25,34	46,83	3,39	2,24	588
Madagaskar	5,41	14,10	27,78	46,32	3,82	2,23	584

Die ausführlichste Tabelle über die Zusammensetzung afrikanischer Nahrungsmittel unter Berücksichtigung der gebietsmäßigen Unterschiede bringt das Memorandum XIII des Internationalen Instituts für Afrikanische Sprachen und Kulturen, London 1937.

III. Bedeutung und Vorkommen der Vitamine.

a) Vitamin-Tabelle (siehe Anlage).

b) Vorkommen der einzelnen Vitamine in den wichtigsten tropischen pflanzlichen Nahrungsmitteln.

(nach Wildeman „Documents pour l'étude de l'alimentation..." S. 30—32).

„D'un tableau des aliments renfermant les différentes vitamines, publié par Mme. Randoin et M. L. Simonnet, nous extrayons les renseignements suivants relatifs aux seuls végétaux; il s'agirait donc de rechercher si les plantes de même groupe que celles rappelées cidessous et utilisées au Congo renferment les mêmes vitamines dans des proportions identiques, comparables ou suffisantes pour qu'elles aient une action utile sur l'organisme humain (L. Randoin et H. Simonnet, Les Vitamines. Paris, Arm. Colin, no. 145, 1932, p. 83):

1. Aliments végétaux renfermant la vitamine de croissance A.

Tomate	Champignon
Epinard	Chou-fleur
Carotte	Laitue
Chou	Citron
Orange	Pain complet
Germe de céréales	Pois frais
Betterave	Artichaut
Lentille	Haricot
Amande	Noix
Banane	Potiron

2. Aliments végétaux renfermant les vitamines B (antinévritique, d'utilisation nutritive, d'utilisation cellulaire).

Levure de bière (sèche ou fraîche)	Oignon
	Pomme de terre
Germe de céréales	Pain complet
Lentille	Citron
Chou	Orange
Carotte	Tomate
Epinard	Amande
Chou-fleur	Noix
Châtaigne	Asperge
Champignon	Céleri
Haricot vert	Betterave
Pois frais et sec	Artichaut
Pomme	Prune
Poire	Raisin
Banane	Laitue
Navet	Radis

3. Aliments végétaux renfermant la vitamine C ou antiscorbutique.

Citron	Raisin
Orange	Banane
Chou	Betterave
Tomate	Carotte nouvelle
Oignon	Haricot vert
Laitue	Rhubarbe

a) Vit

(nach Dr. med. Heinz Bottenberg, „Wa

Vitamin A	Vitamin B_1	Vitaminkomplex B_2	
Fettlöslicher Wachstumsstoff	Wasserlöslicher „Atmungsstoff"	Wasserlösliche Wachstums- und Erhaltungsstoffe	Wasserlösl
Nicht empfindlich gegen Erhitzung; zersetzt sich leicht in der Luft	Sehr empfindlich gegen Hitze	Verhalten gegen Hitze verschieden, längeres Erhitzen wird nicht vertragen	Sehr em dauernde Eintro
Kommt vor in: Farbig leuchtenden natürlichen Nahrungsmitteln, z. B. grünen Pflanzenteilen, „gelben" Fetten (Butter, Eidotter, Lebertran), Tomaten, Karotten, Spinat, Salat	Kommt vor in: fast allen natürlichen Nahrungsmitteln, in den pflanzlichen mehr als in den tierischen, besonders in Hefe, Reiskleie und Getreidekeimlingen	Kommt vor in: fast allen natürlichen Nahrungsmitteln, besonders den pflanzlichen. Im Getreidekorn nur im Keimling und in den Randschichten (Kleie)	K allem lebe webe, beso teilen, Frü tronen, O Samenkeim
Fehlt in: Margarine, Wurzelgemüsen (außer Karotten!), Kartoffeln, Getreide (also auch Brot!), Hülsenfrüchten	Fehlt in: Muskelfleisch, Blut, Milz, Innerem der Samenkörner, Konserven	Fehlt in: dem Inneren von Getreidekörnern, Konserven, wenig in Fleisch, Fisch u. Fetten	Konserven, treidekörne senfrüchten geko
Wirkung: Fördert das Wachstum, besonders der Knochen, erhöht Widerstandskraft gegen Ansteckungen	Wirkung: Gewährleistet die Gewebeatmung und damit die Ausnutzung der Nahrung; regt Appetit und Wachstum an. Verhütet Beriberi	Wirkung: Fördert Wachstum, gewährleistet den Ansatz der Nahrungsstoffe im Körper und den normalen Kohlehydratumsatz in den Geweben. Regt die Tätigkeit der Verdauungs- und anderen Drüsen an	Ver
Ausfallerscheinungen: Wachstumsstillstand, Knochenerweichung (Osteomalacie), Augendürre (Xerophtalmie), Anfälligkeit	Ausfallerscheinungen: Wachstumsstillstand, Appetitlosigkeit, Abmagerung, Beriberi	Ausfallerscheinungen: Wachstumsstillstand, Abmagerung, Anfälligkeit, Muskelschwäche, Pellagra, Sprue, Blutarmut	Aus
Täglicher Bedarf: 3—5 mg	Täglicher Bedarf: 1—2 mg	Täglicher Bedarf: 2—4 mg	Täg Säu Erwach
Besonderes: Volle Wirkung nur zusammen mit Vitamin B Handelspräparat: Vogan	Besonderes: Volle Wirkung nur mit A: Handelspräparat: Betaxin, Betabion, Hefepräparate	Besonderes: Der B_2 Komplex besteht aus mindestens 3, wahrscheinlich 5 Vitaminen, die eine funktionelle Einheit bilden. In der Bier- oder Trockenhefe sind alle B-Vitamine reichlich vorhanden	Der chemi Vitamins is nennt es Handelsprä dc

'abelle

Hammerverlag Leipzig, Seite 28 u. 31.)

	Vitamin D	Vitamin E	Vitamin H
skorbutstoff	Fettlöslicher antirachitischer Stoff	Fettlöslicher Fruchtbarkeitsstoff	Wasserlöslicher Hautschutzstoff
egen lang- gen Luft, Laugen	Gering hitzeempfindlich	Sehr hitzebeständig; wird auch durch Luft, Laugen und Säuren nicht zerstört	Hitzebeständig
in: nzlichen Ge- en Pflanzen- gebutten, Zi- Himbeeren), hen inneren	Kommt vor in: Butter, Milch, Eigelb, Hefe, Eßpilzen, Getreidekeimlingen, Lebertran	Kommt vor in: Grünen Blättern, Erdnüssen, Weizenkeimlingen, Butter, Milch, Eidotter, Gerste, Hafer, Reis	Kommt vor in: Reichlich: Leber, Niere (bes. gekochte Schweineniere). Mäßig: Grüne Gemüse, Eidotter, Blut, Kuhmilch (i. Sommer), Kartoffelmehl
emüsen, Ge- kneten Hül- ässerter oder rung	Fehlt in: Gemüse, Früchten, Fleisch, Fisch, pflanzl. Fetten, Getreideprodukten	Fehlt in: Früchten, Mehl, getrockneten Hülsenfrüchten	Fehlt in: Mehl, Thymus, Milz, Haut, Reis, Mais, Frauenmilch, Winter-Kuhmilch, Leber- u. Hefeextrakten
rbut	Wirkung: Wachstumsfördernd und Gewährleistung einer richtigen Verkalkung neugebildeten Knochens	Wirkung: Gewährleistung einer normalen Geschlechtsentwicklung und -tätigkeit bei beiden Geschlechtern	Wirkung: Gewährleistung des normalen Fettstoffwechsels in der Haut
ungen:	Ausfallerscheinungen: Wachstumsstörung, Rachitis beim Kind, Knochenerweichung beim Erwachsenen, Tetanie	Ausfallerscheinungen: bei Männern: Sterilität durch Hodendegeneration; bei Frauen: Empfängnisunfähigkeit, Neigung zu Aborten und Frühgeburten	Ausfallerscheinungen: Schuppenbildung an behaarten Körperteilen, Juckreiz, Haarausfall (Status seborrhoicus), sekundäre eitrige Hautinfektionen
larf: mg —50 mg	Täglicher Bedarf: Säugling etwa 0,01 mg. Erwachsener: unbekannt	Täglicher Bedarf: unbekannt	Täglicher Bedarf: etwa 3500 Einheiten für den Erwachsenen
s: bau des C- eklärt; man scerbinsäure. Cebion, Re- tan	Besonderes: Handelspräparate: Vizantol (in Deutschland!) = 1 proz. Lösung in Olivenöl. Ausländische Präparate: Viosterol und Radiostol	Besonderes: Wirkungen und Ausfallerscheinungen sind einwandfrei vorläufig nur im Tierversuch beobachtet, scheinen aber auch auf den Menschen zuzutreffen. Handelspräparat: Vitamin E-Promonta	Besonderes: chemische Struktur von H vorläufig unbekannt. Handelspräparate: vorläufig keine im Handel

Pissenlit	Pomme de terre
Rutabaga	Navet
Pois frais	Pomme
Epinard	Prune
Chou-fleur	

4. Aliments végétaux renfermant la vitamine D antirachitique. Beurre de noix de coco.

5. Aliments végétaux renfermant la vitamine E de la reproduction.

Germe de blé	Huile d'arachide
Germe de mais	Huile d'olive
Feuille de laitue	Huile de nois
Graine de laitue	Pain complet (avec germe)

6. Aliments végétaux renfermant la vitamine P antipellagreuse[1]).

Levure de bière (sèche ou fraîche)	Oignon?
	Navet?
Germe de blé	Amande?
Pain complet	Citron?
Lentille	Orange?
Haricot	Pomme?
Carotte	Raisin?
Pomme de terre	Vin?
Chou	Banane?
Epinard	Tomate?

La litterature sur les vitamines est actuellement déjà très étendue; nous pourrions citer, en dehors des publications rappelées par Randoin et Simonnet: Maurizio, Histoire de l'alimentation végétale, Paris 1932; Plinnee, Food, Health, Vitamines, Londres, 1928; Nobécourt et Babonneix, Traité de médecine des Enfants, Paris 1934; Les Vitamines par Lesnes et Clément; J. C. Drummond and K. H. Coward in Allen's Commercial Organic Analysis, vol. X, London, 1933; et Annales d'E. Merck, 1933, IIIe partie, P, 318, où un article sur la vitamine C (Acide ascorbique) est suivi d'une bibliographie chimique importante."

IV. Die Ernährungsverhältnisse des eingeborenen Arbeiters und die Ernährungspolitik im Belgischen Kongo.

(Nach G. Trolli: „L'alimentation chez les travailleurs...", Africa, 9, 2, 197—217, April 1936.)

a) Die Entwicklung der Nahrungsmittelrationen.

1. Die Union Minière du Haut-Katanga verteilte 1915 folgende Rationen:

Maismehl	4895 g	Palmöl	400 g
Fleisch	1300 g	Frisches Gemüse	1300 g
Erdnüsse	500 g	Salz	105 g
Bohnen	500 g	Maniokmehl	1000 g
Reis	500 g		
Nährwert:	4663 Kalorien		

[1]) Vitamin P vermutlich identisch mit Vitamin B_6.

Diese Ration wurde später ersetzt durch folgenden Typus:

Maismehl	7000 g	Bohnen	1000 g
Fleisch..........	1000 g	Salz	105 g
Erdnüsse	1000 g		

2. Die Verwaltung des Katanga-Gebietes setzte 1920 auf Rat des Dr. Boigelot für Unternehmungen folgende zwei Rationstypen fest, die bei der Nahrungsmittelversorgung der schwarzen Arbeiter zu berücksichtigen waren:

	Type I	Type II
Maismehl	7000 g	—
Maniokmehl	—	7000 g
Fr. Fleisch	1500 g	1500 g
Bohnen	500 g	500 g
Palmöl..............	300 g	300 g
Erdnüsse	—	500 g
Salz	105 g	105 g
Nährwert in Kalorien	4549	4689

(Zusätzlich 1 kg Gemüse und Früchte, soweit Verhältnisse des jeweiligen Gebietes es gestatten, für Type II auf jeden Fall, ebenfalls, wenn statt des frischen Fleisches konserviertes verteilt wird.)

Die einzelnen Nahrungsmittel konnten in einem gewissen Umfange durch gleichwertige andere ersetzt werden. Maismehl konnte durch gleiche Mengen Maniok- und Eleusinemehl oder durch 750 g Reis (für 1 kg Maismehl) ersetzt werden. Jedoch waren nicht mehr als 2 kg Maniok oder Eleusine-Mehl und $1^1/_2$ kg Reis für die Rationstype I, nicht mehr als 2 kg Eleusine oder 1 kg Reis für die Rationstype II erlaubt.

Trolli hält diese Ration, jedenfalls was die Mehlration betrifft, für etwas übertrieben, da der Neger im Durchschnitt kaum mehr als 55—60 kg Mehl im Jahre verzehren könne. Maismehl sei zwar ein ausgezeichnetes Nahrungsmittel, aber als tägliche Nahrung ohne Abwechslung kaum tragbar. Indessen — so meint er — habe die Regierung seinerzeit die Rationen so hoch angesetzt als Ausgleich dafür, daß die Frauen und Kinder der Arbeiter keinen Anspruch auf Nahrungsmittel besäßen. Im übrigen sei es bedauerlich, daß die Gemüseration in diesem Fall nicht obligatorisch sei.

3. Arbeiterration, aufgestellt von Dr. Heyberg, Chefarzt der Kongo-Kolonie und von Dr. Rodhain:

Dr. Heyberg:		Dr. Rodhain:	
Reis	2800 g	Reis	5250 g
Mais	2800 g	Fr. Fleisch	1400 g
Bohnen	700 g	Bohnen	700 g
Fr. Fleisch	1500 g	Palmöl	350 g
Palmöl...........	300 g	Salz	120 g
Salz	105 g	Fr. Gemüse	1000 g
Nährwert (brutto)	3786 Kal.		3531 Kal.

4. Auf Betreiben des Generalgouverneurs Lippens erschien am 15. Juni 1921 die erste königliche Verordnung über die Hygiene und Sicherheit der Arbeiter, die den Generalgouverneur der Kongo-Kolonie ermächtigte u. a. in der Ernährungsfrage die erforderlichen Anordnungen zu treffen. Am 29. Juli 1921 gab der Generalgouverneur seine Befugnis an die Vizegouverneure der vier Provinzen weiter. Diese erließen im einzelnen Anordnungen, die den besonderen Verhältnissen der einzelnen Gebiete angepaßt waren.

5. Auf Grund von Studien, die Dr. van Nitsen von der Union Minière 1926 über in Ruhe befindliche und hart arbeitende Eingeborene angestellt hatte („L'hygiène des travailleurs noirs dans les camps industriels du Haut-Katanga", Mémoires de l'Institut Royal Colonial Belge, 1933), schlug eine medizinische Kommission, die diese Untersuchungen geprüft hatte, für den Eingeborenen des Belgischen Kongos folgende Ration vor:

Maismehl	4500 g	Öl	100 g
Reis	750 g	Fleisch	1400 g
Bohnen	500 g	Gemüse	1000 g
Erdnüsse	600 g	Salz	105 g
Nährwert insgesamt: 3739 Kal.			

Die Kommission riet außerdem, die tägliche Mehlration, um eine Abwechslung in den Speisezettel zu bringen, gelegentlich durch Reis zu ersetzen. Besonders betonte sie die Wichtigkeit der Erdnuß- und Ölration. Im übrigen war die Kommission der Ansicht, daß die Ehefrau eine Ration in der Höhe von 2400 Kal. und daß jedes Kind, das das Pubertätsalter erreicht habe, die halbe Ration eines Arbeiters erhalten müsse.

6. Zur gleichen Zeit wie van Nitsen (1926) studierte Dr. Duren, Regierungsarzt für hygienische Fragen („Etudes sur les rations" par Dr. Duren, tome VIII, 1. Juni 1928, Annales de la Société Belge de Médicine tropicale), die Aufnahmefähigkeit eines mit leichter Muskelarbeit beschäftigten Eingeborenen des Kongo-Gebietes. Auf Grund seiner Untersuchungen kam er zu folgender Ration für einen mit mittelschwerer Arbeit beschäftigten Eingeborenen:

Kongoreis	4000 g	Öl	400 g
Bohnen	600 g	Zwieback	350 g
Fisch	1200 g		
Nährwert insgesamt...... 3500 Kal.			

Zusammensetzung: Kohlehydrate zu Eiweiß zu Fette wie 4,6 zu 1 zu 0,75.

7. Die von der Verwaltung erlassenen Rationen sind in den einzelnen Kongo-Provinzen verschieden:

Province du Kongo Kasai (1927).

Außer den Arbeitern mit über 75 Francs im Monat, muß an alle anderen die Ration in Naturalien ausgegeben werden. Sie darf nicht durch einen Geldbetrag abgelöst werden. Die einzelnen Nahrungsmittel der Ration müssen so gewählt werden, daß sich die Anteile von Eiweiß, Fett und Kohlehydraten zueinander wie 1 zu 0,8 zu 4,5 verhalten. Eine Ration, die ausschließlich Eiweiß enthält, kann durch etwas anderes nur für 7 Tage im Monat ersetzt werden. Die Ration muß außerdem Salz und Vitamine enthalten. Die Lebensmittel müssen von guter Qualität sein. Den Arbeitern ist es verboten, irgendeinen Teil ihrer Ration abzugeben. Ebenfalls ist es untersagt, einen Teil dieser Ration, ganz gleich in welcher Form, zu kaufen. Die Arbeiter müssen in die Lage versetzt werden, am Arbeitsplatz zu essen („de se désalterer sur le chantier"). Tafel I: zeigt den Kaloriengehalt der gebräuchlichsten Nahrungsmittel. Die

Musterration soll 3500 Kal. enthalten, und zwar:

a) Eiweiß	120×4	=	480 Kal.
b) Fette	90×9	=	810 Kal.
c) Kohlehydrate ...	550×4	=	2200 Kal.
d) Vitamine u. Salz			—
			3490 Kal.

Tafel II: sieben Beispiele für Rationen, die sich aus häufig vorkommenden Nahrungsmitteln zusammensetzen und den oben angeführten Bedingungen entsprechen:

Tafel I.

Nahrungsmittel mit besonders hohem Eiweißgehalt.

Name der Nahrungsmittel	% des Eiweißgehaltes	Notwendige Menge, um den Eiweißanteil der Ration zu erreichen	Andere Anteile: Kohlehydrate	Andere Anteile: Fette	Kaloriengehalt von jeweils 100 g des betr. Nahrungsmittels	Vitamine	Bemerkungen
Frisches Fleisch ...	20	600	—	4,5	120,5	ja	—
Fleisch, ger. getr. ..	50	220	—	4,5	240,5	—	—
Fr. Fisch	20	600	—	4,5	120,5	ja	—
Fisch ger. getr.....	50	220	—	6	254	—	—
Bohnen u. Erbsen .	24	500	57	2	342	ja	—
Maismehl	9	1300	72	5	369	—	—
Weizenmehl	11,75	1000	72	1,6	349,6	—	—
Erdnüsse	27	440	20	40	548	—	—
Zwieback	11,75	1000	72	—	335,2	—	—
Fr. Brot	8	1500	47	—	220	—	—

Nahrungsmittel mit besonders hohem Fettgehalt.

	% des Fettgehaltes	Erforderliche Menge, um den Fettanteil der Ration zu erreichen	Andere Anteile: Kohlehydrate	Andere Anteile: Eiweiß	Kaloriengehalt von jeweils 100 g des betr. Nahrungsmittels	Vitamine	Bemerkungen
Öle	100	90	—	—	900	—	—
Palmkerne	20	450	—	—	180	ja	zu 20% ausnutzen
Erdnüsse	40	225	20	27	548	ja	—
Sesam	50	180	14	18	578	ja	—

Nahrungsmittel mit besonders hohem Gehalt an Kohlehydraten.

	% des Gehaltes an Kohlehydrate	Erforderliche Menge, um den Kohlehydrateanteil d. Ration zu erreichen	Andere Anteile: Fette	Andere Anteile: Eiweiß	Kaloriengehalt von jeweils 100 g des betreff. Nahrungsmittels	Vitamine
Bananen	78	700	—	1	337	—
Arrow-root	84	650	1,5	—	342	—
Sorghum	69	800	10	3	343	—
Mais..............	72	760	9	5	369	—
Maniok	89	620	3	—	368	—
Affenbrotbaum	82	670	2	—	336	—
Weizen	72	760	11,75	1,5	349,6	—
Reis	76	720	8	1	345	ja
Hirse	70	780	11	4	360	ja
Leguminosen	57	960	24	2	342	ja
Maniok, frisch	30	1830	1,5	—	126	ja
Yams, Bataten, Affenbrotbaum, fr..	28	1950	1	—	116	ja
Kartoffeln	23	2400	2	—	100	ja
Zuckerrohr	15	3600	0,5	—	62	ja
Zwieback	72	760	11,75	—	335,2	—
Chikvangues.......	38	1450	3	—	164	—
Fr. Brot	47	1170	8	—	220	—

Tafel II.

Type 1: Ration enthält pro Tag:

1. fr. Fleisch od. getr. Fl. od. getr. Fisch od. Corned Beef od. Sardinen
360 g 180 g 180 g 240 g 260 g

2. Reis od. Mehl (Getr.) od. Zwieback od. getr. Bananen
300 g 325 g 325 g 415 g

3. Chikvangues od. Maniokmehl od. Bananenmehl od. Maniok fr. od. Banan. fr.
700 g 350 g 350 g 1100 g 1600 g

4. Palmöl oder andere eßbare Öle oder Fette: 90 g

5. Salz: 15 g

6. Gemüse und frische Früchte: 1 kg pro Woche.

Type 2: Ration enthält pro Tag:

1. fr. Fleisch od. getr. Fleisch od. getr. Fisch od. Corned Beef od. Sardinen
260 g 130 g 130 g 170 g 180 g

2. getr. Bohnen od. Erbsen od. Linsen
200 g 200 g 200 g

3. Reis od. Mehl (Getr.) od. Zwieback od. getr. Bananen od. fr. Bananen
200 g 215 g 215 g 290 g 1000 g

4. Chikvangues od. Maniokmehl od. Bananenmehl od. Maniok
600 g 350 g 350 g 1000 g

5. Palmöl oder andere eßbare Fette oder Öle: 100 g

6. Salz: 15 g

7. Gemüse oder frische Früchte: 1 kg pro Woche.

Type 3: Ration enthält pro Tag:

1. fr. Fleisch od. getr. Fleisch od. getr. Fisch od. Corned Beef od. Sardinen
150 g 75 g 75 g 100 g 105 g

2. getr. Bohnen od. Linsen od. Maniok- bzw. Bananenmehl od. fr. od. getr. Erdn.
100 g 360 g 100 g 65 g

3. Reis od. getr. Erbsen od. Zwieback od. Chikvangues od. fr. Bananen
200 g 100 g 225 g 460 g 1300 g

4. Mehl (Getr.) od. Maniok- bzw. Bananenmehl od. Zwieback od. Chikv. o. fr. Ban.
400 g 450 g 400 g 800 g 2000 g

5. Palmöl oder andere eßbare Öle oder Fette: 50 g

6. Salz: 15 g

7. Gemüse oder fr. Früchte: 1 kg pro Woche.

Type 4: Ration enthält pro Tag:

1. Fr. Fleisch od. getr. Fleisch od. getr. Fisch od. Corned Beef od. Sardinen
130 g 65 g 65 g 85 g 90 g

2. Getr. Bohnen od. Erbsen od. Linsen od. fr. Erdnüsse od. getr. Erdnüsse
100 g 100 g 100 g 100 g 65 g

3\. Mehl (Getr.) od. Reis od. Maniok-Ban.-Mehl od. Zwieback od. getr. Bananen

Mehl (Getr.)	Reis	Maniok-Ban.-Mehl	Zwieback	getr. Bananen
680 g	650 g	800 g	680 g	950 g

4\. Palmöl oder andere eßbare Öle oder Fette: 40 g

5\. Salz: 15 g

6\. Gemüse oder fr. Früchte: 1 kg pro Woche.

Type 5: Ration enthält pro Tag:

1\. Fr. Fleisch od. getr. Fleisch od. getr. Fisch od. Corned Beef od. Sardinen

Fr. Fleisch	getr. Fleisch	getr. Fisch	Corned Beef	Sardinen
200 g	100 g	100 g	130 g	140 g

2\. Getr. Bohnen od. getr. Erbsen od. getr. Linsen od. fr. Erdn. od. getr. Erdn.

Getr. Bohnen	getr. Erbsen	getr. Linsen	fr. Erdn.	getr. Erdn.
50 g	50 g	50 g	50 g	35 g

3\. Reis od. Mehl (Getr.) od. Zwieb. od. Maniok-Bananenmehl od. getr. Banan.

Reis	Mehl (Getr.)	Zwieb.	Maniok-Bananenmehl	getr. Banan.
650 g	680 g	680 g	800 g	950 g

4\. Palmöl oder andere eßbare Öle oder Fette: 85 g

5\. Salz: 15 g

6\. Gemüse oder fr. Früchte: 1 kg pro Woche.

Die Hälfte des Reis oder seiner Aequivalente kann durch 650 g Chikvangues oder 1000 g fr. Maniok ersetzt werden.

Type 6: Ration enthält pro Tag:

1\. Fr. Fleisch od. getr. Fleisch od. getr. Fisch od. Corned Beef od. Sardinen

Fr. Fleisch	getr. Fleisch	getr. Fisch	Corned Beef	Sardinen
190 g	95 g	95 g	120 g	130 g

2\. Maniok-Bananenmehl od. Chikv. od. fr. Maniok od. Zwieback od. fr. Bananen

Maniok-Bananenmehl	Chikv.	fr. Maniok	Zwieback	fr. Bananen
800 g	1500 g	2500 g	700 g	3700 g

3\. Palmöl oder andere eßbare Öle oder Fette: 85 g

4\. Salz: 15 g

5\. Gemüse oder fr. Früchte: 1 kg pro Woche.

Type 7: Ration enthält pro Tag:

1\. Getr. Bohnen od. getr. Erbsen od. getr. Linsen fr. Erdnüsse od. getr. Erdn.

Getr. Bohnen	getr. Erbsen	getr. Linsen	fr. Erdnüsse	getr. Erdn.
340 g	340 g	340 g	340 g	225 g

2\. Maniok-Bananen-Mehl, Chikv. od. fr. Maniok, gek. Maniok, fr. Bananen

Maniok-Bananen-Mehl	Chikv.	fr. Maniok	gek. Maniok	fr. Bananen
700 g	1350 g	2800 g	650 g	3200 g

3\. Palmöle oder andere eßbare Öle oder Fette: 50 g

4\. Salz: 15 g

5\. Gemüse oder fr. Früchte: 1 kg pro Woche.

Anmerkung: Die Ration Type 7 darf nur zeitweise eingehalten werden. Sie soll nicht häufiger als an 7 Tagen im Monat ausgegeben werden. Mehl (aus Getreide) ist gleich Mehl aus Mais, Eleusine, Sorghum, Weizen oder Hirse. Frischer Maniok gilt als „mit Schale" gewogen. Frische Bananen als „in Händen" gewogen. Zwieback = Schiffszwieback. Bei frischem und getrocknetem Fleisch ist maximal 20% Verlust durch Haut, Knochen und ähnliches angenommen.

Province de l'Equateur: (Keine Minen, nur Handels- und landwirtschaftliche Unternehmungen).

Außer in Gebieten, die vom Distriktskommissar bestimmt werden, wird an Stelle der Nahrungsmittelrationen ein Geldbetrag ausgezahlt. Dieser Betrag wird vom Distriktskommissar festgesetzt. Sofern Rationen festgelegt sind, müssen sie gesund und ausreichend sein. Sie müssen für jeweils eine Woche in Zwischenräumen von 3—4 Tagen ausgegeben werden und müssen einer Tabelle entsprechen, die 7 Typen, wie die Tabelle für Kongo Kassai (siehe oben), von Tagesrationen angibt.

Province Orientale.

Für die Ostprovinz gelten ähnliche Bestimmungen. Es ist nur eine Rationstype aufgestellt sowie Aequivalenzwerte, die etwas von denen der anderen Provinzen abweichen. Außerdem ist für bestimmte Gebiete dem Unternehmer vorgeschrieben, für Brennholz und Trinkwasser zu sorgen.

Province du Katanga:

Hier muß grundsätzlich im Gegensatz zu den beiden vorhergehenden Provinzen die Ration in Naturalien ausgegeben werden. Sie kann nur mit ausdrücklicher Genehmigung des zuständigen Regierungsarztes oder anderer Verwaltungsbeamten durch einen Geldbetrag abgelöst werden. Die Rationstype ist die gleiche wie in der Ostprovinz, ebenso sind die Aequivalenzwerte dieselben. Die Verteilung von Fleisch ist überall dort obligatorisch, wo es dem Unternehmer möglich ist, sich mit Schlachtvieh zu versorgen. Ein Drittel der Fleischmenge kann allerdings durch sein Aequivalent an frischem oder getrocknetem Fisch ersetzt werden. Das Fleisch muß frisch sein und darf nicht mehr als 20% Knochen enthalten. Falls Frischfleisch-Versorgung unmöglich ist, kann an die Stelle des frischen Fleisches Rauchfleisch, Gefrierfleisch oder getrockneter und frischer Fisch treten.

8. Am 12. Februar 1932 verordnete der Generalgouverneur, daß die Provinzgouverneure die Fälle genau festlegten, in denen die Rationen in natura zu leisten sind, und daß sie oder ihre Beauftragten selbst bestimmten, was unter einer geeigneten gesunden und ausreichenden Ration zu verstehen sei. Im Falle, daß die Ration durch einen Geldbetrag abgelöst würde, solle sich der Betrag nach den mittleren Preisen des Gebietes richten, in dem der Eingeborene arbeite. Im Anschluß an diese Verordnung wurde für die Kongo-Kassai-Provinz eine neue Zusammensetzung der Ration festgesetzt, welche die Landarbeiter von den übrigen Arbeitern unterscheidet:

	Landarbeiter	andere Arbeiter
Eiweiß	90 g	90 g
Kohlehydrate	510 g	590 g
Fette	40 g	50 g
Frische Gemüse oder Früchte	150 g	150 g
Salz	15 g	15 g
Nährwert	2800 Kal.	3210 Kal.

Für die Katanga-Provinz wurde eine einheitliche Ration festgesetzt:

Eiweiß	100 g
Kohlehydrate	600 g
Fette	75 g
Gemüse und Früchte	150 g
Salz	15 g
Nährwert	3600 Kal.

b) Die wichtigsten Nahrungsmittel in den einzelnen Provinzen des Belgischen Kongos[1]).

1. Kongo-Kassai:

Mehlhaltige Nahrungsmittel: Maniok, Reis, Hirse, Mais, Bananen, Bohnen.

Fette: Palmöl, Erdnußöl, Kürbisöl (aus Kürbiskernen), tierische Fette (sehr wenig).

Tierisches Eiweiß: Geräucherter, getrockneter, frischer Fisch, Wildfleisch, Fleisch.

Salz: Von Eingeborenen hergestelltes oder eingeführtes europäisches Kochsalz.

Gemüse: Süßkartoffeln, Maniokblätter, einheimische Spinate, Portulak, verschiedene Kräuter, Tomaten, Champignons, Kürbis.

Verschiedenes: Zuckerrohr, Usafu, Raupen, Bier, Palmwein, einheimischer Pfeffer, Kolanüsse.

Früchte: Mango, Ananas, Bananen, Orangen, Zitronen, Papaya, Kokosnüsse.

2. Katanga-Province:

Mehlhaltige Nahrungsmittel: Mais, Maniok, Reis, Sorghum, Eleusine, getrocknete Bohnen und Erbsen, Linsen, Erdnüsse.

Fette: Palmöl, Erdnußöl.

Tierisches Eiweiß: Frischfleisch, Gefrierfleisch, frische Fische, Salz- und Räucherfische.

Gemüse: Tomaten, Kohl, Süßkartoffeln, Spinate, Zwiebeln, Porree, Sellerie, Kürbis, Maniok- und Batatenblätter.

Früchte: Zitronen, Orangen, Mandarinen, Bananen, Ananas, Gujava, Papayas, Mango.

Verschiedenes: Zucker und Milch.

3. Province Orientale:

Die in den Arbeiterrationen hauptsächlich vorkommenden Nahrungsmittel sind:

Bananen, Süßkartoffeln, Maniok, Bohnen, Mais, Salz, Öl, geräucherter Fisch, Salzfisch, Sorghum, Reis, Mehl, Erbsen, Schlachtfleisch.

4. Province de l'Equateur:

Über die Nahrungsmittel dieser Provinz fehlen entsprechende Angaben.

c) Von den großen Kolonialunternehmen in Belgisch-Kongo ausgegebene Rationen:

1. Union Minière du Haut-Katanga (Prov. Elisabethville).

Wöchentliche Ration für die Arbeiter der Gesellschaft und ihre Frauen:

Nahrungsmittel	a) Ration für Männer	b) Ration für Frauen	Bemerkungen
1. Maismehl	5000 g	2500 g	Schwangere und nährende Frauen erhalten die doppelte Ration b
2. Frisches Fleisch	1400 g	700 g	
3. Gemüse und Früchte	500 g	—	
4. Bataten	1500 g	—	
5. Erdnüsse	150 g	—	
6. Palmöl	200 g	—	
7. Zucker	50 g	—	
8. Salz	105 g	50 g	

[1]) Nach den vier Provinzen der alten regionalen Aufgliederung. Heute ist Belg. Kongo verwaltungsmäßig in sechs Provinzen aufgeteilt.

Anmerkung:

Aequivalente: 1. Sofern Maismehl durch Maniokmehl ersetzt wird, muß der durch diesen Ersatz eintretende Ausfall an Eiweiß und Fett ausgeglichen werden, und zwar durch Zugaben von 100 g getrockneten Bohnen und 50 g Palmöl für jedes kg Maniokmehl.

2. Frischfleisch kann ersetzt werden durch geräucherten oder getrockneten Fisch im Verhältnis 1000 g Fisch für 1400 g Fleisch oder durch frischen Fisch vom gleichen Gewicht. Indessen kann Fisch für Fleisch an Männer nur im Verhältnis 1:4, für Frauen im Verhältnis 1:2 verteilt werden.

Mahlzeit für Kinder: In den meisten Arbeiterlagern gibt es Kinderspeisungen. An Kinder von 1—2 Jahren wird nur eine Mahlzeit verabreicht, bestehend aus Brei von Maisgries, Zucker und Milch. Diese Mahlzeit ist notwendig, um die Entwöhnung der Kinder zu erleichtern. Nach alten Gewohnheiten pflegen die Mütter ihre Kinder bis zum Alter von 2 Jahren zu nähren.

Die Kinder zwischen 2 und 5 Jahren erhalten zwei Mahlzeiten am Tag um 7 und 15 Uhr.

Die Kinder von 5 bis 15 Jahren drei Mahlzeiten: um 7, 11 und 16 Uhr.

Diese Mahlzeiten werden in den Küchen der Hospitäler zubereitet. Ihre Zusammensetzung:

Type A: Morgens für alle Kinder Brei aus Maisgries und Tee.

Type B: Mahlzeit für Kinder über zwei Jahren mittags und nachmittags: Gemüsesuppe, Maisfladen, Fleisch und Früchte. Wenn die Mahlzeit kein Fleisch enthält, entweder Bohnen in Öl oder Fett oder geröstete oder gekochte Erdnüsse und Früchte. Der Maisfladen kann 2—3 mal die Woche durch gekochten Reis oder Süßkartoffeln ersetzt werden. In den Lagern, in denen es keine Kinderspeisungen gibt, hat jedes Kind Anspruch auf eine Ration für Frauen.

Zusätzliche Nahrungsmittelverteilung: Die Stammarbeiter der Mine „Prinz Leopold“ (Kipushi) erhalten täglich eine Mahlzeit in der Arbeitermesse nach Beendigung der Arbeit. Die Mahlzeit besteht aus Fleisch, Brühe und Mehl. Das Fleisch ist der regulären Ration entnommen. Der Leiter des Lagers hat darauf zu sehen, daß diese Fleischentnahmen die Ration nicht gar zu sehr schmälern. Für diese Mahlzeiten sind pro Mann und Tag 100 g Mehl zusätzlich bewilligt. Vor Arbeitsbeginn wird an die Arbeiter eine Kanne gezuckerter Kaffee und ein kleines Brot von etwa 150 g verteilt. Den Leuten der Morgenschicht werden außerdem 100 g geröstete oder gesalzene Erdnüsse verabreicht.

2. Minière du Kassai (Prov. de Lusambo)

Nahrungsmittel (wöchentl.)	bei Industriearbeit	bei Landarbeit
Maniokmehl	4800 g	4000 g
Mais- oder Hirsemehl	1000 g	1500 g
Fleisch	200 g	200 g
Getr. Fisch oder Fleisch	200 g	—
Bohnen oder Erdnüsse	500 g	500 g
Palmöl	300 g	300 g
Gemüse (Bananen, Süßkart.)	1000 g	1000 g
Entsprechender Geldbetrag:	1,5 bis 2,5 frcs.	1 frcs.

3. Société des Mines d'Or de Kilo-Moto (Prov. de Stanleyville).

Nahrungsmittel (wöchentlich):

Bananen oder Süßkartoffeln	15 000 g
Fleisch oder getrockneter Fisch	500 g
Öl	400 g
Salz	100 g
Mais, Maniok, Bohnen oder getr. Bananen	5 000 g

Nährwert pro Tag 4642 Kalorien, die sich zusammensetzen sollen: Kohlehydrate zu Eiweiß zu Fett wie 5,2 zu 1,2 zu 0,5. Frauen erhalten eine Ration von 737 Kalorien und Kinder eine Ration von 388 Kalorien pro Tag.

4. Chemin de Fer du Bas-Congo (Prov. de Léopoldville)

Nahrungsmittel (wöchentlich):

Fisch	1 400 g
Chikvangues	4 200 g
Reis	2 800 g
Salz	105 g
Palmöl	420 g
Erdnüsse oder Bohnen	560 g
Zucker	140 g

außerdem frische Früchte aus der Produktion der Pflanzungen der Eisenbahngesellschaft. Der Fisch, der aus Mossamedes (Angola) stammt, ist getrocknet oder gesalzen.

5. Compagnie du Chemin de Fer Bas-Congo (Prov. du Katanga)

Nahrungsmittel (wöchentlich):

Maniokmehl	10 000 g
Palmöl	300 g
Salz	125 g
Zucker	200 g
Fleisch	1 000 g

Für Maniokmehl können 6000 g Maismehl, für Palmöl 500 g Erdnüsse, für Fleisch 700 g getrockneter Fisch gegeben werden.

Ration für die Ehefrau: 2 kg Mehl, für das Kind: 1 kg Mehl, für schwangere Frauen: 3 kg frischer Fisch und 500 g Fleisch oder 300 g getrockneter Fisch. In gewissen Fällen ist die Ablösung der Ration durch einen Geldbetrag erlaubt.

6. Huileries du Congo Belge (landwirtschaftliches und industrielles Unternehmen, dessen Niederlassungen sich in verschiedenen Provinzen befinden).

Die Lebensweise unterscheidet sich in den Konzessionen der HCB stark von der in den bergbaulichen Unternehmungen, in denen die Arbeit schwerer ist und daher auch die Nahrung reicher an Eiweißstoffen sein muß. Die eingeborenen Arbeiter der HCB. rekrutieren sich aus den Gebieten, in denen die Gesellschaft die Ölpalmbestände ausbeutet. Die Arbeit, die sie zu leisten haben, ist nicht schwer. Soweit die Früchtesammler in ihren Dörfern wohnen bleiben, versorgen sie sich selbst mit Nahrungsmitteln. Nur soweit die Arbeiter in Lagern der Gesellschaft leben, sorgt diese auch für ihre Ernährung.

Ursprünglich wurden von der Gesellschaft die Rationen in Naturalien ausgegeben. Seit einigen Jahren konnte zu einer geldlichen Ablösung übergegangen werden, da der Arbeiter in die Lage versetzt wurde, auf zweimal in der Woche unter der Aufsicht der territorialen Verwaltung abgehaltenen Eingeborenenmärkten sich mit den notwendigen Nahrungsmitteln zu versorgen. Das ermöglicht eine viel mannigfaltigere Ernährungsweise. Außerdem wird den Eingeborenen Land zur Verfügung gestellt, auf dem sie sich ihre eigenen Nahrungsmittel anbauen können und das dann auch ihr Eigentum wird. Auf diese Weise versucht man gleichzeitig, sich einen Arbeiterstamm heranzuziehen. Über die Erfolge dieser Methode sagt Dr. Clement, der Gesellschaftsarzt, den Trolli (S. 214/215) zitiert: „Je prends comme exemple Alberta, où le nombre des travailleurs dits ‚permanent' a augmenté de 500—2000 en cinq ans. C'est une épreuve que le ravitaillement sur place est facile, peu couteux et abondant. La pêche et les battus de chasse approvisionnent suffisament le menu en matières protéiques. Chaque travailleur a une basse-cour bien peuplé et possède souvent quelque chèvres et moutons."

Das Fabrikpersonal empfängt nach 6 Arbeitsstunden eine warme Mahlzeit, bestehend aus Reis oder Bohnen und Palmöl. Im übrigen ist es den Arbeitern freigestellt, von den Kantinen der Gesellschaft Reis, Makabo, geräucherte Heringe, Salz usw. zu kaufen. Ihnen stehen, wie gesagt, außerdem die Produkte ihres Feldes, der Jagd und des Fischfangs zur Verfügung.

Die mit Pflücken beschäftigten Arbeiter erhalten als Gratifikation für 50 kg gepflückte Früchte, eine Menge, die leicht an einem Tag gesammelt werden kann, 500 g Reis.

„Le fait qu'il n'y a jamais eu de maladies par carence dans nos concessions prouve que le pot-au-feu a toujours été, en qualité et en quantité, conforme aux besoins dont dépend le bien-être physique. Et nous enregistrons avec satisfaction, que les pesées indiquent d'ordinaire une augmentation du poids de l'individu à la fin de son terme d'engagement", so äußert sich Dr. Clement über den Erfolg der Ernährungspolitik seiner Gesellschaft.

d) Schlußkritik Trollis über die Ernährungslage und Ernährungspolitik im Belgischen Kongo.

1. Die Ration für Frauen und Kinder ist nicht obligatorisch, müßte es aber unbedingt sein.

2. Es wäre notwendig, daß nicht die Provinzgouverneure oder gar nur ihre Beauftragten, sondern der Generalgouverneur selbst die Rationstypen festlegte. Die Provinzgouverneure sollten nur die Aequivalenzwerte gemäß den besonderen Verhältnissen ihrer Gebiete zu bestimmen haben. Um dazu in der Lage zu sein, müßten sie allerdings die einzelnen Nahrungsmittel an Ort und Stelle chemisch genau untersuchen lassen können. Der wirkliche Nährwert der einzelnen Nahrungsmittel variiert nämlich nach den einzelnen Gebieten ziemlich stark.

Trolli führt als Beispiel zwei chemische Analysen von Maniokmehl an:

	Maniokmehl der Mehlfabriken Katangas (blutés à 90%) (nach Dr. van Nitsen)	feines Maniokmehl 1. Qualität (nach Dr. Duren)
Eiweiß	2,18%	1,63%
Kohlehydrate	64,60%	83,21%
Fette	0,20%	0,27%
Cellulose	1,44%	1,20%
Asche.......	15,46%	1,80%
Wasser	15,81%	11,76%

Daher müßten in jeder Provinz chemische Laboratorien errichtet werden. Ein Beispiel, wie eine solche chemische Analyse durchgeführt werden müßte, bietet die Arbeit von Dr. Duren, die eine genaue Untersuchung der Nahrungsmittel der Provinz Congo-Kassai bringt. Ähnliches müßte für alle Gebiete durchgeführt werden.

3. Die Qualität der Lebensmittel, besonders ihre Konservierung, müsse genauestens überwacht werden, da beschädigte, zerfressene oder Unreinheiten enthaltende Nahrungsmittel nicht den gleichen Nährwert wie gut erhaltene besäßen. Das gilt besonders für Fleisch und getrockneten Fisch. Man sähe sehr oft — so behauptet Trolli — getrockneten Fisch verwendet, von dem nicht viel mehr als die Gräten übrig geblieben sei. Das übrige sei dann entweder in Staub zerfallen oder im Zustande der Fäulnis. Deshalb müsse es auch genau festgelegt werden, daß eine Fleischmenge nur von einer Fischquantität ersetzt werden kann, die von guter Qualität und Konservierung ist. Es sei unumgänglich notwendig, die Verordnungen über die Verfälschung von Nahrungsmitteln vollständig zu revidieren, den Verkäufern die entsprechenden Vorschriften über Lagerung und Transport zu machen und den Inspektionsdienst für Lebensmittel zu erweitern. (Vorschläge, die schon von der ärztlichen Kommission in Katanga 1926 gemacht worden sind). Es sei daher vielleicht nützlich, auf die alte Verordnung für Katanga zurückzugreifen, die vorschreibe, daß ein Teil des tierischen Eiweißes dort, wo Viehzucht vorhanden ist, von frischem Fleisch stammen muß.

4. Schaffung eines technischen Ernährungsdienstes in der Art, wie er von Dr. Roubaud vorgeschlagen worden ist. Dieser Dienst müsse nicht nur die Eingeborenenernährung in dem ursprünglichen Milieu der Eingeborenen studieren, sondern sich auch mit der Ernährung befassen, wie sie für den Arbeiter der verschiedenen landwirtschaftlichen, industriellen und bergbaulichen Unternehmungen in jedem einzelnen Gebiet am geeignetsten ist.

5. In den Akklimatisationslagern der frisch rekrutierten Arbeiter müsse man sich noch im verstärkten Maße bemühen, die Neuangekommenen an die eventuell ungewohnten neuen Ernährungsverhältnisse zu gewöhnen.

6. Eine warme Mahlzeit müsse den Arbeitern an ihrer Arbeitsstelle verabreicht werden, wenn es ihnen nicht möglich sei, die Arbeit zu verlassen, oder wenn die Arbeitsstelle so weit von ihrer Behausung entfernt sei, daß es ihnen unmöglich wäre, wenigstens eine Stunde im Kamp zu bleiben. Die Nahrungsmittel, die für diese warme Mahlzeit gebraucht würden, könnten von der wöchentlichen Ration abgezogen werden. Eine Achtstundenarbeit ohne Unterbrechung, wie sie auf einigen Arbeitsstellen eingeführt ist, sei sehr schädlich. Die vorgeschlagene warme Ration sei in einigen Unternehmungen bisher mit ermutigendem Resultat eingeführt worden.

7. Für den Fall, daß die Ration in Form eines Geldbetrages verabfolgt würde, sei es unumgänglich notwendig, daß dem eine intensive landwirtschaftliche und ernährungsphysiologische Propaganda voraufginge.

V. Verordnung über Arbeiterernährung in Ruanda-Urundi.

(Nach Mandatsbericht für Ruanda-Urundi 1937, S. 215.)

„Ordonnance No. 12/A.I.M.O. du 11 mars 1937, fixant la ration hebdomadaire des travailleurs du Ruanda-Urundi:

Article 1: La ration hebdomadaire des travailleurs du Ruanda-Urundi est fixé à:

Farine de maniok....	2,500 kgs
Haricots	2,000 kgs
Beurre indigène......	0,425 kgs
Patate douce	3,000 kgs
Viande..............	1,400 kgs
Sel	0,115 kgs

Article 2: Cette ration peut être modifiée en tenant compte du tableau des équivalences ci-annexé. (Es folgt eine Tabelle, die der für Congo-Kasai herausgegebenen Tafel entspricht. Siehe oben.)

Article 3: La valeur calorigène hebdomadaire de la ration doit être de 24 500 calories.

Article 4: La répartition qualitative des éléments de base doit être pour la ration hebdomadaire:

Protéine	850 grs
Hydrate de carbone..	4200 grs
Graisse	500 grs
Sel	115 grs

Article 5: Les chefs de Service de l'Hygiène et des A.I.M.O. sont chargés chacun en ce qui le concerne de l'exécution de la présente ordonnance."

VI. Arbeiterernährung in Französisch Westafrika.

(Nach Hardy und Richet: „L'Alimentation indigène dans les Colonies francaises" Paris 1933, S. 153).

„Dans les diverses colonies de l'Afrique Occidentale Francaise, la législation de travail a reglementé les taux des rations a distribuer à la main-d'oeuvre employée par les services publics et les entreprises privées. Voici quelques examples de ces rations types (Tagesrationen).

A. — Ration sans arachides.

1.	Riz	0 Kg 750	2.	Mais ou Mil	1 Kg
	Viande ou poisson ...	— „ 125		Viande, poisson	— „ 125
	Huile de palme	— „ 040		Huile de palme	— „ 040
	Sel	— „ 020		Sel	— „ 020
3.	Ignames ou bananes .	3 Kg	4.	Maniok.............	2 Kg 500
	Viande, poisson	0 „ 125		Viande, poisson	0 „ 125
	Huile de palme	0 „ 040		Huile de palme	0 „ 040
	Sel	0 „ 020		Sel	0 „ 020

B. — Ration avec arachides.

1. Riz	0 Kg 500	2. Mais ou Mil	0 Kg 700
Arachides décert	— „ 400	Arachides décert	0 „ 400
Arachides non décert	0 „ 550	Arachides non décert	0 „ 550
Viande, poisson	0 „ 125	Viande, poisson	0 „ 125
Sel	0 „ 020	Sel	0 „ 020
3. Ignames, bananes ...	2 Kg 500	4. Manioc	2 Kg
Arachides décert	0 „ 400	Arachides décert	0 „ 400
Arachides non décert	0 „ 550	Arachides non décert	0 „ 550
Viande, poisson	0 „ 125	Viande, poisson	0 „ 125
Sel	0 „ 020	Sel	0 „ 020

VII. Die Ernährungsverhältnisse der eingeborenen Lohnarbeiter in Angola.

(Nach Angaben von Tropenlandwirt R. H. Braun, Angola.)

1. Die folgenden Angaben sind überwiegend auf Grund praktischer Erfahrungen auf einer Sisalpflanzung (1200 ha) in Libolo (Nord-Angola) gemacht.

2. Durch Regierungsverordnung ist folgende Rationsverpflegung festgelegt:

täglich:	800 g	Maniokmehl
	150 g	trockenen Salzfisch oder 100 g getr. Wildfleisch (meist von Büffel oder Flußpferd)
	50 g	Palmöl
	10 g	Salz
dazu wöchentlich	100 g	Erdnüsse
	100 g	Tabak

Diese Mengen haben Kontraktarbeiter lt. Regierungsverordnung außer ihrem Tariflohn (monatlich 24 Angolares, 1 Ags. = 12 Pf.) zu erhalten. Freiwillige Arbeiter können statt der Verpflegung Ags. 30 erhalten. Bei Kontraktarbeitern ist das unzulässig.

3. Bei freiwilligen Arbeitern schwankt der Lohn je nach der Gegend zwischen Ags. 24 und Ags. 30 bei Verpflegung, zwischen Ags. 48 und Ags. 54 ohne Verpflegung.

4. Ob der Eingeborene sich zu den gelieferten Rationen noch Nahrungsmittel hinzukauft oder selbst noch Nahrungsmittel anbaut, diese Frage ist nicht einheitlich zu beantworten. Das ist in den einzelnen Gegenden verschieden. In trockneren Gegenden selten möglich. Kontraktarbeiter besitzen meist nur einige Beete von Süßkartoffeln (apomea batata), etwas Kürbis und Tabak. Lohn erhalten sie meist am Ende des Kontraktes nach 1—2 Jahren.

Freiwillige Arbeiter sind meist Leute benachbarter Dörfer mit $^1/_2$ bis 2 ha großen Maniokfeldern oder ebenso großen Maisfeldern. Süßkartoffeln, Erdnüsse und Bohnen werden in Parzellen von $^1/_8$ bis $^1/_4$ Morgen angebaut und meist als Vorfrucht von Manioka (ausgenommen Süßkartoffeln) verwendet. Besitzer von Ölpalmen und Kaffeebeständen kommen meist nicht zur Arbeit, da Erlös aus eigener Ernte für Steuerzahlung (40—80 Ags. im Jahr) ausreicht.

5. Das für die Ernährung benötigte Maniokmehl stammt ausschließlich von den Eingeborenen und ist genau so wie Maismehl ein großer Handelsartikel Angolas. Im nördlichen Gebiet wird fast ausschließlich Maniokmehl, im südlichen Maismehl verwendet. Erdnüsse, Bohnen, Süßkartoffeln stammen ebenfalls nur von

den Eingeborenen. Pflanzungen, die Eingeborenen-Nahrungsmittel selbst anbauen, sind selten, da es sich meist nicht rentiert. Der Trockenfisch stammt ausschließlich von der Companhia de Paixe, die bei Benguela und Mossamedes große Fischereien besitzt. Das Trockenfleisch wird von portugiesischen Jägern gekauft. Salz stammt von den an der Küste befindlichen Salinen. Einfuhr irgendwelcher wesentlicher Nahrungsmittel für die Ernährung des eingeborenen Arbeiters findet nicht statt.

6. Der Eingeborene frühstückt meist um 10 Uhr. Das heißt, er ißt ungefähr einen doppelt faustgroßen Kloß Maniok- oder Maisbrei, dazu Bohnenbrei mit wildem Paprika gewürzt oder auch irgendein Blattgemüse, wie Maniokblätter, Bohnenblätter oder irgend ein Wildgemüse (Amaranthareen, Dioscoreaceen, auch Pilze) oder gegorene (entbitterte) getrockenete, meist leicht angeröstete Maniokwurzeln. Zutat: gekochter Kürbis oder geröstete frische Maiskolben oder gekochte Süßkartoffeln oder geröstete Erdnüsse oder gerösteter reifer Mais.

Zwischen 2 und 6 Uhr nach Beendigung der Arbeit wird die Hauptmahlzeit eingenommen. Sie setzt sich ähnlich wie das Frühstück zusammen. Nur gibt es statt Bohnen meist Fleisch oder Fisch. Der Fisch wird mitunter geröstet, sonst wie das Fleisch gekocht.

7. Bei freiwilligen Arbeitern übernimmt die Frau das Kochen. Bei Kontraktarbeitern bestellt man einen Mann zum Kochen (auf je 30 Mann je 1 Koch). Gekocht wird in tönernen Töpfen mit einem Kürbisblatt als Deckel. Größere Portionen für Kontraktarbeiter werden in 18-Liter-Benzinkanistern gekocht.

8. Freiwillige Arbeiter stammen aus der nächsten Nähe oder aber auch aus bis zu 150 km entfernten Gegenden, wenn in diesen Gebieten keine Pflanzungen liegen, die ihnen Arbeit geben können, oder wenn sie nicht selbst durch Handel mit Feldfrüchten, Palmöl, Kaffee oder Kleinvieh sich das Geld für die Steuerzahlung verdienen können.

Kontraktarbeiter können bis zu 500 km entfernten Gegenden angehören. Sie rekrutieren sich fast ausschließlich aus Leuten, die die Steuer nicht bezahlt haben und oft eingefangen werden müssen, um diese häufig 2—3 Jahre rückständigen Summen durch Plantagenarbeit zu verdienen. Es werden letzten Endes alle Stämme zur Kontraktarbeit herangezogen, soweit sie nicht zu entlegen für die Pflanzungen wohnen. Außer der Companhia dos Diamantes und der Companhia de Paixe, die sehr entfernt wohnende Stämme wegen der oft herrschenden Arbeiterknappheit heranholen müssen, liegt für kleinere Pflanzungen die Rekrutierungsgrenze ungefähr bei 300 km.

9. Zu einer Umstellung in der Ernährungsweise sind die Eingeborenen gezwungen, wenn Leute aus Zentral-Angola (Bailundu) nach dem Norden rekrutiert werden und dort statt des gewohnten Maismehlbreies Maniokmehlbrei essen müssen. Übrigens können diese beiden Breiarten wenigstens auf den Pflanzungen immer als die Ernährungsgrundlage des Eingeborenen gelten, sonst ist in den Dörfern „das tägliche Brot" temporär verschieden. Mal ist es Mais, mal die Süßkartoffel, auch die Yamsbatate (Dioscoreacee) spielt gelegentlich eine Rolle. Außerdem das Kaffernkorn (Sorghum) und vereinzelt Erderbsen, Fara-Bohne und Kunde (chinesische Bohne.) Die Umstellung vom Maniok- zum Maismehl resp. umgekehrt erleichtert man nach Möglichkeit durch Mischen beider Sorten.

10. Rachitische Stämme fand ich hauptsächlich auf ausgedehnten Hochländern, deren Böden sehr alt (Laterite) sind und vermutlich Kalkmangel aufweisen (Ngola).

Besonders kräftige Neger finden sich in gebirgigen Urwaldgegenden des nördlichen Angolas. Reichtum an Ölpalmen und vegetarischen Produkten, abgesehen von dem hohen Nährstoffgehalt der Früchte, die auf geologisch jungem Boden wachsen, sind die Gründe für die guten Ernährungsverhältnisse. Hier kommen jedoch mitunter Schädigungen durch übermäßiges Trinken von Palmwein vor (Demkos und andere Fiotestämme).

Zart und gesund sind die Steppenvölker des Cuangobeckens (Wildsteppe), die Maholo- und Makioko-Leute.

Kräftig und groß sind die Küstenstämme mit Viehhaltung. Grund: Kalkböden, Wildreichtum bei nur vorübergehender Knappheit der vegetarischen Kost vom Mai bis September (Quissama, Benguela, Schilenge und Muscubales).

VIII. Antrag des Dr. Roubaud vor der Akademie für Kolonialwissenschaften, Paris.

(Nach Wildeman: „Documents pour l'étude de l'alimentation..“ (S. 14/16.)

„Voeux présentés à l'Académie des Sciences Coloniales (Paris) par le Dr. Roubaud:

Parmi les causes générales de la dépopulation, le probléme de l'alimentation des indigènes se pose dans toutes les colonies de facon pressante.

La sous-alimentation, qui est des plus fréquente, doit être envisagée comme un facteur essentiel de la mortalité et de l'insuffisance de natalité déterminées par les grandes affections régnantes, les mauvaises conditions de vie et d'hygiène des indigènes, la syphilis, l'alcoolisme, etc.

Pour remédier sans delai à la déficience alimentaire trop générale, l'Académie fait appel à la nécessité de développer au maximum, dans toutes les colonies, les cultures vivrières et les ressources de la pêche et l'élevage et de poursuivre une politique rationnelle d'éducation et de reconstitution de nos races indigènes:

1) Cultures vivrières. — Les cultures vivrières seront rendues obligatoires, spécialement celles des plantes à rendement en azote élevé (arachides, soja).

L'Administration multipliera les essais d'introduction de plantes alimentaires et s'efforcera de les répandre par les distributions gratuites de semences. Dans tous les postes, des jardins-écoles, centres de formation de moniteurs de cultures indigènes, seront institués.

Dans les corps de troupes indigènes les jardins vivriers seront rendus obligatoires.

2) Pêche. — L'Académie appelle l'attention sur l'intérêt capital qui s'attache au développement des pêcheries coloniales à forme européenne et à la préparation, dans des centres industriels, de produits pouvant servir à l'alimentation des indigènes (poissons séchés, salés ou fumés, viande de cétacés, etc.).

Les procédés de pêche et de préparations indigènes doivent être améliorés en vue d'une diffusion plus étendue et plus intense des produits de la pêche.

Des moniteurs de pêche indigènes, seront chargés, dans toutes les colonies, de perfectionner, d'après les méthodes européennes, les procédés de préparation et de conservation des poissons.

3) Elevage. — L'élevage indigène sera développé et encouragé au maximum à l'aide de primes, des concours et de récompenses.

L'Administration fera procéder, dans les fermes d'essais, à l'acclimatement des races domestiques animales pouvant être ultérieurement répandues parmi les indigènes.

Ces fermes d'essais serviront de centres de formation d'éleveurs indigènes.

4) Diffusion des moyens alimentaires. — Dans les régions où l'élevage est naturellement abondant, des centres de préparation de viandes conservées, pouvant servir au ravitaillement des régions pauvres en viande, seront institués.

L'Administration s'efforcera de développer les courants commerciaux, la vente et la diffusion des poissons et viandes séchés ou conservés, parmi les indigènes.

Le passage des indigènes dans les corps de troupes sera utilisé pour provoquer leur accoutumance à une alimentation rationelle, en particulier à la consommation de poissons et de viandes et à leur préparation culinaire réelle usuelle.

Dans les postes administratifs, des écoles de cuisine indigène seront instituées en vue d'une amélioration progressive des conditions d'alimentation générale.

5) Services techniques de l'alimentation. — Toutes les questions relatives au développement des cultures et à élevage, à la surveillance et à l'amélioration de l'alimentation seront confiées aux soins des services techniques de l'alimentation indigène, qui compteront les techniciens indispensables à la bonne exécution des mesures utiles (agronomes, médecins, vétérinaires).

6) Action sanitaire et médicale. — On luttera contre la dépopulation par une augmentation opportune du personnel médical et par les encouragements apportés aux oeuvres privées d'assistance et de puériculture.

Dans les écoles, les notions indispensables d'hygiene et d'alimentation seront données à la fois par l'enseignement et par l'exemple.

La lutte contre l'alcoolisme sera rendue plus effective par une entente internationale rigoureuse et l'observation stricte des mesures prohibitives prescrites. Le débit de l'alcool au verre, la distribution de l'alcool en paiement ou en ration seront rigoureusement interdits.

La lutte contre les grandes affections, en particulier en Afrique Equatoriale, contre la maladie du sommeil, sera intensifiée et favorisée par une politique rationnelle de reconstitution et d'éducation.

La maladie du sommeil et la faim ajoutant leurs effets pour déterminer, en Afrique Equatoriale Française une situation particulièrement grave, l'Académie des Sciences coloniales déclare cette colonie en danger et invite le Parlement à consentir sans délai, pour la sauver, tous les sacrifices budgétaires indispensables.

(1) Roubaud, Rapport sur la question de l'insuffisance alimentaire des indigènes dans les possessions francaises. C. R. Séances Acad. Sciences Colon. t. IV, année 1925 (1926), pp. 357—376.)"

IX. Fragebogen zum Ernährungsproblem.

(Nach Wildeman a. a. O. S. 35—40.)

„Le Bulletin de la Société des Recherches congolaises a, en 1925, s'inspirant du ‚Questionnaire préliminaire d'Ethnologie africaine' de G. Foucart, Société sultanienne de Géographie du Caire, 1919, publié un questionnaire sur l'alimentation des indigènes, que M. A. Poupon a, dans la même Revue, en 1932, complété légerement: Enquête sur l'Alimentation des Indigènes. Bull. Soc. Rech. Congol., Brazzaville, 1927, No. 7, p. 178, et Poupon, loc. cit. 1932, p. 99.

Il nous a paru intéressant de fusionner ces deux projets, très étendus, bien que dans beaucoup de leurs parties ils n'entament pas le sujet beaucoup plus réduit, plus spécialisé, dont nous nous sommes proposé d'amorcer l'étude ici, mais nous avons tenu en particulier à revenir sur ces questionnaires, pour appuyer les dires de M. L'Administrateur en chef A. Poupon, qu'il ne faut pas „croire que les phénomènes recherchés soient simples"; il faut leur prêter une très grande attention, car dans des indications fournies par l'indigène, il y a fréquemment une inconnue, un secret qu'il faut chercher à élucider.

Questionnaire sur l'alimentation des indigènes.

a) Tribu visée.

1. Habitat (étendue et caractéristique géographique du pays occupé). — Question complexe: description physique minutieuse et détaillée, sans omettre rien de ce qui peut éclairer sur la flore ou la minéralogie, le milieu physique ayant une influence de premiére importance sur les formes techniques et sociales.

Nom que la tribu se donne à elle-même. — Faire attention à ne pas confondre le nom original de la tribu avec un nom de riviére, etc.

Noms que lui donnent les tribus voisines (traduction de ces noms, signification, origine).

Langue parlée. — Importance de la population. — (Nécessaire d'insister sur le fait que les vocabulaires rapportés n'ont pas toujours la valeur qu'on leur attribue).

b) Espèces nourriture.

2. Sa base principale, végétale ou animale. — Donner la liste des aliments avec les noms indigènes. — Proportion habituelle des aliments végétaux et animaux.

3. Végétaux et fruits sauvages et cultivés, huiles et graisses végétales. (C'est sur cette partie de l'enquête que nous insistons spécialement dans cette étude, ainsi que sur les nos. 5, 6, 8, 9, 18, 20, 21, 23 f et g.)

4. Animaux domestiques, élevage. — Animaux sauvages, ceux que l'on mange, ceux que l'on ne mange pas. — Partie des animaux que l'on ne mange pas (sans raison d'interdiction rituelles; pour celles-ci, voir ci-après). Emploi de la graisse.

c) Préparation.

5. Nature de la préparation (cuisson directe ou aprés certaines manipulations, ou aprés fermentations etc.).

6. Modes matériels. — Description. — Endroits où se fait la préparation.

7. Mise à mort des animaux (abatage, saignée, dépecage, etc.). — Le sang est-il recueilli, utilisé ou jeté?

8. Type de la consommation ordinaire des aliments; crus ou cuits, frais on en état avarié.

9. Cuisine. — Cuisson (au four, étuves, grillés, rôtis, frits).

10. Qui prépare les aliments? — Qui prépare le repas?

d) Repas.

11. Nombre et heure des repas. — Ont-ils des noms spéciaux suivant le moment ou leur rang dans la journée?

12. Repas type. — Ustensiles, vaisselle. — Les convives (hommes, femmes, enfants, serviteurs) mangent-ils ensemble ou séparément? y a-t-il un ordre de distribution des aliments entre les convives?

13. Facon de manger. — Posture des convives. — Préhension et manducation.

14. Rites, formules, gestes coutumiers. — Interdictions diverses (de certaines paroles, du regard, etc.) — Suivre l'ordre (avant, pendant et aprés le repas).

15. Repas cérémoniels. — Rites, usages, coutumes, formules. — Epoques ou circonstances. — Différences avec le repas type.

16. Repas collectif. — Mêmes observations.

17. Repas des chefs et des personnages. — Son caractère sacré ou mystérieux s'il y a lieu. — Rites et interdictions particulières.

18. Aliments préparés à titre de friandises.

e) Interdictions. — Obligations.

19. Aliments ou parties d'aliments exclusivement réservés à certains (chefs, féticheurs, vieillards, guerriers, chasseurs, femmes, enfants, etc.)

20. Animaux et végétaux, ou leurs parties, interdits en tout temps et pour quiconque.

21. Animaux et végétaux, ou leurs parties, interdits en tout temps à certains personnes (en raison de l'âge, du sexe, de la condition, etc.).

22. Interdictions temporaires. — Spécifier le temps (époques, anniversaires, etc.), la durée, les circonstances prévues ou imprévues. Par exemple, pendant la grossesse, pendant la chasse, la guerre (tant pour les pêcheurs, chasseurs ou guerriers que pour leurs femmes et parents, restés au village), pendant les semailles et les récoltes, à l'occasion d'une naissance, d'un mariage, d'un deuil, d'une éclipse, d'un accident, etc.

23. Animaux et végétaux dont la consommation est imposée à certaines personnes en tout temps ou en certaines occasions. (N. B. — Pour toutes ces questions, indiquer les raisons que donnent les indigènes de ces interdictions et obligations).

f) Condiments.

24. Le sel. — Origine (salines, cendres, etc. ou importation).

25. Condiments divers, piments, etc. (liste avec les noms indigènes).

26. Excitants sous forme solide (noix de kola, termites, terre de termitières, etc.).

g) Boissons.

27. Boissons habituellement ou exceptionnellement consommées (d'origine indigène). — Vin de palme, bières de mil ou de céréales, jus de fruits, alcools fabriqués par les indigènes.

28. Substances employées dans les mélanges, les compositions, les manipulations.

29. Modalités de la préparation. — Ses phases, leur durée. — Instruments.

30. Mode de conservation. — Récipients.

31. Mode de consommation. — Aux repas ou entre les repas. — Y a-t-il un ordre fixé dans lequel boivent les personnes présentes. — Rites divers. — Habitudes de civilité.

32. Partie magico-religieuse: propitiation (rites et formules) aux diverses phases de la préparation. — interdictions (alimentaires, sexuelles, etc.) à telle ou telle de ces phases.

h) Conservation des aliments.

33. Viande (boucanée, séchée, fumée). Poissons.

34. Conserve des fruits et des denrées végétales.

35. Substances diverses.

i) Alimentation anormale.

36. Geographie. — Cas où elle est pratiquée. — De quelle terre fait-on usage? Effets constatés de cette alimentation. — Effets selon les indigènes. — Croyances et légendes s'y rapportant.

37. Le cannibalisme est-il pratiqué (l'anthropophagie faisant l'objet d'un questionnaire spécial; quelques indications sommaires suffisent.)

j) Stupéfiants.

38. Tabac, chanvres, plantes opiacées, substances diverses. — Modes de consommation (fumés, mâchés, en décoction, etc.). — Instruments employés.

39. Effets selon les indigènes et de leur faveur.

k) Légendes. — Proverbes.

Ce paragraphe est certes de grand intérêt, mais il n'entre pas directement dans le sujet, bien qu'il puisse être, dans certains cas, plus ou moins important de connaitre l'origine d'une utilisation alimentaire.

Déjà bien avant cette publication, nous avions, dans une note préliminaire sur les plantes cultivées par les indigènes de l'Afrique: E. De Wildeman, Notes sur des plantes largement cultivées par les indigènes en Afrique tropicale. Ann. Musée Colon.; Marseille, 2e série vol. VII. 1909 — fait paraître, à propos de demandes d'enquêtes sur ces cultures, un questionnaire formulé comme suit:

Noms indigènes de la plante. Origine (indigène ou introduite.)

Y a-t-il plusieurs variétés en culture?

L'indigène les reconnaît-il?

A quels caractères les reconnaît-il?

Portent-elles des noms spèciaux, ou leur accorde-t-on un simple nom générique?

Quels sont les caractères scientifiques de chacune des variétés (forme de la plante, couleur des tiges, feuilles, fleurs, fruits, etc.).

Présentent-elles des différences quant à la résistance aux maladies, aux conditions climatériques, au rendement, à la qualité du produit?

Quelles propriétés attribue-t-on à chacune des variétés de culture? Les considère-t-on comme èquivalentes?

Comment se préparent les aliments obtenus de la plante?

Observe-t-on des malaises ou même la mort après ingestion du produit?

Culture.

Comment se fait le défrichement du sol en vue de la culture? En brousse? En forêt?

Le feu intervient-il au début ou régulièrement?

Quels sont les instruments aratoires?

Comment l'indigène prépare-t-il le sol au moment de la culture (engrais ou amendements)?

Conditions du sol et son action sur la récolte.

Soins pendant la croissance.

Récolte et séparation des graines.

Conservation des graines, tubercules, etc.; pour la multiplication.

Au bout de combien de temps le sol épuisé par telle ou telle culture peut-il être remis en culture?

La même plante peut-elle revenir sur le terrain, ou est-il fait une rotation? Dans ce cas quelles sont les raisons données par l'indigène?

Le sol laissé en jachère, pris sur la forêt ou sur la brousse, se couvre-t-il des éléments de la forêt ou de la brousse?

Cette forêt ou cette brousse nouvelle possède-t-elle les caracteres de la forêt ou de la brousse vierge voisine?

Dans le cas négatif, comment distinguer les nouvelles formations?"

X. Schrifttum.

Die in den Fußnoten des Textes in Klammern ( ) angegebenen Ziffern beziehen sich auf die laufenden Nummern der Literaturangabe:

1. Alimentation des indigènes aux colonies, le problème de. Annales de Méd. et de Pharm. Col. 1928.
2. L'importance des facteurs accessoires dans l'alimentation aux colonies. Ann. Méd. et Pharm. Col., No. Except., 1920.
3. Baeyens: Les besoins en chaux des terrains de Kisantu. Bull. Agr. Congo Belge, 1934, 25, No. 2.
4. Bally, R. O.: Heil- und Giftpflanzen der Eingeborenen von Tanganyika. Berlin-Dahlem 1938.
5. Barth, H.: Reisen und Entdeckungen in Nord- und Zentralafrika in den Jahren 1849—55. Gotha 1857.
6. Basutoland, Ann. Med. and Sanit. Report 1934.
7. Batz: Analyses chimiques des sols congolais. Bull. Agr. Congo Belge, 1930.
8. Baumann, H.: The devision of work according to sex in African Hoe Culture. Africa, 1, S. 289ff.
9. Betschuanaland, Ann. Med. Sanit. Rep. 1932 und 1934.
10. Bergemann, P.: Verbreitung der Anthropophagie über die Erde und Ermittlung einiger Wesenszüge dieses Brauches. Bunzlau 1893.
11. Bibliothèque Coloniale Internationale: Session de Bruxelle. 1929: Extension intensive et rationelle des cultures indigènes. Enquète, résultats. Bruxelles.
12. Bigwood, E. J. u. Trolli, J.: Problèmes de l'alimentation au Congo Belge. In La Science de l'alimentation en 1937, C 6. Als Sonderdruck auch Bruxelles, Suprimerie des Traveaux Publics, 169, rue de Flandre.
13. Blohm, W.: Die Nyamwezi. 1. Bd. Land und Wirtschaft. Hamburg 1931.
14. Blom, I. J. B.: Studies in mineral metabolism. 29. The iodine content of foodstuffs in relation to the occurrence of endemic goitre in the Langkloof Valley. Onderstepoort Jl. of Veterinary Science and Animal Industry, 1934, 2, 131—38.
15. Boase, A. J.: Report on the incidence of pellagra in Uganda. Ann. Med. Sanit. Rep. Uganda, 1928. Appendix V, 89—94.
16. Bois: Les plantes alimentaires chez tous les peuples et à travers les âges. Paris 1927.
17. Bottenberg, Heinz: Was essen? Verlag der Eiserne Hammer, Leipzig o. J.
18. Bouckaert, J. J., Casier, H. u. Jadin, J.: Contribution à l'étude du métabolisme du Calcium et du Phosphore chez les indigènes de l'Afrique Centrale. Bruxelles 1938.
19. Bouillat: Considérations sur la valeur alimentaire des produits coloniaux d'origine végétale. Hygiène Sociale, 1931.
20. Boxberger, L. von: Afrikanischer Kannibalismus in der Gegenwart. Der Erdball, 1928, S. 141—46.
21. Braithwaite, E. C.: Goitre in African natives. (Nigeria) Ann. Med. Sanit. Rep. 1926, S. 71—73. Auch: West Afr. Med. Jl. 1928, 1, 70—71.
22. Braun, Georg: Kolonialforschung des Auslandes. Beispiele kolonialer Forschungspraxis aus England, Frankreich, Italien und Belgien. Afrika-Rundschau, Mai 1939.
23. — Die Bedeutung der Landpolitik in Tropisch-Afrika. Afr. Rdsch. August 1939.
24. Braun, Karl: Überblick über die im Laufe der Jahre in Amani (D.O.A.) angebauten und beobachteten Kulturpflanzen besonders der Eingeborenen. Koloniale Rundschau 1934/35, S. 341—80.
25. — Gewürze und Aromatika der Völker des früheren Deutsch-Ostafrika. Mitt. d. dt. Hortus-Gesellschaft z. Förd. d. Gewinnung u. Verwert. von Heil- und Gewürzpflanzen. München 1931.
26. Breutz, P. L.: Koloniale Verwaltungspolitik und angewandte Völkerkunde. Afr. Rdsch. Juli, August 1939.
27. Bridgen, J. W.: Economic Conditions in Southern Rhodesia, Nothern Rhodesia and Nyasaland. Depart. of Overseas Trade 634. London 1936.

28. British Medical Association: Report of Committee on Nutrition. London 1933.
29. Brown, A. A. F.: The ulcer syndrome in tropical Africa. Jl.of Trop. Med. Hyg. 1935, 38, 157—61, 170—76, 187—93, 201—06, 215—20.
30. Brown, Gordon u. Hutt: Anthropology in action. London 1935.
31. Buchanan, J. C. R.: "Chachaleh", a common disease in British Somaliland, and its relation to tropical deficiency diseases. Trans. Royal Society of Trop. Med. and Hyg., 1932, 25, 383—97.
32. Buchanan, J. C. R. u. Sanderson, J.: Ulcers in the native African. A further investigation. (Ostafrika) Trans. Roy. Soc. Trop. Med. Hyg. 1935, 28, 505—510.
33. Buell: The native problem in Africa. New York 1928. 2 Bde.
34. Burnett, W. A.: Report on investigations into the problem of oedema. Med. Service, Freetown 1933, Pp. 37.
35. Burnett u. Aykroyd: Nutrition and public health. Quat. Bull. of the Health Organisation of the League of Nations, June 1935.
36. Buschan, Georg: Illustrierte Völkerkunde. Bd. I. Stuttgart 1922.
37. Buttner, E. E.: Endemic goitre in the Langkloof Valley. S. Af. Med. Jl., 1935, 9, 187—89.
38. Callanan, J. C. J.: Notes on the foodstuffs of the Luo Tribe Kenya. Med. Jl. 1926, 3, 58—60.
39. Carius, Wolfgang: Die Bedeutung des Kochsalzstoffwechsels für die Anpassung an tropisches und trockenheißes Klima. Kol. Rdsch. 39, 4, 232—244. Nov. 1938.
40. Carman, J. A.: A case of Rand scurvy in a Nandi native at Nairobi gaol. Kenya and East Afr. Med. Jl. 1927, 4, 90—94. . .
41. — A nutritional disease of childhood. Trans. Roy. Soc. Trop. Med. Hyg. 1935, 28, 665—66.
42. Carman, J. A. u. Roberts, M. A. W.: Social and health conditions among the Jaluo, with special reference to maternal and infant welfare. E. A. Med. Jl. 1934, 11, 107—24.
43. Cazanove, J. L. F.: Les succédanés du pain dans les colonies francaises. Hygiène Sociale, 1933.
44. — La question du lait dans les colonies africaines. Africa, 9, 2, 227—36. April 1936.
45. — L'alimentation des indigènes en A. O. F. L'Afrique Francaise, Mai, Juni 1936, S. 288—293 u. 339—42.
46. Chevalier, Auguste: Distribution géographique et conditions climatériques des principales grandes cultures. In C. R. de la 40e session de l'Association Franc. pour l'Avanc, des Sciences à Dijon, Paris 1911, S. 213.
47. — Enumération des plantes cultivées par les indigènes en Afrique tropicale et des espêces naturalisées dans le même pays. Bull. Soc. Nat. d'Acclimat., Paris 1912.
48. Cheyssial: Etude sur la ration alimentaire des indigènes du Togo. Ann. Méd. Pharm. Col., 1931.
49. Clapham, P. A.: Recent researches on Helminth Immunity. Published by the Imperial Bureau of Agricultural Parasitology, 1933.
50. Claus: Les sources d'alimentation des travailleurs indigènes: moyens de les développer. Bull. Agr. Congo Belge, Sept. 1930.
51. Cluver, E. H.: Diet in relation to public health in South Africa. S. Afr. Med. Jl., 1934, 8, 19—22.
52. Congo Belge, Depart. de l'Agr. du Min. des Cols.: Plan de documentation pour l'étude de l'agrologie, des cultures indigènes et de l'élevage au Congo Belge. Bull. Agr. Congo Belge, 1911. Enthält auf Seite 618 ausführlichen Fragebogen für Ernährungsstudien.
53. Congrès Colonial et National, Rapport. Bruxelles, 6—7 Déc. 1930. Rapp. 1er volume p. 78. 2e vol. pp. 75—77.
54. Corkill, N. L.: Pellagra in the Sudan. Jl. of Trop. Med. Hyg. 1934, 37, 177—83; 196—204; 214—18; 231—36; 245—51; 265—70.
55. — Pellagra in Sudanese milleteaters. Lancet, 1934, 226, 1387—90.
56. Curson, H. H.: The native cattle types of Africa, with particular reference to South Africa. J. S. Afr. Vet. Med. Ass. 1937.
57. Curson, H. H. u. Epstein, H.: A comparison of Hamitic Longhorn, Westafrican Shorthorn and Africander cattle particularly with regard to the skull Onderstepoort. J. Vet. Sci., 3, 487—504, 1934.
58. le Dantec u. Boyé: Etude d'une labiée à racine tuberculeuse servant à l'alimentation des indigènes du Soudan. Ann. Méd. Pharm. Col. 1900.

59. le Dantec: Lait, beurre, Crême et fromage du Cameroun. Ann. de Méd. Pharm. Col., 1934.
60. Davis, J. Merle: Modern industry and the African. London 1933.
61. Dry, T. J.: Avitaminosis in natives of Rhodesia. Treatment ou epidemic scurvy by the intravenous injection of citrus. Arch. Inst. Med., 1933, 51, 679—91.
62. Dryepondt u. de Wildeman: L'amélioration et le développement des cultures vivrières et industrielles au Congo. Bull. Soc. Belge d'Etudes Col., Juli-August 1911.
63. Dufour u. Goury: Etude clinique et chimique des laits maternels indigènes an A. O. F. Ann. Méd. Pharm. Col.
64. Duisburg, A. von: Versuche mit Arbeitstieren im tropischen Afrika. Kol. Rdsch. 1927, S. 52ff., 81ff.
65. — Die Seefischerei an den afrikanischen Küsten. Kol. Rdsch. 1929, S. 105—10.
66. — Über den Eingeborenenhandel in den Tschadseeländern. Kol. Rdsch. 1920, S. 77ff.
67. Dumont, Robert: Récit d'un médecin itinérant dans le district de Lusanga, Kwango. (Belg. Kongo) März 1933.
68. — Considérations sur le mouvement démographique au Congo et l'état sanitaire des indigènes. L'Avenir Colonial Belge, Léopoldville, April 1934.
69. — Bull. Méd. du Katanga, No. 6, 1935.
70. — Comment et à qui distribuer chaux au Congo? Rev. Méd. Trop., Paris, März-April 1937.
71. — Rev. Méd. Franc. 1937.
72. — Die Mineralzusammensetzung der Böden, hauptsächlich hinsichtlich ihres ungenügenden Phosphor- und Kalziumgehaltes, wiedergespiegelt in der Nahrung. Ein die Schwäche der eingeborenen Rassen in Tropengegenden, besonders Afrikas, bestimmender Faktor. Arch. f. Schiffs- u. Trop. Hyg. 42, 9, 412—17. Sept. 1938.
73. Duncan, I. R.: Native food and culinary methods. Nada 11 S. 101—106. 1933.
74. Dupuy: La maladie du sommeil dans les régions soumises à l'action du Fonds Reine Elisabeth pour l'Assistance Médicale aux indigènes du Congo Belge. Ann. Soc. Belge Méd. Trop. 1936, S. 36.
75. Duren: Etude sur les rations par Dr. Duren. Ann. Soc. Belge Méd. Trop., Juni 1928.
76. Dyke, F. M.: Oil palm industry in British West Africa.
77. Eckardt, W.: Die Landbauzonen der Tropen in ihrer Abhängigkeit vom Klima. Trop. Pfl. Beiheft 1911.
78. Economic Advisory Council, Committee on Nutrition in the Colonial Empire. First Report: Part I Nutrition in the Colonial Empire. London 1939. (Cmd. 6050).
Part II Summary of Information Regarding nutrition in the Colonial Empire. With special reference to the replies received to the Circular Despatch from the Secretary of State for the Colonies, dated 18th April, 1936. London 1939. (Cmd. 6051).
79. Ehrenbaum, E.: Über Küstenfische von Westafrika, besonders von Kamerun. Hamburg 1915.
80. Eichinger: Erfahrungen mit der Düngung der Roterden in Deutsch-Ostafrika. Trop. Pfl. 36, 12, S. 506ff. Dez. 1933.
81. Engelbrecht, Th. H.: Die Feldfrüchte Indiens in ihrer geographischen Verbreitung. I. Teil: Text. II. Teil: Atlas. Abhandlungen des Hamburgischen Kolonialinstituts Bd. XIX. Hamburg 1914.
82. Falkner, F. R.: Die Trockengrenze des Regenfeldbaus in Afrika. Petermanns Geogr. Mitt. 1938.
83. Fallon, F.: La multiplication de certaines cultures, pour combattre la famine au Ruanda-Urundi. Bull. Agr. Congo Belge, Sept. 1930.
84. Faulkner, O. T. u. Mackie, J. R.: West African agriculture. Cambridge 1933.
85. Ferré: Le Tsembal — plante galactogène des Foullés. Ann. Méd. Pharm. Col. 1934.
86. Field, M. J.: Food of West African people. Achimota 1930.
87. — Gold Coast Food. Achimota Pamphlet No. 3. Achimota College Press 1931.
88. Firth, R.: The sociological study of native diet. Africa 7, 4, 401—14. Juli 1934.
89. Fischer, O.: Studien zur Pathologie und Epidemiologie Ostafrikas. Archiv f. Schiffs- u. Trop. Hyg. Beiheft 1932.
90. Fischer, O.: Bevölkerungsfragen in den deutschen Kolonien. Dt. Med. Wochenschr. 1939, No. 28.
91. Flatz, Josef: Die Kulturen Ostafrikas. Linz 1936.
92. Fortes, S. L.: Food in the domestic economy of the Tallensi. Africa 9, 2, 237—76. April 1936.

93. Foster, J. W.: „Pica". Kenya E. Afr. Med. Jl. 1937, S. 9 u. 1927, S. 68—76.
94. Fox, F. W.: Some investigations into the vitamine A content of the livers of native mine labourers. S. Afr. Med. Jl. 1932, 6, 689—90.
95. — A study of the reserves of vitamine A in the livers of native mine labourers, with special reference to their resistance to pneumonia. Lancet 1933, 224, 953—55.
96. — Malnutrition. S. Afr. Med. Jl. 1936, 10, 25—36.
97. — Diet in relation to health in South Africa. S. Afr. Med. Jl. 1934, 8, 3—15.
98. — Scurvy and the requirements of native mine labourers for antiscorbutic vitamin. Proc. Transvaal Mine Med. Off. Ass. 1936, 15, 59—72; 172.
99. Fox, F. W. u. Stone, William: The antiscorbutic value of Kaffirbeer. S. Afr. Jl. Med. Sci. 3, 7, (1938).
100. Fox, F. W. u. Wilson, C.: Lucerne as a föod for buman consumption (Lab. Rep. No. 3 of an enquiry into native diets). S. Afr. Inst. Med. Res., Johannesburg.
101. Frankel, Herbert: Capital investment in Africa, its course and effects. London 1938.
102. Fuchs, V. E.: The Lake Rudolf Rift Valley Expedition 1934. Geogr. Jl. 1935, 86, 114.
103. Gambia, Ann. Med. Sanit. Rep. 1935.
104. Gauducheau, A.: Mesures d'hygiène à prendre pour la conservation des aliments dans les pays chauds. Nouveau procédé de préparation des viandes. Ann. Méd. Pharm. Col. 1931.
105. — Comment combler le déficit alimentaire des indigènes dans les colonies francaises. Ann. Méd. Pharm. Col. 1925.
106. Gerber, M.: Food in relation to health and disease, with special reference to the food value of certain indigenous plants. A lecture delivered at a subsidary training course for African teachers held at Mochudi, Bechuanaland Protectorate, November 1937. Moriga 1938.
107. Ghilain, J.: L'organisation des transports des produits agricoles au Congo Belge. Bull. Agr. Congo B. 29, 2, 338—42. Juni 1938.
108. Gilks, J. L.: Dietetics problems in East Africa. E. Afr. Med. Jl. 1933, 254—65.
109. Gilks, J. L. u. Orr, J. B.: The nutritional condition of East African native. Lancet 1926, 560.
110. Gillan, R. N.: An investigation into certain cases of oedema occuring among Kikuyu children and adults. E. Afr. Med. Jl. 1934, 11, 88—98.
111. Godden, W.: Notes on certain edible earths and native salts from Nigeria. West Afr. Med. Jl. 1929.
112. Gold Coast, Rep. Med. Depart. 1931—35.
113. — Depart. of Agr. Year-Book 1928.
114. Goossens, V.: La multiplication de l'arbre à pain pour le ravitaillement des indigènes. Bull. Agr. Congo B., Sept. 1930.
115. Gordon, H. L.: Xerophthalmia in Mathari Mental Hospital. E. Afr. Med. Jl. 1933, 10, 85—90.
116. — Amentia in the East African. Eugenics Review 1934, 223—35.
117. Gravellat: Note sur l'alimentation du tirailleur en Afrique Occ. Fr. Ann. Méd. Pharm. Col. 1927.
118. Greaves, I. C.: Modern production among backward peoples. London 1935.
119. Gruvel, A.: Sur la nécessité du développement de l'industrie des pêches dans les colonies. Rapp. à la conférence économique coloniale 1934.
120. Gruvel, A. u. Petit, G.: Développement de la pêche coloniale indigène au point de vue de l'alimentation. Rapport présenté au même congrês international d'agriculture et de pêche. Paris 1931.
121. Gutmann, Bruno: Die bedrohten volksorganischen Bindungen Afrikas und ihre Rettung. Kol. Rdsch. 1925, S. 52ff.
122. — Aufgaben der Gemeinschaftsbildung in Afrika. Africa 1, 4, 429—445. Oktober 1928.
123. Hacker, M.: Das Bier bei den Negern. Heimgarten, Graz 1931, S. 10—12.
124. Hahn, Eduard: Die Entstehung der Pflugkultur. Heidelberg 1909.
125. — Das Alter der wirtschaftlichen Kultur der Menschheit. Heidelberg 1905.
126. Hailey, Lord: An African Survey, a study of problems arising in Africa South of the Sahara. London 1938.
127. Hall, A. D.: Improvement of native agriculture in relation to population and public health. London 1936.
128. Hamburgische Universität: Abhandlungen aus dem Gebiet der Auslandskunde. Bd. 13. Wissenschaftliche Beiträge zur Frage der Erhaltung und Vermehrung der

Eingeborenenbevölkerung. Ergebnisse der Eduard Woermann Preisaufgabe. Hamburg 1923.
129. Hammerstein, H. L.: Die Landwirtschaft der Eingeborenen Afrikas. Trop. Pfl. Beih. 1919, 2/3, S. 47.
130. Hardy, G. u. Richet, Ch.: L'alimentation indigène dans les colonies francaises. Paris 1933.
131. Harkness, J.: Deficiency diseases in the Bukoba District Tanganyika Territory. Trans. Roy. Soc. Trop. Med. Hyg. 1935, 28, 407—410.
132. Hartwich, C.: Die menschlichen Genußmittel; ihre Herkunft, Verbreitung, Geschichte, Anwendung, Bestandteile und Wirkung. Leipzig 1911.
133. Harvey, D.: The absorption and retention of calcium by growing African natives infected with Taenia. Kenya and E. Afr. Med. Jl. 1929, 6, 191—194.
134. — The effects of an addition of wheat flour to Nairobi prison diet. Kenya and E. Afr. Med. Jl. 1929, 6, 107—09.
135. Harvey, D. u. Vint, F. W.: A note on the post mortem calcium content of the blood serum and cerebrospinal fluid of the East African native. K. a. E. Afr. Med. Jl. 1931, 8, 240—45.
136. Hellmann, Ellen: Urban native food in Johannesburg. Africa 9, 2, 277—90. April 1936.
137. Hennessey, R. S. F.: A study of the leucocytic output of man under varying conditions of vitamin A intake. Trans. Roy. Soc. Trop. Med. Hyg. 1932, 26, 55—64.
138. Heuzé, Gustave: Les plantes alimentaires des pays chauds et des colonies. Paris 1899.
139. Hintze, Karl: Geographie und Geschichte der Ernährung. Leipzig 1934.
140. Hoffherr u. Morris: Revenus et niveaux de vie indigènes au Maroc.
141. Hoorde, van: La ration du travailleur indigène. Annales Méd. Trop. Bruxelles, Juli 1927.
142. Hops, W.: Diet as the cause and prevention of dental caries. East Afr. Med. Jl. 1934, 10, 318—30.
143. Hülsen, G.: Die Düngung im Obstbau der Tropen und Subtropen. Trop. Pfl. 41, 8, 366—76. August 1938.
144. Huot, V. L.: Alimentation: rôle capital des conditions d'existence de l'indigène dans la forêt équatoriale, et, en premier lieu, du facteur alimentaire dans les variations de gravité de l'endémie trypanique. Ann. Méd. Pharm. Col. 1923.
145. Imperial Bureau of Animal Nutrition, Aberdeen. Composition of some African foods and feeding-stuffs mainly of vegetable origin. Technical Communication No. 6, 1936.
146. Imperial Institute, Bulletin of the: Some African food grains. London 1909, 7, 145—54.
147. International Institute of African Languages and Cultures: Memorandum XIII. The food and nutrition of African natives with tables showing the composition of some African foods and feedingstuffs mainly of vegetable origin, and a bibliography. London 1937.
148. Ittmann, J.: Struktur der eingeborenen Landwirtschaft in Kamerun (Brit. Mand.) Afr. Rdsch. August 1939, S. 92—95.
149. Jerrard, R. C.: The tribes of Tanganyika. Their districts, usual dietary and pursuits. Daressalam 1930.
150. Jessen, Otto: Reisen und Forschungen in Angola. Berlin 1936.
151. Jex-Blake, A. J.: Infant feeding and rickets. Kenya Med. Jl. 1927, 3, 302—14.
152. Jones, G. Howard: The Earth Goddes, a study of natives farming on the West African Coast. London.
153. Junker, W.: Reisen in Afrika. Wien u. Olmütz 1889.
154. Kelly, F. C. u. Henderson, J. McA.: Analysis of diets laid down for use in the native hospital and prison Nairobi: with a discussion of results. Kenya and E. Afr. Med. Jl. 1927, 4, 232—40.
155. — The influence of certain dietary supplements on the nutrition of the African native. Jl. of Hyg. 1930, 29, 418—28.
156. — The influence of certain diet. suppl. in relation to the calcium requirements of growing African natives. Jl. of Hyg. 1930, 29, 429—38.
157. — A note of the infl. of the addition of certain suppl. to the diet of African native. Jl. of Hyg. 1930, 29, 439—42.
158. Kenya: Conference on Coordination of General Medical Research in the East African Territories, Report, Nairobi 1934.
159. Kenya Land Commission, Report of the, 1933.

160. Kenya Colony, Annual Report 1933, Depart. Agric.
161. Knak, Siegfried: Zwischen Nil und Tafelbai. Eine Studie über Evangelium, Volkstum und Zivilisation am Beispiel der Missionsprobleme unter den Bantu. Berlin 1931.
162. — Die Rassenfrage in Afrika, besonders im Lichte der Eingeborenenpolitik Südafrikas. Afrika, Europa und Deutschland. Vorträge des Auslandsinstituts Bd. 8/9. Stuttgart 1934.
163. Krause, Fritz: Das Wirtschaftsleben der Völker. Breslau 1924.
164. Kroll, H.: Die Haustiere der Bantu. Z. f. Ethnol. 1928.
165. Krüger, Karl: Tropentechnik, Kolonialtechnik im Querschnitt. Berlin 1939.
166. Kuczynski, Robert: Colonial population. London 1937.
167. Kuntze, H. A.: Literatur über tropische Nutzpflanzen und deren Krankheiten und Schädlinge. Berlin 1938.
168. Labouret, Henri: L'alimentation des autochtones dans les possessions tropicales. Africa 11, 2, 160—174. April 1938.
169. Lasch, R.: Über Geophagie. Mitt. d. Anthropol. Ges. i. Wien, 28, 214. Enthält genauere Literaturangabe über diese Spezialfrage.
170. League of Nations: The problem of nutrition. Vol. 1—4. Genf 1936.
171. Lefrou: Contribution à l'utilisation de la main d'oeuvre indigène. Considérations médicales sur le personnel des chantiers de constructions du chemin de fer Congo-Océan. Ann. Méd. Pharm. Hyg. Col. 1927, S. 5.
172. Leitch, J. N.: Dietetics in Warm climates. London 1930.
173. Lennox, J.: Notes on the phosphorus deficiency theory of the causation of dental caries. Brit. Dent. Jl. 1931, 52, 570—74.
174. Leplae, E.: Les cultures obligatoires dans les pays d'agriculture arrierée. Bull. Agr. C. B. 1929/30.
175. — Méthode suivie pour le développement de l'agriculture au Congo Belge. Quelques possibilités agricoles du Congo. Soc. Scient. de Bruxelles, 30. 1. 1930. Louvain 1930.
176. — Méthode suivie pour développer l'agriculture indigène au Congo Belge. Bull. Agr. C. B., 1930.
177. — Emploi des phosphates dans les élevages tropicaux. Bull. Agr. C. B., 1932.
178. — L'agriculture au Congo. Revue de l'Inst. de Sociologie Solvay, 1932.
179. — Histoire et développement des cultures obligatoire. Revue Congo, 1933.
180. — Paysannat intégral. Revue Congo 1934.
181. — Les avantages et les modalités d'introduction du Paysannat intégral au Congo Belge. Revue Congo 1934.
182. Levy, L. F. u. Fox, F. W.: The antiscorbutic value of some South African foodstuffs as measured by their indophenol reducing power. South Afr. Med. Jl. 1935, 9, 181—86.
183. Levy, L. F., Weintroub, D. u. Fox, F. W.: The food value of some common edible leaves. S. Afr. Med. Jl. 1936, 10, 699—707.
184. Livingstone, D. Ch.: Neue Missionsreisen in Südafrika. Jena und Leizpzig 1866.
185. Löwenthal, L. J. A.: Tropical ulcer as a deficiency disease. Treatment with injections of calcium. Lancet 1932, 223, 889—92.
186. — Calcium treatment in tropical ulcer. E. Afr. Med. Jol. 1932, 9, 136—42.
187. — Observations on health in relation to diet in H. M. Central Prison, Uganda. III. A new cutaneous manifestation in the syndrome of vitamin A deficiency. E. Afr. Med. Jl. 1933, 10, 58—59.
188. — A new cutaneous manifestation in the syndrome of vitamin A deficiency. Arch. Dermatol. and Syph. 1933, 28, 700—708.
189. — An inquiry into vitamin A deficiency among the population of Teso, Uganda, with special reference to school-children. The Ann. Trop. Med. Parasitol. 1935, 29, 349—60 u. 407—415.
190. McCarrison, Sir R.: Studies in deficiency disease. Oxford Medical Publications 1921.
191. McCulloch, W. E.: Ulcers in Nothern Nigeria: a review and a theory. W. Afr. Med. Jl. 1928, S. 1—6.
192. — Nutritive value of bennisseed. Nature 1931, 127, 199—200.
193. — An inquiry into the dietaries of the Hausas and Town Fulani. W. Afr. Med. Jl. 1929/30, 3, 8—22; 36—47; 62—73.
194. — Diet in schools. W. Afr. Med. Jl. 1932, 6, 26—28.
195. — Annual Report on Medical and Health Services, Katsina Laboratory, Nigeria 1932, 109—123.

196. Macmillan, W. M.: Africa emergent. A survey of social, political, and economic trends in British Africa. London 1938.
197. McNabb, J.: Disease incidence and diet of natives at Lake Magadi. Kenya and E. Afr. Med. Jl. 1929, 6, 212—21.
198. Mai, E.: Die Kakaokultur an der Goldküste und ihre sozialgeographischen Wirkungen. Berlin 1934.
199. Maplestone, P. A.: A simple investigation into the value of the ration issued to contract labourers at Lake Magadi. Kenya Med. Jl. 1936, 3, 23—24.
200. Martial: Contribution à l'étude de l'alimentation du tirailleur sénégalais en Afrique Occ. Francaise. Ann. de Méd. Pharm. Col. 1931.
201. Martin, G.: De l'alimentation et du travail indigène Hyg. Soc. 1931.
202. Martin, Kurt: Bevölkerung, Wirtschaft und Verwaltung Angolas. Kol. Rdsch. 30, 2, 71—102. Juli 1939.
203. Maurizio, A.: Geschichte der gegorenen Getränke. Berlin 1933.
204. Meinhof, Carl: Die Religionen der Afrikaner in ihrem Zusammenhang mit dem Wirtschaftsleben. Leipzig 1926.
205. Meinhof, C. u. Mazembe: Von der Fischerei in Kamerun. Der Fischerbote, 1915, S. 313—15. Vergl. auch Ztschr. f. Ethnologie 70. Jg. S. 144—152.
206. Meyer, Hans: Das deutsche Kolonialreich. Leipzig 1910.
207. Ministre des Colonies: Instruction relative à l'étude hygiénique de la ration alimentaire des populations indigènes. Ann. Méd. Pharm. Col. 1925.
208. Miny, M. P.: Ravitaillement du personnel indigène et cultures vivrières dans la zone d'action du Kasai de la Société Internationale Forestière et Minière du Congo. Bull. Agr. C. B., Sept. 1930.
209. Mischlich, A.: Über die Kolanuß. Kol. Rdsch. 1930, S. 152ff. u. 212ff.
210. Mitchell, J. P.: Observations on health in relation to diet in H. M. Central Prison, Uganda. I. Prison diets and morbidity. E. Afr. Med. Jl. 1933, 10, 38—53.
211. Morrison, G. R.: Mixed farming in East Africa. London 1935.
212. Mouchet, R. u. Pearson, A.: L'hygiène pratique des camps des travailleurs noirs en Afrique Tropicale.
213. Nachtigal, G.: Sahara und Sudan. Berlin 1879.
214. Neumann-Hamburg, J.: Die Verwendung von deutschem Zuchtvieh in Deutsch-Südwestafrika in Reinzucht und zur Veredelung der dortigen Rindviehbestände. Abhandl. d. Hamb. Kolonialinst. Bd. XXVI. Hamburg 1914.
215. Nigeria: Medical Research Council 1935—36, Report, London 1937 (Cmd. 5378).
216. Nigeria: Food in relation to health. Lagos 1938.
217. Nitsen, R. van: L'hygiène des travailleurs noire dans les camps industriels du Haut-Katanga. Institut Royal Colonial Belge, tome V, Fasc. 6, 1933.
218. Nyasaland: Ann. Med. and Sanit. Report 1933—35.
219. Nyasaland: Review of the nutrition of natives. Crown Agents London, neueren Datums.
220. Oberdörffer, Manfred J.: Ernährungsstudien unter den Ibostämmen Südost-Nigeriens. Arch. f. Schiffs- u. Trop. Hyg. Bd. 42, S. 245—52, Juni 1938.
221. Oranje, P., Noriskin, J. N. u. Osborn, T. W. B.: The effect of diet upon dental caries in the South African Bantu. S. Afr. Jl. Med. Sci. 1935, 1, 57—62.
222. Orde Browne, G. St. J.: The African labourer. London 1933.
223. — Report on labour in Tanganyika 1926.
224. — Vanishing tribes of Kenya. London 1925.
225. Orenstein, A. J.: Vitamin A in the treatment of pneumonia. S. Afr. Med. Jl. 1932, 6, 685—89.
226. — Scurvy among Rand miners. Ann. Rep. Central Mining Rand Mines Group 1935.
227. — The dietetics of natives employed in the Witwatersrand gold mines. Africa 9, 2, 218—226. April 1936.
228. Orr, S. B. u. Gilks, J. L.: The physique and health of two African tribes. Med. Research Council Stud. of Nutrition, London 1931. Spec. Rep. No. 155.
229. Ortlieb, Heinz-Dietrich: Koloniale Wirtschaftsmethoden in Vergangenheit und Gegenwart. Afr. Rdsch. Febr., März, Apr., Mai 1938.
230. Owen, H. B.: Observations on health in relation to diet in H. M. Central Prison, Uganda. II. The ocular manifestations of vitamin A deficiency. East Afr. Med. Jl. 1933, 10, 53—58.

231. Owen, H. B. u. Hennessey, R. S. F.: Keratermalacia in liver disease. Trans. Roy. Soc. Med. Hyg. 1932, 25, 367—375.
232. Owen, H. B. u. Mitchell, J. P.: Enquiry into health conditions in prisons. Entebbe 1931.
233. Pagés: Flore domestique du Ruanda. Bull. Agr. C. B. 1928.
234. Patenotre: L'alimentation chez les Peuls du Fouta-Djallon. Ann. de Méd. Pharm. Col. 1927.
235. Da Paula-Santos: Annaes de faculdade da medicina Sao Paulo. Bd. XII, 1936, S. 176. Determinacao dos saes de calcio nos nossos alimentos.
236. Penck, A.: Das Hauptproblem der physischen Anthropogeographie. Sitzungsberichte der Preußischen Akademie der Wissenschaften, Berlin 1924, S. 242—257.
237. — Die Bonitierung der Erdoberfläche. Verhandlungen des XXI. deutschen Geographentages zu Breslau 1925, S. 211—220.
238. Piette, Leontine: Speise und Trank der Eingeborenen im tropischen Afrika. Dissertation. Köln 1928.
239. Pluchon, Genet: Etude sur le lait consommé à Lome (Togo). Ann. de Méd. Pharm. Col. 1932.
240. Plum, D.: Observations on ankylostomiosis and anaemia in Kenya, with special reference to maternal and infant welfare. E. Afr. Med. Jl. 1935, 11, 162—85.
241. Preuß, K. Th.: Die geistige Kultur der Naturvölker. Leipzig-Berlin 1923.
242. — Lehrbuch der Völkerkunde. Stuttgart 1937.
243. Price, W. A.: Field studies among some African tribes on the relation of their nutrition to the incidence of dental caries and dental arch deformities. S. A. Dent. A., 1936, 23, 876.
244. Procter, R. A. W.: The health of labour on the Kisumu-Yala railway construction. Kenya E. Afr. Med. Jl. 1931, 7, 276—81.
245. Proell, F. W.: Klima und Zivilisation in ihrer Auswirkung auf Körper und Zähne. Berlin 1934.
246. Purcell, F. M.: Case of fragilitas ossium seen in the Gold Coast. Trans Roy. Soc. Trop. Med. Hyg. 1935, 28, 533—34.
247. Randoin u. Simmonet: Données et inconnues du problème alimentaire. Paris 1927.
248. Read, Margaret: Native standards of living and African culture change. Memorandum XVI des Internationalen Instituts für Afrikanische Sprachen und Kulturen. London 1938.
249. Reichenow, Eduard: Wirtschaftliche Bedeutung tropischer Viehseuchen in Afrika. In: Afrika, Beiträge zur Völker- und Wirtschaftskunde. Hansische Universität, Hamburg 1938.
250. Rhodesia, Northern: A report of the Committee appointed to make a survey and present a review of the present position of nutrition in Northern Rhodesia. London, Crown Agents, neueren Datums.
251. Richards, A. J.: Hunger and work in a savage tribe. A function study of nutrition among the Southern Bantu. London 1932.
252. Richards, A. J. u. Widdowson, E. M.: A dietary study in North-Eastern Rhodesia. Africa 9, 2, 166—96. April 1936.
253. Rodenwaldt, Ernst: Tropenhygiene. Stuttgart 1938.
254. Ross, S.: Scurvy in native children. Jl. Med. Assoc. S. Afr. 1931, 5, 596—99.
255. Roubaud: Rapport sur la question de l'insuffisance alimentaire des indigènes dans les possessions francaises. Ann. Med. Pharm. 1925.
256. Ruge, Mühlens, Zur Verth: Krankheiten und Hygiene der warmen Länder. Leipzig 1938.
257. Ryckmans, Pierre: Famine (Ruanda-Urundi). L'Essor Col. et Marit. Bruxelles 20. 6. 1929. s. a. Dominer pour servir.
258. — Dominer pour servir. Bruxelles 1931.
259. Sabry, I.: On the chemical nature of the pellagra toxin and the discovery of the thiosulphate treatment of pellagra. Jl. Trop. Med. Hyg. 1932, 35, 164—72.
260. Sapper, Karl: Die Ernährungswirtschaft der Erde und ihre Zukunftsaussichten für die Menschheit. Stuttgart 1939.
261. Scaetta, H.: Les famines périodiques dans le Ruanda. Bruxelles 1932.
262. Schall, H.: Nahrungsmitteltabelle. Leipzig 1932.
263. Schiemann, E.: Entstehung der Kulturpflanzen. Berlin 1932.
264. Schmidt, Max: Völkerkunde. Berlin 1924.

265. Schmitz, Karl: Die agrarischen Wirtschaftsformen und Ackerbaumethoden im französischen Mandatsgebiet Kamerun. Dissertation. Erlangen 1938.
266. Schnee, Heinrich: Die Hungersnot in Ruanda und die belgische Mandatsverwaltung. Kol. Rdsch. 1929, S. 357—69.
267. — Deutsches Kolonial-Lexikon. 3 Bde. Leipzig 1920.
268. Schofield, A. T.: Scientific diets for African children. E. Afr. Med. Jl. 1936, 11.
269. Schroeder, E.: Untersuchungen über Infektionsresistenz bei Beriberi, bzw. Kakke und Rachitis an Hand des klinischen Schrifttums. Bottrop 1939.
270. Schrumpf-Pierron, P.: Mg K Ca ratio in the diet of the Egyptian fellah. C. R. Soc. of Biol. 1932, 111, 996—98.
271. — Mineral content of maize. C. R. Soc. of Biol. 1932, 109, 699—701.
272. Schweinfurth, G.: Im Herzen von Afrika. Leipzig 1874.
273. Schweitzer, Albert: Mitteilungen aus Lambarane. 1929.
274. Scott, H. S.: Education and nutrition in the colonies. Africa 10, 458—71.
275. Scott, R. R.: The preparation of maize flour in Tanganyika Territory. S. Afr. Med. Jl. 1934, 8, 399—402.
276. Seele, Albert: Säuglingsernährung, Pflege und Sterblichkeit unter den Zulus in Südafrika. Dissertation. Hamburg 1935.
277. Servais, Lieutenant-Colonel: La culture de l'arbre à pain dans les camps de la force publique au Congo-Kasai. Bull. Agr. Congo Belge, Sept. 1930.
278. Seyffert, Karl: Biene und Honig im Volksleben der Afrikaner. Leipzig 1930.
279. — Einige Beobachtungen und Bemerkungen über die Ernährung der Naturvölker. Z. f. Ethn. 1931, S. 53—85.
280. Shephard, C. Y.: Report on the economics of peasent agriculture in the Gold Coast. Accra 1936.
281. Sierra Leone: Review on the present knowledge of human nutrition with remarks of practical measures taken by the Medical Department in the part to its improvement in S. L. Sessionel Paper 5/1938. London, Crown Agents, neueren Datums.
282. Singh, S. B.: Summary of paper on avitaminosis A, read to the Nyasaland Branch of the British Medical Association. Brit. Med. Jl. 1934, 1, 193—194.
283. Smith, W. u. Harden, E. M.: Native diet in Zanzibar. E. Afr. Med. Jl. 1935, 12, 246.
284. Société des Nations: Raport définitif du Comité mixte de la So. d. Nat. Vol. III: L'alimentation dans divers pays. Genf 1937.
285. Somaliland: Ann. Med. and Sanit. Report 1932 u. 1935.
286. Spearpoint, F.: The African native and the Rhodesian Copper Mines. Suppl. Journal. Roy. Afr. Soc. Juli 1937.
287. Springer, Arno: Die Salzversorgung der Eingeborenen Afrikas vor der neuzeitlichen europäischen Kolonisation. Dresden 1918.
288. Staffe, Adolf: Zwerghaustiere im Kameruner Urwald. Aussehen, Zweck und Art der Haltung. Deutsche Landw. Presse v. 2. 1. 1937.
289. — Milchviehhaltung im tropischen Urwald? Deutsche Molkereizeitung v. 4. 3. 1937. Siehe auch: Zeitschr. f. Züchtung Febr., Apr. 1937 u. Apr. 1938.
290. Stalder, H. u. Lauterburg, M.: Observations in the tropics (Diseases in Gabon). Münch. Med. Wochenschr. 1931, 78, 637—39; 675—78.
291. Stannus, H. S.: A nutritional disease of childhood associated with a maize diet — and pellagra (Gold Coast) Arch. Dis. Child., 1934, 9, 115—118.
292. Stepp, Kühnau, Schroeder: Die Vitamine und ihre klinische Anwendung. Stuttgart 1937.
293. Stewart, J. L.: The cattle of the Gold Coast. Emp. J. Exp. Agr. 6, 85—94. 1938.
294. Stockdale, Sir Frank: Report on his visit to Nigeria, Gold Coast and Sierra Leone, Oct. 1935—Febr. 1936.
295. — Report on his visit to East Africa, Jan., March 1937.
296. Stolz, Adolf: Die Namen einiger afrikanischer Nutzpflanzen in der Konde-Sprache. Zeitschr. f. Eingeb. Sprachen 24, 2, 81—99. Januar 1934.
297. Stuhlmann, F.: Beiträge zur Kulturgeschichte von Ostafrika. Allgemeine Betrachtungen und Studien über die Einführung und wirtschaftliche Bedeutung der Nutzpflanzen und Haustiere mit besonderer Berücksichtigung von Deutsch-Ostafrika. Wiss. Forschungsresultate über Land und Leute unseres ostafrikanischen Schutzgebietes und der angrenzenden Länder. Bd. X v. D. O. A. Berlin 1909.
298. Sugiura, Masatoshi: Value of Sorghum-Hirse as a Vitamin-C-free diet, and experimental scurvy of guinea pigs. J. of Orient. Med. 25, 53 (1936).

299. Swaziland: Ann. Med. and Sanit. Rep. 1932, 1933, 1934.
300. Tanganyika Territory: Labour Department Annual Report 1927, 1928, 1929, 1930.
301. — Ann. Rep. Dept. Vet. Sci. and Animal Husbandry 1932.
302. — Colonial Development Fund (Malaria Research Scheme). Rep. Malaria Unit. Tanga, 1933—34, 28, 39.
303. — Ann. Med. and Sanit. Rep. 1934, 17; 66.
304. — Preliminary survey of the position in regard to nutrition amongst the natives of T. T. London, Crown Agents, neueren Datums.
305. — Report of the Committee appointed to consider and advise on questions relating to the supply and welfare of native labour in the Tanganyika Territory. Daressalam 1938.
306. Tanon: Main d'oeuvre et alimentation dans les pays chauds. Hygiène sociale 1931.
307. Teale, E. O. u. Gillman, C.: Report on the investigation of the proper control of water and the reorganisation of water-boards in the Northern Province of Tanganyika Territory 1934.... Daressalam 1935.
308. Tessmann, Günter: Die Baya. 1934.
309. — Die Bafia und die Kultur der Mittelkameruner Bantu. Stuttgart 1934.
310. — Die Pangwe. Völkerkundliche Monographie eines westafrikanischen Negerstammes. Ergebnisse der Lübecker Pangwe-Expedition 1907—1909 und früherer Forschungen 1904—07. 2 Bde. Berlin 1913.
311. Theiler, Sir A.: Sur l'emploi des phosphates dans les élevages tropicaux. Inst. Intern. d'Agr. de Rome 1932.
312. Thiroux: Les fruits coloniaux dans l'alimentation de la métropole et des colonies. Hygiène Sociale 1935.
313. Thorbecke, M. P.: Fragen der Eingeborenen-Ernährung in Afrika. Kol. Rdsch. 1937, S. 45ff.
314. Thurnwald, Hilde: Die schwarze Frau im Wandel Afrikas. Stuttgart 1935.
315. — Unterschiede in der heutigen Lebensumstellung von Naturvölkern. Kol. Rdsch. 30, 3/4, 178—203, Oktober 1939.
316. Thurnwald, Richard: Koloniale Gestaltung. Methoden und Probleme überseeischer Ausdehnung. Hamburg 1939.
317. — Wirtschaftliche Wandlungen bei ostafrikanischen Völkern. Jahrb. f. Nationalök, u. Statist. 1935, 142, S. 541—61.
318. — Die menschliche Gesellschaft. III. Bd. Werden, Wandel und Gestaltung der Wirtschaft. Berlin u. Leipzig 1932.
319. Tihon, M. L.: A propos de quelques boissons fermentées indigènes. Bull. Agr. C. B. 1934.
320. Tournier: Régimes alimentaires des populations autochtones et moyens pratiques de remédie à la sous-alimentation. Hygiène Sociale 1931.
321. Trapnell, C. G. u. Clothier, J. N.: The soils, vegetation and agricultural systems of Northwestern-Rhodesia. Lusaka 1937.
322. Trolli, G.: Les problèmes de l'alimentation du noir au Congo Belge. Métabolisme du Calcium. Bruxelles, Bull. Inst. Roy. Col. Belge 1936, Vol. 1.
323. — L'alimentation chez les travailleurs indigènes dans les exploitations commerciales, agricoles, industrielles et minière au Congo. Africa 9, 2, 197—217. April 1936.
324. — Les problèmes de l'alimentation du noir au Congo Belge. Viande et poisson. Bruxelles.
325. Turner, J. G. S.: Report of the dietetics research. Rep. Med. and Health Services, 1934, S. 98—100.
326. Uganda: Ann. Rep. Med. Dept. 1935, 2.
327. — An investigation into health and agriculture in Teso, Uganda. Nutrition Report No. 1, Teso. London, Crown Agents, neueren Datums.
328. — Agricultural Survey Committee: Report of the Nutrition Sub-Committee. London, Crown Agents, neueren Datums.
329. Uhden, R.: Die wirtschaftlichen und bevölkerungspolitischen Möglichkeiten Afrikas. Kol. Rdsch. 1930.
330. Vageler, P.: Grundriß der tropischen und subtropischen Bodenkunde. Berlin 1938.
331. Velu, H.: A neglected chapter of Maroccan pathology. Diseases of nutrition. Bull. Académ. Vétérin. de France 1931, 4, 71—81.
332. — Spontaneous fluorosis of the phosphate zones. Arch. Inst. Pasteur d'Algerie 1932, 10, 41—118.

333. Visco, Sabato: Alimentation dans les colonies italiennes. In La Science de l'alimentation en 1937, Alencon 1937, S. C. 135ff.
334. Viljoen, Stephan: The economics of primitive peoples. London 1936.
335. Volhard: Ewald: Kannibalismus. Stuttgart 1939. Studien zur Kulturkunde Bd. 5.
336. Watson, M.: Malaria and nutrition in Africa. Jl. of Roy. Afr. Soc. 36, 405—20.
337. Werner, U. R.: Der Reis im Wirtschaftsleben kolonialer Länder. Dissertation. Leipzig 1931.
338. Weule, Karl: Chemische Technologie der Naturvölker. Stuttgart 1922.
339. Wildeman, E. de: Notes sur les plantes cultivées par les indigènes au Congo. Ann. du Musée Colonial de Marseille, 1909.
340. — Plantes cultivées par les indigènes de l'Afrique tropicale pour alimentation, in C. R. de la 40e session de l'Assoc. Franc. pour l'Avanc. des Sciences, à Dijon. Paris 1911, S. 109ff.
341. — Les plantes alimentaires des indigènes du Congo Belge. Soc. Scient. de Bruxelles, Louvain 1912.
342. — Extension intensive et rationnelle des cultures des indigènes et leur rapport avec le développement des colonies tropicales. C. R. de la Session de l'Institut Colonial tenue à la Haye, 1927. (Enthält Literaturangabe über diese Frage!)
343. — Documents pour l'étude de l'alimentation végétale de l'indigène du Congo Belge. Institut Royal Colonial Belge, tome II. fascicule 4. Bruxelles 1934.
344. — Les problèmes de l'alimentation de l'indigène au Congo Belge. Material Coloniel, 27, 5, S. 134—54, Februar 1937.
345. — Sur les plantes médicales ou utiles du Mayumbe (Congo Belge) d'après des notes du R. P. Wellens (1891—1924), Bruxelles 1938.
346. — Notes sur des plantes médicales et alimentaires du Congo Belge. Bruxelles: Falk 1939.
347. Williams, C. D.: A nutritional disease of childhood associated with a maize diet. Arch. Dis. Child., 1933, 8, 423—33. (Gold Coast).
348. Wilson, C. J.: Native diet: a lesson from Rhodesia. Kenya Med. Jl. 1926, 2, 337—42.
349. Wilson, C. J. u. andere: Discussion on native diet. Kenya Med. Jl., 1925, 2, 125—246.
350. Winkler, Hubert: Welche Pflanzen liefern tropisches und subtropisches Obst? Tropenpfl. 41, 8, 325—342. August 1938.
351. Worthington, E. B.: On the food and nutrition of African natives. Africa 9, 2, 150—165. April 1936.
352. — Science in Africa. A review of scientific research relating to tropical and South Africa. London 1938.
353. Wright, E. J.: Disease due to A and B avitaminosis in Sierra Leone. West Afr. Med. Jl. 1928, 2. 127.
354. — The A and B avitaminosis disease of Sierra Leone. London 1930.
355. — Polyavitaminosis and asulphurosis. Brit. Jl. Rep. 1936, 2, 707.
356. Zanzibar: Ann. Med. and Sanit. Rep. 1934—35.
357. — Nutritional review of the natives of Zanzibar. London, Crown Agents, neueren Datums.
358. — Nutritional problems of Zanzibar Protectorate. Sessional Paper No. 10 of 1937, London, Crown Agents.
359. Ziemann, Hans: Einfluß der Tropenmedizin auf die medizinische Wissenschaft. Arch. f. Schiffs- u. Trop. Hyg. 25, 1, 14—31. 1921.
360. — Fragebogen betr. Ernährung der Eingeborenen unter spezieller Berücksichtigung Afrikas. Arch. f. Schiffs- u. Trop. Hyg. 41, 11, S. 695—97; 12, S. 755—56. Nov. Dez. 1937.
361. — Über die Ernährung der Eingeborenen in den afrikanischen Kolonien. Dt. Kol. Ztg. 49, 12, 374—76.
362. — Wie erobert man Afrika für die weiße und farbige Rasse? Beiheft d. Arch. f. Sch. u. Trop. Hyg. 1907. Neuauflage: Leipzig 1939.
363. — Über die Ernährung der Eingeborenen in den afrikanischen Kolonien. Die Ernährung 1938, S. 221—223.

Band XXVI Die Verwendung von deutschem Zuchtvieh in Deutsch-Südwestafrika in Reinzucht und zur Veredelung der dortigen Rindviehbestände (Ergebnisse einer Studienreise von März bis August 1913). Von Dr. *J. Neumann.* 35 Seiten m. 31 Abb. auf 16 Tafeln. Gr. 8⁰. 1914. RM. 3.60

Band XXVIII Die Betriebsverhältnisse der Farmen des mittleren Hererolandes (Deutsch-Südwestafrika). Von Dr. *Joh. Gad.* VIII u. 146 Seiten m. 1 Karte. Gr. 8⁰. 1915. RM. 4.50

Band XXIX Die Beschränkungen der Gewerbe- und Handelsfreiheit in den deutschen Schutzgebieten. Von Dr. *Otto Mathies.* XV u. 130 Seiten. Gr. 8⁰. 1916. RM. 2.70

Band XXX Beiträge und Ergänzungen zur Landeskunde des deutschen Namalandes. Von Dr. *P. Range.* XII u. 120 Seiten m. 27 Abb. u. 5 Kartenskizzen. Gr. 8⁰. 1914. RM. 5.40

Band XXXI Zur Anthropologie des abflußlosen Rumpfschollenlandes im nordöstlichen Deutsch-Ostafrika. Von Dr. *H. A. Ried.* X u. 295 Seiten m. 14 Abb. im Text u. 14 Tafeln. Gr. 8⁰. 1915. RM. 10.80

Band XXXII Deutsch-Herero-Wörterbuch. Von *J. Irle.* VIII u. 455 Seiten. Gr. 8 . 1917. RM. 16.20

Band XXXIV Die Sandawe. Linguistisches und ethnographisches Material aus Deutsch-Ostafrika. Von Dr. *Otto Dempwolff.* V u. 180 Seiten m. 48 Abb. im Text. Gr. 8⁰. 1916. RM. 6.30

Band XXXV Eine Studienfahrt nach Kordofan. Von Prof. Dr. *C. Meinhof.* XII u. 134 Seiten m. 18 Tafeln, 61 Abb. im Text u. 1 Karte. Gr. 8⁰. 1916. RM. 8.10

Band XXXVI Im Hochland von Mittelkamerun, 2. Teil. Von Prof. Dr. *Franz Thorbecke* X u. 94 Seiten mit 37 Abb. auf 26 Tafeln u. 2 Kartenskizzen. Gr. 8⁰. 1916. RM. 12.— vergriffen.

Band XXXVIII Phonographische Sprachaufnahmen aus dem ägyptischen Sudan. Von *Wilhelm Heinitz.* 103 Seiten mit 24 Tafeln. Gr. 8⁰. 1917. RM. 3.60

Band XXXIX Lexikon zur alten Geographie des südöstlichen Äquatorialafrikas. Von Dr. *Theod. Langenmaier.* VIII und 100 Seiten mit 50 Textskizzen. Gr. 8⁰. 1918. RM. 4.50

Band XXXXI Im Hochland von Mittelkamerun, 3. Teil. Von Prof. Dr. *Franz Thorbecke.* XII u. 178 Seiten m. 3 Farbentafeln, 141 Abb. a. 35 Tafeln, 32 Textfiguren, 2 Tabellen, 23 Transkriptionen u. 1 Tafel Tonleitern. Gr. 8⁰. 1919. RM. 9.—

Band XXXXIII Schambala-Wörterbuch. Von *Lang Heinrich.* III u. 502 Seiten. Gr. 8⁰. 1921. RM. 21.60

Friederichsen, de Gruyter & Co., Hamburg 1